中学生算法竞赛
Python程序设计基础

高 凯　张高飞　◎主　编
李志强　牛晓珊　李豆豆　冯雪娇　冀冰雪　◎副主编

清华大学出版社
北京

内容简介

本书是面向具有一定逻辑思维和数学基础的中学高年级学生的Python程序设计及算法竞赛入门教材,采用通俗易懂的语言,注重基础,注重实践,以提高中学生编程实践水平为指导方针,从毫无经验、刚开始接触程序设计的初学者的角度组织章节内容,以期能为中学生了解Python和算法设计思想打下良好基础。全书理论联系实际,材料组织合理,知识体系完整,内容由浅入深,讲述力求清晰,示例丰富完整,引导学生从"算法"的角度考虑问题并设计代码。

本书可作为中学生入门Python编程与算法竞赛的辅导用书。

本书封面贴有清华大学出版社防伪标签,无标签者不得销售。
版权所有,侵权必究。举报: 010-62782989,beiqinquan@tup.tsinghua.edu.cn。

图书在版编目(CIP)数据

中学生算法竞赛:Python程序设计基础/高凯,张高飞主编.—北京:清华大学出版社,2024.2
ISBN 978-7-302-65495-7

Ⅰ.①中… Ⅱ.①高… ②张… Ⅲ.①软件工具-程序设计-教材 Ⅳ.①TP311.561

中国国家版本馆CIP数据核字(2024)第038228号

策划编辑:郭　赛
封面设计:杨玉兰
责任校对:胡伟民
责任印制:沈　露

出版发行:清华大学出版社
网　　址:https://www.tup.com.cn,https://www.wqxuetang.com
地　　址:北京清华大学学研大厦A座　　　　　　　　　　　邮　编:100084
社 总 机:010-83470000　　　　　　　　　　　　　　　　　邮　购:010-62786544
投稿与读者服务:010-62776969,c-service@tup.tsinghua.edu.cn
质量反馈:010-62772015,zhiliang@tup.tsinghua.edu.cn
课件下载:https://www.tup.com.cn,010-83470236
印 装 者:三河市龙大印装有限公司
经　　销:全国新华书店
开　　本:203mm×260mm　　　　　　　印　张:14.75　　　　　字　数:440千字
版　　次:2024年3月第1版　　　　　　　　　　　　　　　　印　次:2024年3月第1次印刷
定　　价:58.00元

产品编号:097495-01

前言

近年来,国家不断鼓励和支持中小学开展人工智能及信息技术课程的教学,尤其是在当前"双减"政策的背景下,中学生对计算机编程教育的需求日益强烈。在日常教学和科学实践过程中搭建专业的计算机编程体系,并在算法设计方面引导中学生入门和提高,不仅符合时代发展的需要,更能提高中学生的逻辑思维和数学分析、算法设计能力,而学习算法和计算机编程相关知识,对日后的专业发展,特别是对有志于日后选择理工科专业的中学生来说是十分必要的。

本书不是一部面向具有一定编程基础和算法设计能力的学生的赛前集训教材,而是面向中学高年级学生(他们应该具有一定的逻辑思维和数学基础)的 Python 程序设计基础及算法竞赛入门教材,目的是向没有编程基础的中学生普及 Python 程序设计的基础知识,介绍算法入门知识,并力争在相关的算法竞赛中提升他们的算法设计水平。其实,在各类算法竞赛中,目前较为常见的编程语言是 C(含C++)程序设计语言,而且目前针对广大中学生群体(而非参加顶级竞赛的尖子选手)的程序设计类教材还不够丰富,且部分算法竞赛教材着眼于赛前集训,这类教材往往会让编程零基础的广大普通中学生"望而却步"。本书选择 Python 语言作为算法设计的编程语言,主要考虑如下两点:第一,随着人工智能和移动互联网时代的来临,Python 程序设计语言显示出强大的生命力,特别是由于其简洁的语法、"胶水"特性等,它不仅能在一些算法设计、人工智能的复杂应用场合(如自然语言处理、图像识别等)中发挥作用,更适宜在广大零基础的中学生中普及;第二,C(含 C++)语言相较于 Python 来说略显复杂(如指针使用、地址分配、内存管理与优化等),且 C 是弱类型、静态类型检查的、面向过程的编程语言,而 Python 对于零基础的初学者来说相对更容易入门。鉴于本书的科普性质和读者定位,我们选择Python 语言进行介绍。

本书结合中学生的认知特点,采用通俗易懂的语言,注重基础,注重实践,以提高中学生编程实践水平为指导方针,从毫无经验、刚开始接触程序设计的初学者的角度组织章节内容,以期能为中学生了解 Python 和算法设计思想打下良好基础。全书分两部分组织内容,第 1~5 章是 Python 程序设计基础:第 1 章介绍 Python 编程基础,主要介绍 Python 特点、基本数据类型、代码撰写规范、常用内置方法和部分标准方法、外部方法的使用等;第 2 章介绍常用的流程控制,主要介绍条件选择语句块(if-else 条件选择语句)、循环语句块(while 循环和 for 循环)等;第 3 章简介序列化数据,主要介绍字符串、列表、元组、字典、集合及其相应的推导式等;第 4 章介绍函数,内容涉及函数定义、参数与值传递、返回值、变量作用域、函数递归调用、lambda 表达式等;第 5 章介绍文件与路径操作,内容涵盖文件读写操作、路径操作等。第 6、7 章是算法与竞赛入门,主要内容涉及基础算法知识、常见的基础数据结构算法、图论相关知识、并查集、动态规划等,并从优化时间复杂度的角度出发简介算法竞赛中应考虑的一些问题:第

6章简介算法与枚举、贪心、分治、递归等的设计思想,简介线性表、栈、队列、朴素的字符串匹配、简单的排序算法等;第7章是算法竞赛入门,首先对算法的时间复杂度进行概述,其次简介算法模拟与暴力求解思想,简介图的深度遍历和广度遍历,简介并查集问题及其算法设计以及动态规划的入门知识等,最后对算法与算法类竞赛进行简介。

  需要说明的是,作为面向中学生的编程类科普读物,本书既不是有关 Python 的"知识大全"(相关内容可参阅市场上其他有关 Python 的参考书,因此书中既没有涉及有关面向对象程序设计、正则表达、异常处理结构与程序调试、GUI 编程、网络程序设计、多线程与多进程、数据库处理、多媒体编程等,也不涉及对绘图工具(如 turtle)、图形开发界面(如 Tkinter)、大数据可视化工具(如 Matplotlib)、数据结构化工具(如 Pandas)等内容的介绍),也不是专门针对诸如全国青少年信息学奥林匹克竞赛(NOI)等的备赛手册,而是面向广大没有任何编程基础的中学生的一本科普读物,目的是引导缺乏编程经验的中学生迅速了解程序设计和算法入门等知识,使得中学生能掌握基于 Python 以及算法设计的基本思想和方法,掌握常见程序结构的设计思路,提高编程能力,并在此基础上了解算法基础知识,为树立计算思维打下坚实基础,以期能为日后更进一步的学习和有可能参加的各种竞赛打下基础。对于部分编程基础好的学生,更可通过进一步的学习或参加相关的算法竞赛提升自身的综合素质。打个比方,如果把"算法"看作一座大厦,那么本书"Python 程序设计基础"部分就好像建筑原材料(如水泥、钢筋等),"算法和竞赛入门"部分则是在打基础和夯实地基。只有了解了 Python 基础,掌握了算法的入门知识,并在日后数学基础知识逐步丰富和完善的基础上,经过不断的编程实践,才能逐步打开算法世界的大门,探索算法和数学之美。

  本书理论联系实际,材料组织合理,知识体系完整,内容由浅入深,讲述力求清晰,示例丰富完整。本书也是编者团队在北京外国语大学附属石家庄外国语学校开展人工智能授课和带领学生进行科技实践的基础上,结合中学生的认知特点而撰写的一部 Python 程序设计基础及算法竞赛入门教材,其编写指导思想是注重基础,注重实践,提高中学生编程实践和算法设计水平。在编写第 1 章至第 5 章时,我们参考了人民教育出版社 2019 年版的普通高中教科书《信息技术》中有关 Python 的部分内容要求,并适当进行了扩展和难度提升,给出的例题有代表性、针对性和实用性,注重对实践能力的培养,可以帮助初学者快速上手,为读者进一步学习程序设计奠定基础。其中, 表示重要提示内容或知识拓展内容;课堂练习表示课堂练习题; 表示思考题; 习题 为本章思考与练习题。第 6 章和第 7 章的难度有较大跃升,适合有一定编程或算法基础的读者使用。教师可根据学生掌握知识的实际情况因材施教,有针对性地选讲相关章节内容,引导学生从算法的角度考虑问题并设计代码。

  本书在每章后均配有一定数量的习题。全书各章的例题和习题的完整代码可以在清华大学出版社网站(http://www.tup.tsinghua.edu.cn)提供的相应章节的 Jupyter Notebook 文档中找到,方便读者实践与验证。另外,鉴于本书的科普性质,为了便于读者阅读,也为了纸质版图书的内容清晰可读,本书在叙述内容的过程中均使用了全角符号(如将函数后的参数列表圆括号用醒目的全角字符代替,但上机实际运行时,函数后的参数列表必须使用半角的小圆括号),添加了易于观察的空格(如＿ ＿main＿ ＿,但上机实际运行时应为__main__)。

  本书受到河北省科学技术协会科普创作出版资金项目资助。主编高凯、张高飞来自河北科技大学,副主编来自北京外国语大学附属石家庄外国语学校等相关单位。在本书的写作过程中,北京外国语大学附属石家庄外国语学校的张影、范沙玲、燕慧慧、陈晨，以及河北科技大学的魏育康为本书提出了很多有价值的修改建议。同时，有关 Python 相关网站也为本书的编写提供了大量帮助，我们也参考了相关文献和互联网上众多网友提供的素材，在此谨向这些文献的作者、网友以及为本书提供帮助的人们，特别是那些由于篇幅所限未在参考文献中提及的相关文献的作者和网站，致以诚挚的谢意和崇高的敬意，在此一并表示衷心的感谢。

  本书可作为中学生信息技术课程的课外教学辅导用书和算法类竞赛的备赛用书，也可供广大 Python 初学者以及有志参加中学生算法竞赛的读者参考。由于我们的学识、水平均有限，书中不妥之处在所难免，恳请广大读者批评指正。

编 者

2024 年 1 月

目录

Part Ⅰ　Python 程序设计基础

第 1 章　Python 入门编程 ……………………………………………………… 3

1.1　概述 ………………………………………………………………………… 3
    1.1.1　面向底层硬件的"低级"语言 …………………………………………… 4
    1.1.2　方便用户编程的"高级"语言 …………………………………………… 4
    1.1.3　Python 语言的主要特点 ………………………………………………… 5
    1.1.4　Python 编程环境 ………………………………………………………… 8
    1.1.5　简单的数据类型与基本操作 …………………………………………… 9
    1.1.6　变量、常量、表达式 …………………………………………………… 11
1.2　Python 安装与常用集成开发环境（IDE）简介 ……………………………… 12
    1.2.1　安装 Python ……………………………………………………………… 12
    1.2.2　Python 常用开发环境简介 ……………………………………………… 14
1.3　简单的 Python 语句与代码撰写基本规范 …………………………………… 23
    1.3.1　进入 Python 解释器 …………………………………………………… 23
    1.3.2　简单的表达式与语句 …………………………………………………… 24
    1.3.3　基本运算符 ……………………………………………………………… 26
    1.3.4　数字和字符串 …………………………………………………………… 29
    1.3.5　代码撰写的基本规范 …………………………………………………… 33
1.4　常用内置方法和标准方法简介 ……………………………………………… 34
    1.4.1　常见的内置方法 ………………………………………………………… 34
    1.4.2　标准库方法 ……………………………………………………………… 40
1.5　外部扩展库 …………………………………………………………………… 40
    1.5.1　安装 ……………………………………………………………………… 41
    1.5.2　使用 ……………………………………………………………………… 43
本章小结与复习 …………………………………………………………………… 44
习题 ………………………………………………………………………………… 44

第 2 章　Python 基本程序流程与控制结构 …… 46

    2.1　程序流程图与伪码 …… 46
    2.2　条件选择结构 …… 48
    2.3　多条件分支与嵌套条件语句 …… 51
    2.4　循环结构概述 …… 54
        2.4.1　while 循环 …… 54
        2.4.2　for 循环 …… 56
    2.5　while 循环和 for 循环程序设计 …… 56
    2.6　break、continue、else 子句 …… 61
    2.7　嵌套结构 …… 62
    本章小结与复习 …… 66
    习题 …… 67

第 3 章　Python 序列化数据及推导式 …… 69

    3.1　概述 …… 69
        3.1.1　序列化数据 …… 69
        3.1.2　推导式 …… 70
    3.2　序列化数据的主要特点和常用内置函数 …… 70
        3.2.1　主要特点 …… 70
        3.2.2　常用内置函数 …… 75
    3.3　字符串 …… 77
        3.3.1　基本特性 …… 77
        3.3.2　常用的字符串内置方法 …… 79
    3.4　列表和元组 …… 83
        3.4.1　列表和元组的主要异同点 …… 83
        3.4.2　列表和元组的常用方法 …… 85
        3.4.3　列表和元组的推导(生成)式 …… 90
    3.5　字典和集合 …… 94
        3.5.1　字典和集合的主要异同点 …… 94
        3.5.2　字典和集合的常用方法 …… 95
        3.5.3　字典和集合的推导(生成)式 …… 99
    本章小结与复习 …… 100
    习题 …… 101

第 4 章　函数与面向对象程序设计入门 …… 103

    4.1　概述 …… 103
    4.2　定义函数 …… 104
    4.3　函数的调用及其返回值 …… 106

目　录

4.4　函数参数 …………………………………………………………………………… 109
4.5　变量的作用域 ………………………………………………………………………… 114
4.6　函数的递归调用 ……………………………………………………………………… 116
4.7　lambda 匿名函数 …………………………………………………………………… 121
4.8　面向对象程序设计入门 ……………………………………………………………… 123
　　4.8.1　类及其实例化 ……………………………………………………………… 123
　　4.8.2　封装中的私有属性和私有方法 …………………………………………… 126
　　4.8.3　继承与多态 ………………………………………………………………… 126
本章小结与复习 ……………………………………………………………………………… 129
习题 …………………………………………………………………………………………… 129

第 5 章　Python 文件与路径的基本操作 ………………………………………………… 130

5.1　读写文本文件 ………………………………………………………………………… 130
　　5.1.1　打开和关闭文件的基本操作 ……………………………………………… 131
　　5.1.2　读写文本文件的基本操作 ………………………………………………… 132
　　5.1.3　读写 CSV 文件的基本操作 ………………………………………………… 137
5.2　文件路径的基本操作 ………………………………………………………………… 140
本章小结与复习 ……………………………………………………………………………… 151
习题 …………………………………………………………………………………………… 152

Part Ⅱ　算法与竞赛入门

第 6 章　算法入门 …………………………………………………………………………… 157

6.1　算法是什么 …………………………………………………………………………… 157
6.2　基本算法简介 ………………………………………………………………………… 158
　　6.2.1　枚举法 ……………………………………………………………………… 158
　　6.2.2　贪心法 ……………………………………………………………………… 160
　　6.2.3　分治法 ……………………………………………………………………… 161
　　6.2.4　递归法 ……………………………………………………………………… 162
6.3　线性表、栈、队列 …………………………………………………………………… 164
　　6.3.1　线性表 ……………………………………………………………………… 164
　　6.3.2　栈 …………………………………………………………………………… 168
　　6.3.3　队列 ………………………………………………………………………… 171
6.4　朴素的字符串匹配算法 ……………………………………………………………… 172
6.5　简单排序算法 ………………………………………………………………………… 174
　　6.5.1　冒泡排序 …………………………………………………………………… 174
　　6.5.2　快速排序算法 ……………………………………………………………… 177
　　6.5.3　冒泡排序和快速排序算法所用时间的比较 ……………………………… 179
本章小结与复习 ……………………………………………………………………………… 180

习题 ··· 181

第 7 章　算法竞赛入门 ··· 183

7.1　时间复杂度概述 ·· 183
  7.1.1　引例 ··· 183
  7.1.2　时间复杂度 ··· 184
7.2　算法模拟与暴力求解 ·· 189
7.3　图的遍历问题 ·· 196
  7.3.1　图节点的遍历及搜索问题 ··· 197
  7.3.2　基于回溯的深度优先搜索算法的设计与实现 ······························ 197
  7.3.3　广度优先搜索算法的设计与实现 ·· 205
7.4　并查集问题及其算法设计 ··· 213
7.5　动态规划入门 ·· 217
7.6　算法与算法类竞赛简介 ·· 219
  7.6.1　算法家族的"准全家福" ·· 219
  7.6.2　算法类竞赛简介 ·· 220
  7.6.3　语言的选择和学习建议 ·· 222
本章小结与复习 ·· 223
习题 ··· 224

参考文献 ··· **225**

Part Ⅰ

Python 程序设计基础

第1章 Python入门编程

随着人工智能技术的发展，Python 程序设计语言的优势越来越明显，特别是其简洁性和作为"胶水"语言的特性，更突显了其在广大中学生中普及编程语言的优势。本章将引导同学了解计算机程序设计基础和使用 Python 语言进行程序设计的入门知识。

学习本章内容时，要求：
- 了解面向底层硬件的"低级"语言和面向开发者的"高级"语言的区别，理解编译、解释程序的大致工作流程；
- 了解正在使用的 Python 语言的版本；理解变量、常量、表达式、运算符的基本概念，会使用变量且掌握变量名的命名等基本语法规范；
- 了解 Python 的安装与集成开发环境（IDE）；
- 了解 Python 的特点、语句的基本格式和编写规范，会合理使用缩进、注释等；
- 理解并能够使用简单的算术表达式、逻辑表达式、关系表达式，了解常见的运算符；了解针对字符串的常用操作方法，了解类型转换；
- 理解内置函数、标准函数的区别，了解常见的内置函数方法的使用方法；
- 了解第三方库（包）的大致安装方法。

1.1 概　　述

我们知道，计算机由**硬件**和**软件**组成。硬件（如 CPU、内存、显示器等）是计算机的"身体"；软件（如操作系统、编程语言、App 等）则负责指挥计算机硬件完成特定的操作，操控计算机硬件采取什么样的处理方法和完成什么动作等，是计算机的"灵魂"。软件的控制作用是通过计算机程序实现的。为了能"指挥"计算机硬件完成各种各样的操作和处理外界传入的各种信息，就需要人们编制某种软件，这就需要了解计算机语言。

计算机语言种类繁多。从软件和硬件的关系来说，有"低级"语言和"高级"语言之分。"低级"语言是面向机器硬件本身操控的语言；"高级"语言对人类比较友好，便于理解，比较符合人类的思考方式（如代码都是采用类似英文的自然语言的方式书写的），因此开发效率较高，使用起来比较方便。

1.1.1 面向底层硬件的"低级"语言

我们一般把硬件称为计算机的"底层",把面向"底层"的编程语言称为"低级"语言,简单地说,它包括机器语言和汇编语言等。其中,机器语言即计算机最底层的硬件能直接"读懂"的语言,例如它只有 0 和 1 两种状态(采用所谓的"二进制")。很显然,对于人来说,机器语言是极难理解的,也是非常不友好的,且某种机器语言往往是和某种特定的机器硬件相对应的,因此编程和学习难度极大,且很难在不同的硬件平台之间互相迁移。可见,机器语言不是人们在编程时应该直接学习和使用的语言。

为了增强人们对编程语言的理解,人们在编程语言中加入了一些"助记符"以代替机器指令的操作码,例如用地址符号或标号代替指令或操作数的地址,这样的语言称为汇编语言。汇编语言的助记符架起了一座连接只有机器能看懂的"底层处理"语言和类似人类语言的桥梁,它能帮助人们更好地编写和理解程序,避免了直接使用"0""1"等二进制机器指令的窘境,为人们能更好地编写程序起到了良好的助推作用。但汇编语言学习起来还是有一定难度的,且特定的汇编语言和特定的机器语言指令集还是对应的,不同硬件平台之间往往不可直接移植,这也限制了汇编语言在初学者之间的推广和使用。

> 低级语言是直接面向底层硬件系统的,难理解,不易扩展,跨平台性不好;但也正是由于它对机器硬件是"直接"和"友好"的,因此其执行效率较高。

1.1.2 方便用户编程的"高级"语言

为了降低人们在编程时的理解难度,用类似人类自然语言的方式编写程序并使程序尽量不要和特定的硬件绑定在一起以便提高程序的可移植性,高级编程语言应运而生。高级语言屏蔽了很多底层的硬件细节,例如会自动管理内存(需要时自动分配,不需要时自动释放),省去了很多麻烦,因此很适合编程者特别是初学者使用。高级语言用类自然语言编写代码,好看、好理解,但其执行效率可能不如直接面向底层硬件的编程语言高。而且,对人类理解比较友好的高级编程语言只有经过一系列的处理才能被某种操作系统识别并加载到计算机硬件上执行。高级语言种类较多,从早些年的 Algol60、FORTRAN、Pascal、Lisp 等,到 C、C++、Java、PHP、Python 等,它们都是高级语言家族的成员。

> 操作系统是一组主管并控制计算机操作、运用和运行硬件、软件资源和提供公共服务以组织用户交互的相互关联的系统软件程序,例如 Windows 操作系统、Linux 操作系统、Android 操作系统等。鉴于本书的科普性质,本书后续所有程序设计都是在 Windows 操作系统上进行的。

不管使用什么高级程序设计语言,最终都需要将程序的"源文件"(如 Python 源文件的扩展名为 py、C 源文件的扩展名为 c)转换成人们看不懂的机器语言。这样,计算机才能理解和执行程序。一般来说,将类似人类自然语言的高级语言转换成机器能理解的指令有"编译"和"解释"两种方式:

(1) 编译:把一个事先编好的叫作"编译程序"的软件(如 C 语言编译器)提前安装在计算机内。当需要执行用这种高级语言编写的程序时,该编译器就把用这种高级语言编写的源程序(例如,对于 C 语言来说,文件扩展名为 c;对于 C++ 语言来说,文件扩展名为 cpp)"翻译"成机器语言的"目标程序"(文件扩展名为 obj),并最终生成能独立执行的可执行文件程序(如在 Windows 操作系统中,可执行文件的扩展名一般为 exe),它通过专门的编译器将所有源代码一次性地转换成特定平台(Windows、Linux、

macOS 等)的机器码。

(2) **解释**：它不需要像编译一样经过编译器先行编译为机器代码之后再运行，而是会将源代码一句一句地直接运行。这种编程语言(如 Python、PHP、JavaScript 等)需要在运行时利用解释器动态地将代码逐句解释为机器码运行。显然，Python 解释器用于解释和执行 Python 源程序。

> 高级语言的编译和解释都是面向操作系统而言的，并非直接面向计算机硬件。因此使用高级语言时，一般无须再考虑一些底层细节方面的问题。负责联系底层硬件和上层高级语言的"中间件"部分(所谓的"中间件"是相对于底层的"硬件"和上层的"软件"而言的)，主要由操作系统实施。

> 设计完高级语言程序后，需要运行它以检验其是否能完成预定任务。作为初学者，你编写的代码不可避免地会出现这样或那样的错误。请注意看系统给出的出错提示，根据系统给出的提示信息，再有针对性地找到出错的地方并进行修改。

1.1.3 Python 语言的主要特点

作为本书的主角，Python 是一门跨平台、开源、免费、解释型、面向对象的高级编程语言。从其发展历史来看，Python 本身也是结合了诸多其他语言(如 C、C++、Algol、SmallTalk、UNIX shell 和其他的脚本语言等)的特点发展起来的。也正是由于 Python 具有上述特点，它已成为极受欢迎的编程语言之一。据 TIOBE[①] 统计，截至 2023 年 10 月，Python 是排名第一的广受欢迎的编程语言。图 1.1 和图 1.2 是来源于该网站的关于 Python 的部分统计数据。

Oct 2023	Oct 2022	Change	Programming Language	Ratings	Change
1	1		Python	14.82%	-2.25%
2	2		C	12.08%	-3.13%
3	4	^	C++	10.67%	+0.74%
4	3	v	Java	8.92%	-3.92%
5	5		C#	7.71%	+3.29%
6	7	^	JavaScript	2.91%	+0.17%
7	6	v	Visual Basic	2.13%	-1.82%
8	9	^	PHP	1.90%	-0.14%
9	10	^	SQL	1.78%	+0.00%
10	8	v	Assembly language	1.64%	-0.75%

图 1.1　TIOBE 编程语言排行榜

Python 的主要特点如下。

特点 1：可读性强、简洁。相比较于其他编程语言，Python 语句非常简洁、高效，例如在使用一个变量前可直接使用，无须像有的语言那样要先定义后使用，也就是说，第一次给某个变量赋值的语句会创

---

① TIOBE 编程语言排行榜是编程语言流行趋势的一个指标，每月更新，网址：https://www.tiobe.com/tiobe-index/

Very Long Term History

To see the bigger picture, please find below the positions of the top 10 programming languages of many years back. Please note that these are *average* positions for a period of 12 months.

Programming Language	2023	2018	2013	2008	2003	1998	1993	1988
Python	1	4	8	7	12	26	14	-
C	2	2	1	2	2	1	1	1
C++	3	3	4	4	3	2	2	4
Java	4	1	2	1	1	19	-	-
C#	5	5	5	8	9	-	-	-
Visual Basic	6	17	-	-	-	-	-	-
JavaScript	7	8	10	9	8	23	-	-
SQL	8	251	-	-	7	-	-	-
PHP	9	7	6	5	6	-	-	-
Assembly language	10	12	-	-	-	-	-	-
Fortran	19	31	26	23	13	7	3	16
Ada	25	29	20	19	17	14	6	3
Objective-C	26	14	3	44	53	-	-	-
Lisp	30	30	13	18	14	10	7	2
(Visual) Basic	-	-	7	3	5	3	5	7

图 1.2 Python 语言的成长路线

建变量,每次重新赋值时会根据等号右侧表达式值的类型动态改变变量的类型;可以使用"生成式"简化代码量等(生成式将在第 3 章介绍)。再如,a=2 就定义了一个整型变量 a;之后又有定义 a="2"(引号引起来的内容就是文字字符串,不再是可以计算的数字了),那么这个变量 a 就变为字符串型变量,其值是文字字符串"2"。再如,如图 1.3 所示,两个数值型变量 a、b 和一个字符串型变量 c 分别存储数值型数据 2、3 和一个文字字符串"hello",可直接就这样定义和使用;图中第 4 行代码对变量 a 和 b 求和,可直接赋值给变量 d,因此变量 d 的结果就是 5;但第 6 行代码出错了(后面的英文就是出错信息),因为数值 2 无法和字符串"hello"相加,这也突显了后续即将说明的类型转换的必要性。

```
>>> a = 2
>>> b = 3
>>> c = "hello"
>>> d = a+b
>>> e = a+c
Traceback (most recent call last):
  File "<pyshell#4>", line 1, in <module>
    e = a+c
TypeError: unsupported operand type(s) for +: 'int' and 'str'
```

图 1.3 变量无须定义即可直接使用

在中学生初学者中,常见的错误是分不清半角和全角字符。请注意各种括号和冒号、引号都应是半角的西文字符。本书文字部分为使印刷清晰,括号和冒号、引号都采用全角字符,但在写代码时,务必使用半角而非全角字符。详情可参考各章 Jupyter 文件中的示例代码。

特点 2:跨平台。跨平台性或可移植性一般是指程序避免使用依赖某种特定系统的特性,这就意味着程序无须修改或仅做少量修改,就可以在其他操作系统平台上运行。例如,在 Windows 平台上开发的应用程序,几乎可以不加修改或仅做少量修改后就在诸如 Linux、FreeBSD、Solaris、Android 等不同操作系统平台上运行。Python 可以在不同的系统平台上跨平台使用。

特点 3：拥有丰富的函数库，可扩展性强。"函数"表示一种变换或处理，它封装了一些独立的功能，可以接收 0 个或多个用括号括起来的输入信息作为参数。函数可以直接被主程序或其他函数调用，也能自己调用自己（函数的递归调用），能将一些数据（参数）传递进函数进行处理，然后返回一些结果（函数的返回值）。当然，函数也可以没有返回值。Python 中的函数大致可以分为内置函数、标准函数、外置的第三方函数、自定义函数等。

（1）内置函数：Python 自带的函数方法，封装在 Python 解释器中，启动 Python 即可直接使用，如 print()、len() 等，不需要通过 import 导入相应模块。

（2）标准函数：它也是 Python 自带的函数方法，但需要通过 import 语句导入相应的模块后才可以使用，导入模块后，通过点运算符可以使用其中的某个方法，例如当需要使用圆周率时，可以在 import math 后用 math.pi 使用圆周率的值。

> "方法"类似于函数，同样封装了独立功能，表示特定的行为或运算。方法要依靠类或者对象调用，即作用在调用该方法的对象上。鉴于本书的科普性质，目前可暂对"方法"和"函数"不加以区分。

（3）第三方库函数（模块、库、包）：第三方提供的模块（或库、包）不是 Python 自带的函数方法，可以根据需要使用 pip 或 conda 安装特定的扩展库。第三方函数（模块、库、包）种类繁多，如涉及文件读写、网络抓取和解析、数据连接、数据清洗转换、数据计算和统计分析、图像和视频处理、音频处理、数据挖掘、机器学习、深度学习、数据可视化、交互学习和集成开发以及其他 Python 协同数据工作工具等。安装后，可以通过 import 导入包后使用，这也使得 Python 更像一种"胶水语言"，可以使用外界丰富的各种第三方库函数，把多种由不同语言编写的工具或函数融合到自己的应用程序中。这种"胶水"能把不同语言开发的工具"粘贴"在一起，使得你能站在前人的工作基础上进一步完善应用程序，从而满足不同应用领域的需求。特别是在人工智能领域，Python 几乎成了一种"标准"语言，在科学计算、大数据分析等领域中发挥着重要的作用。

（4）自定义函数：除了上述函数外，很多时候需要程序设计者设计自己的自定义函数，例如可以把需要多次使用的部分做成一个自定义函数模块，方便以后调用。自定义函数可以使用关键字 def 定义，可实现对代码的封装和重复使用。本书将在第 4 章详细介绍函数的概念和使用。

特点 4：Python 程序不需要编译和链接为可执行程序，源代码可以由 Python 解释器直接解释执行。作为解释性语言，Python 的性能较低，但 Python 源程序可以通过多种方式伪编译为 pyc 格式的字节码文件，Python 解释器也可以直接解释和执行字节码文件。

> 除传统的解释执行方式外，Python 还支持以伪编译的方式将源代码转换为字节码以优化程序，提高运行速度，并且支持使用 py2exe、pyinstaller、cx_Freeze 或其他类似工具，将 Python 源程序及其所有外部依赖库打包为可执行程序。

特点 5：Python 是一门面向对象的语言。Python 中，一切皆对象（数值 number、字符串 string，各种数据结构、函数、类、模块都是对象）。Python 虽然支持面向对象，但它并不强制你使用这种面向对象的诸多特性。由于本书是面向中学生的科普编程读物，因此不会详细介绍面向对象编程的诸多问题和难点，但这并不会妨碍我们学习和使用 Python。

特点 6：Python 中各种括号的作用是不同的，不能混用。例如圆括号"()"用于为调用函数和对象方法指定参数(元组也用圆括号作为定界符);方括号"[ ]"用于定义列表;花括号"{ }"可以定义字典、集合等数据类型。

特点7:要特别重视 Python 中的代码缩进。Python 语句的缩进代表不同的语句块和从属关系,是不能随意改变缩进的。Python 代码的缩进可以使用空格或者 Tab 键实现。类定义、函数定义、流程控制语句、异常处理语句等,行尾的冒号和下一行的缩进表示下一个代码块的开始,缩进的结束表示此代码块的结束。在某些集成开发环境中,会自动完成可能的缩进,但程序开发者要根据具体控制逻辑有针对性地修改代码的缩进。

特点8:在学习计算机编程语言中,务必要亲自上机编程实践,不能用学习其他科目时的理解、背诵等方法学习计算机编程知识,不能纸上谈兵。

上面提到的这些特点,大家可能目前还不太能理解。不要着急,继续学习,你会慢慢明白的。

> 在计算机语言中,经常会见到"读""写"这样的字眼。读(read)操作是指从存储数据的位置将数据"取出"但不进行修改的操作;写(write)操作是指将某个"新的"数据覆盖到原本存在某个存储位置的原有数据上。例如,某个学生的数学成绩为 98 分,所谓的"读"操作,是将这个 98 分的数据取出来并赋给一个变量 x,但不修改这个值;所谓的"写"操作,是改写这个学生的成绩为其他分数的操作。

1.1.4 Python 编程环境

Python 大致有以下几种可供实现编程的环境。

1. 交互式编程

在 Windows 系统中,定位到安装 Python 所在的文件夹,输入 Python,出现 3 个大于号">>>"即进入交互式编程环境,可在命令行窗口中直接输入代码,按 Enter 键就可以运行代码,并立即看到输出结果;执行完一行代码,你还可以继续输入下一行代码,再次查看结果,从这里也能直观地体会到"解释性"编程语言的特点,如图 1.4 所示。在 Python 自带的 IDLE 开发环境下,也提供交互式编程方式(如图 1.3 所示)。

图 1.4 命令行编程模式

2. 集成开发环境

即在某种开发环境下编写源文件,之后再运行它。在某种集成开发环境下(如 PyCharm 等)创建一个 Python 源文件,将所有代码放在源文件中,让解释器逐行读取并一起执行源文件中的代码。集成开发环境中提供了一系列的开发工具,非常适合编程人员在程序设计过程中使用,这是最常见的编程方式。

Jupyter Notebook 是一个代码、文本(可使用 Markdown 标记格式)、数据可视化、转换为其他输出格式的交互式文档,是基于网页的用于交互计算、演示的应用程序。本书后续的大部分例题、习题等均在 Jupyter Notebook 中实现。为方便大家学习,本书提供了每章对于例题、系统的 Jupyter 文件,可在清华大学出版社官方网站下载。

> **课堂练习**
>
> 在老师的帮助下进入 Python 默认的解释器环境,会显示 3 个大于号">>>"。定义两个变量 a 和 b,并分别赋值 2 和 3。通过内置函数 print()语句显示 a+b 的结果,并解释一下原理。

1.1.5 简单的数据类型与基本操作

某个对象的数据类型是指其变量所指的内存中存储的对象的类型,它可能是数值型数据(如图 1.3 的变量 a、b)、字符串型数据(如图 1.3 的变量 c)等,是一类值和其支持操作的集合。因此,在 Python 程序中,如果数据用不同的类型表示(如整数 123 和文字字符串"123"),则其处理方式是不一样的。例如,对于整数和字符串来说,"+"操作分别代表算术加法和字符串拼接,因此对于整数加法来说,123+1=124;对于字符串来说,"123"+"1"="1231"。同学们可能会问:我怎么知道某个变量存储的是什么类型的数据?可以通过 Python 的内置函数 type()查询某个变量的对象类型。如图 1.5 所示的第 1 行定义了一个变量 y 存储小数,其类型可以用第 2 行代码 type(y)查看,并通过 print()输出。对于数值型数据是可以进行加法、乘法、乘方运算,见第 3 行代码所示,其中两个星号"y**2"代表幂运算 y^2。

```
1  y = 2.5
2  print (type(y))
3  print (y, y + 1, y * 2, y ** 2)
<class 'float'>
2.5 3.5 5.0 6.25
```

图 1.5 type()方法查看变量类型

> 在 Python 程序中,如果需要输出结果,可使用内置方法 print()完成。

Python 支持常见的加(+)、减(−)、乘(*)、除(/)、求余数(%)、幂运算(**)、自加(+=)、自减(−=)等操作。自加操作是将变量 x 的值加 1,如 x+=1 等价于 x=x+1;自乘操作与自加操作类似,例如将变量 x 的值乘 2,x*=2 等价于 x=x*2。另外,请注意一个等号(=)为赋值运算,如图 1.5 第 1 行代码表示把等号右侧的数据赋值给左侧的变量;若要表达相等的关系,需要用两个等于号(==)。也就是说,"="不代表相等,它是赋值运算,即把"="右侧的值赋值给"="左侧的变量,其结果是使左侧的字符串变量有了具体的值,如 i=2 是把 2 赋值给变量 i;Python 中的"等于"是用两个等号(==)表示的,其结果是判断"=="左、右两侧的值是否相等,其结果为"是"或"否"的逻辑结果,例如,i==2,是判断 i 是否等于 2,其结果只能是"真"(i 等于 2)或"假"(i 不等于 2)这两种情况。

> 与 C、Java 等语言不同的是,Python 中的变量不必定义数据类型(不需要声明类型)。编写程序时,需要用等号(=)给等号左侧的变量赋值。等号(=)运算符是赋值运算符,赋值操作是从赋值运算符的右元(存储在变量中的值)读取值写入左元(变量名)。

需要注意的是,由于数据精度的关系,减法运算的结果有时与我们认知的传统减法有稍许精度上的差异。如图 1.6 所示,由于精度和误差的关系,系统认为 0.4−0.1≠0.3,而是等于 0.30000000000000004(因此

第 3 行代码输出逻辑值 False,说明二者不相等);但如果设置了误差精度(图中第 4 行的 1e−6 即 1×10^{-6}),系统则认为误差小于这个精度就是满足要求的,第 4 行代码的 abs()是求绝对值的内部方法(内部方法是不必导入相应的包就可以直接使用的),系统返回的是一个逻辑真、假值,即判断 $|0.4-0.1-0.3|$ 是否小于右侧的 1×10^{-6},很显然,这是一个不等式判别问题,结果只有真值 True 和假值 False 两种,最后输出值为 True。在图 1.6 中,还有一个地方需要特别说明,即"注释"。代码第 1 行出现用"#"开头的一句话,这句话不是给计算机执行命令的代码,而是给人看的说明文字,即对代码的说明。单行注释以井号"#"开头;多行注释时,可以把说明文字放置在上下一组的三引号之间。给程序添加适当的代码注释是十分必要的。

```
1  # 如何比较两个数?
2  print(0.4 - 0.1)
3  print(0.4 - 0.1 == 0.3)
4  abs(0.4-0.1 - 0.3) < 1e-6
5
```

```
0.30000000000000004
False      由于精度的关系,系统认为4-1并不精确等于3
True
```

图 1.6 Python 中数据"差"的精度比较

Python 部分数据类型如表 1.1 所示,其中很多内容大家目前还不能理解,本书后续会一一涉及。

表 1.1 Python 部分数据类型

对象类型		说 明	示 例
数值型		1. int:整型 2. long:长整型(可认为是无限大小的整数,数最后用一个大写 L 或小写 l 表示) 3. float:浮点型(可简单地把浮点型数据理解为小数,之所以称之为"浮点",是因为按照科学记数法表示时,一个浮点数的小数点位置是可变的) 4. 复数型:($a+bj$。a 称为实部,b 称为虚部,j 称为虚数单位)	整型数 12 浮点数 3.14 复数 1+2j
字符串型		用单引号、双引号、三引号括起来的任何内容(三引号引起来的内容多用于注释且可换行)。注意:在双引号中可以使用单引号,在单引号中也可以使用双引号	'Beijing' "12" '''hello world'''
布尔型		逻辑操作结果,其取值只有"真"(True,1)或"假"(False,0)两种情况	True False
序列化数据类型	列表	定界符是方括号 使用方括号"[ ]"或 list()创建	[1,2,3] ['a','b',['c',22]]
	元组	定界符是圆括号 使用圆括号"()"或者 tuple()创建	(2,−5,6)
	字典	键值对数据,定界符是花括号"{ }",每个键值对用冒号分开,每个键值对之间用逗号分隔。使用花括号"{ }"或 dict()创建	{1:'food', 2:'taste'}
	集合	定界符是花括号"{ }" 使用花括号"{ }"或者 set()创建	{a, b, c}
文件型		可用 open()使用指定模式打开文件并返回文件对象	f=open('my.txt','r')以读方式打开 my.txt 文件并实例化文件变量为 f

续表

对象类型	说　　明	示　　例
编程单元	用 def 定义函数；用 class 定义类；用 if 定义条件语句；用 while/for 定义循环	
其他可迭代对象	如 range()对象、zip()对象、enumerate()对象、map()对象，等等	

1.1.6 变量、常量、表达式

与数据类型相关的数据内存单元称为对象。这里常见的对象主要是以变量的形式出现的——有名称且其值可以改变的对象称为变量，变量是可以随着程序的运行而改变的。

变量要用一个标识符(称为变量名，以字母或下画线开头)标识。对变量命名时，其名称要尽可能反映数据本身的意义，尽量不要叫无数据本身含义的诸如 i、j、k、a、b、c 等名称。本书示例由于无实际应用背景，故多次使用了 i、j、k、a、b、c 等变量名，在实际工程中不建议这样命名变量。

Python 中的每个变量在使用前都必须赋值，变量赋值以后，该变量才会被创建。与常量不同，变量被赋某个值后，可以被再度赋新值并更改之。

有名称且其值不能改变的对象称为常量，常量是在程序执行中不变的量。我们可指定任意标识符为常量，一旦给某个标识符赋常量后，这个标识符就不能再被更改了。在 Python 中，常量的使用不及变量的使用广泛，这里不再介绍。

程序的基本语句是表达式语句。Python 表达式是变量、常量、计算符和方法调用的集合序列，它执行指定的计算并可能返回某个确定的值。若把一个工程看成一个生命体，那么表达式就是组成这个生命体的细胞。

变量名是大小写敏感的，即 Beijing 和 beijing 是不一样的两个变量。

例 1.1 使用 print()方法显示欢迎信息。

【提示与说明】 安装 Python 后，在相应路径下直接输入"Python"即可进入默认的 Python 解释器环境，此时显示 3 个大于号提示符">>>"，在其后面可以输入 Python 指令，例如，可以在">>>"后输入"print("你好 Python")"；可以输入"exit()"或"quit()"退出 Python 解释器环境。注意：语句后的圆括号要用英文的半角输入，不能是汉字状态下全角的圆括号。

Python 中的内置函数"input("提示信息")"接收一个标准输入数据并赋值给其左侧变量并返回 string 类型数据。"提示信息"是给用户看的，也可不写。

1. 进入 Python 解释器环境，定义两个变量 a 和 b，并分别赋值字符串"中国"和"北京"。通过 print()语句，利用 a、b 的结果在屏幕上显示"中国的首都是北京"。

2. 进入 Python 解释器环境，定义变量 r 为圆的半径，并给定一个初始值作为半径值，请计算圆的面积并输出(这里直接设定圆周率的值是浮点数 3.14，可不必使用标准扩展库 math)。

3. 使用 input()函数(可给出提示信息)分别从键盘输入加数和被加数，将输入的两个整数分别赋值给两个变量，完成相加操作，解释出现的结果。

如果变量出现在赋值运算符或复合赋值运算符(如＋＝、＊＝等)的左侧,则表示创建变量或者修改变量的值;否则表示引用该变量的值。这一点同样适用于使用下标访问列表、字典等可变序列,以及其他自定义对象中元素的情况。

例 1.2　针对表 1.1 中的数值型、字符串型、布尔型等简单类型数据,设计相应的表达式,完成简单的算术运算、赋值、比较等操作。

【提示与说明】　代码实现如图 1.7 所示。注意:字符串要用引号引起来(单引号、双引号、三引号均可);第 7 行代码执行 $(x \times y)^2$;第 8 行 print 输出语句中引号里的内容是显示给用户的提示信息,其中%f(表示浮点数)、%s(表示字符串)分别为占位符,其真实值由"%"后括号中的相应变量表示,如%4.2f 是指将要显示的值是一个长为 4 位,小数点后有两位小数的浮点数,%s 是指将要显示的值是一个字符串;第 9 行 print 语句是演示字符串的"有序性",即排在字符串首位的索引号是 0,第二个字符的索引号是 1,第三个字符的索引号是 2,最后一个字符的索引号是 －1,倒数第二个字符的索引号是 －2,以此类推,索引号用方括号引起来;第 12～15 行代码是演示条件判断语句(第 2 章详细讲述),第 12 行代码不是把 b 赋值给 a,而是判断 a 和 b 是否相等(注意这里是两个等号),如果 a 和 b 相等,就执行第 13 行语句,否则执行第 15 行语句。另外,注意第 10 行语句中"f 字符串"的表达方式,它是以 f 或 F 修饰符引领的字符串,以花括号标明在运行时求值的部分,即花括号中的内容将被计算求值。

```
1   x = 2     #整数
2   y = 3.5   #浮点数
3   z = "Hello python"   #字符串
4
5   a = x+y   #算术加法
6   a +=1     #变量自加1
7   b = (x*y)**2   #乘方
8   print("a的值是%4.2f, 类型是%s。b的值是%4.2f" %(a, type(a), b))
9   print("字符串第一个字符是%s、第二个是%s、最后一个是%s" %(z[0], z[1], z[-1]))
10  print(f"用f字符串显示a、b的值: a 是{a}, b是{b} ", f"{a,b}")
11
12  if a==b:  #逻辑判断
13      print("相等")
14  else:
15      print("不相等")
16
```

```
a的值是6.50, 类型是<class 'float'>。b的值是49.00
字符串第一个字符是H、第二个是e、最后一个是n
用f字符串显示a、b的值: a 是6.5, b是49.0  (6.5, 49.0)
不相等
```

图 1.7　Python 中简单的运算与赋值

1.2　Python 安装与常用集成开发环境(IDE)简介

本节介绍有关 Python 安装的基本步骤,并简介常见的开发环境 IDE 的基本知识。如果用户设备上已经安装好 Python,这个步骤可以省略。

1.2.1　安装 Python

Python 程序在不同的操作系统环境(如 Windows 系统、Linux 系统等)的安装文件与安装步骤是略有不同的。针对中学生学习和实际操作的特点，本章主要介绍在 Windows 平台上安装 Python 的主要步骤。

步骤1：登录 Python 官网 www.python.org 找到对应的 Python 平台版本。针对本节内容，就是找到 Windows 平台的 Python 版本，如图 1.8 和图 1.9 所示。

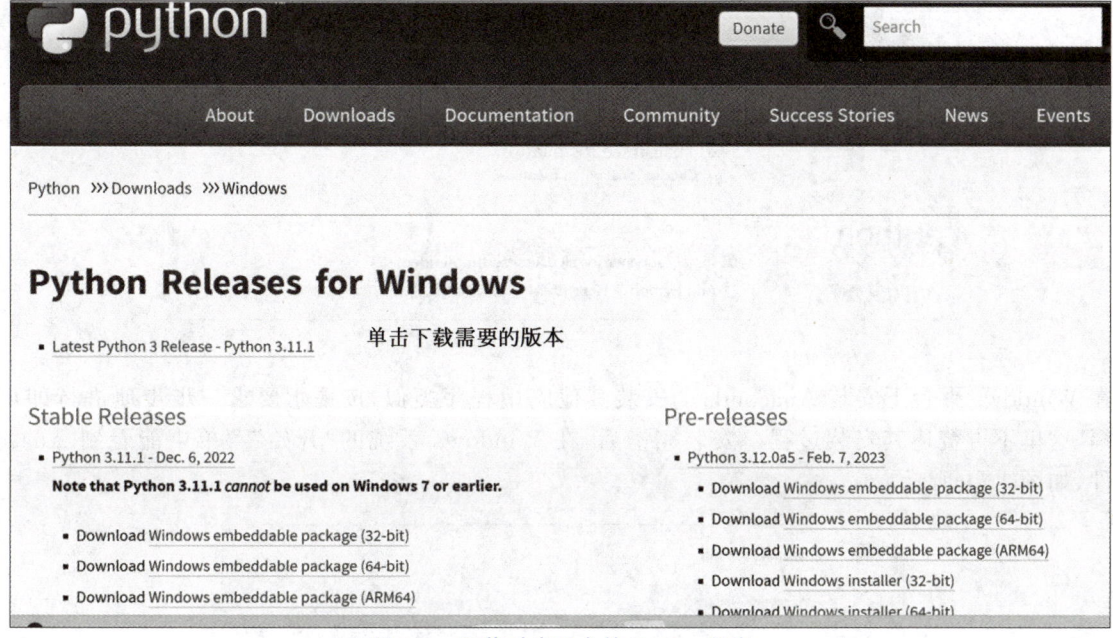

图 1.8　下载对应平台的 Python 程序

图 1.9　找到对应用户操作系统环境的 Python 版本

步骤2：找到下载的 exe 文件，运行后按照提示安装即可。记得勾选安装路径复选框，如图 1.10 所示。

另外，也可以在未安装 Python 时直接安装 Anaconda。Anaconda 是一个开源的集成了 Python 及其相关众多数据分析工具的"包"，包含 NumPy、Pandas 等众多的数据分析包及其依赖项，以及 Jupyter Notebook 环境等。如果用户计算机中还没有安装 Python 且想"一步到位"安装好有关数据分析的组件包，那么选择 Anaconda 组件是一个不错的选择。

图 1.10　安装 Python

在 Windows 平台下安装 Anaconda 与安装其他应用程序类似，按提示要求一步步地进行即可，限于篇幅，这里不再赘述其安装过程。安装完毕后，在 Windows 系统的"开始"菜单中能看到 Anaconda 的组件，如图 1.11 所示。

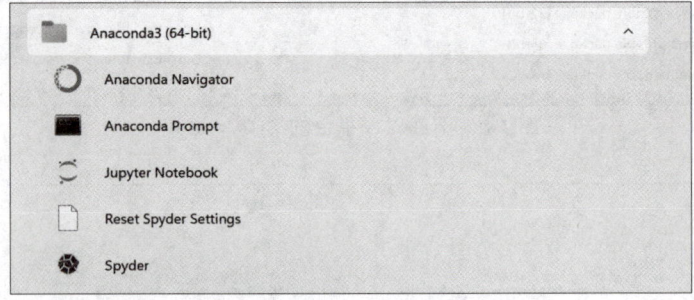

图 1.11　Anaconda 组件菜单

课堂练习

同学们，你能参照互联网上的相关介绍，在你的计算机上安装 Python 或 Anaconda 吗？提示一下：在安装 Anaconda 前，不必先安装 Python，因为 Anaconda 是一组套件，它会自动把相关的 Python 解释环境和相关工具（如 Jupyter Notebook、外部扩展包 NumPy 等）一并安装到你的计算机中。

1.2.2　Python 常用开发环境简介

Python 可以在多种环境下执行。若以单条语句解释的方式编写并运行程序，可在 Python 命令行状态（3 个大于号">>>"）下完成。但更多时候，程序员需要将多条有关系的语句保存为名为"文件名.py"的 Python 文件。这时，就需要一个编程的"环境"，这就像当你要撰写一个幻灯片时，需要安装 Windows Office 套件中的 PowerPoint 程序一样。

编写 Python 程序代码，当然可以在 Windows 的"记事本"或其他纯文本编辑器中完成。但纯文本编辑环境不能提供诸如语法高亮、代码自动补全、代码重构、编译程序、打包发布工程、图形化接口等功能，更无从谈起 Git 版本控制系统等。为此，人们研发了一些方便程序员开发程序的集成开发环境，即所谓的 IDE(Integrated Development Environment),通常包括编程语言编辑器、高亮显示、自动提示、自动构建工具、调试器、图形接口、编译打包或发布工具等。

> 开发不同类型的程序一般采用不同的 IDE。如开发 C++ 程序,可以使用 Visual VC++ 或 DEV C++;开发 Java 程序,可以使用 Eclipse 或 IDEA;开发 Android 程序,可以使用 Android Studio;当然,你也可以使用"一站式"CodeBlocks,类似的还有 Visual Studio Code 等。

下面介绍编写 Python 应用程序时常用的 4 种 IDE。

1. IDLE

IDLE 为初学者提供了一个非常简单的 IDE,它是 Python 自带的集成开发环境,包括交互式命令行、编辑器、调试器等基本组件。安装 Python 后,IDLE 就会自动安装到计算机中,不需要另外下载、安装,这是它相较于其他 IDE 的优点。

(1) **打开 IDLE**。在 Python 安装路径下输入 IDLE 即可打开这个 IDE。IDLE 有两个主要的窗口状态,分别是命令行窗口和编辑器窗口。默认情况下进入命令行窗口状态。在命令行窗口时,会显示 3 个大于号">>>"(标识">>>"和 Python 解释器的">>>"标识是一样的,说明此时可以写 Python 语句了)。此时可以解释并运行每一行语句。

例 1.3 在 IDLE 中定义 3 个**整型**变量 m、d、y,分别表示当前的月、日、年,请根据当天的情况分别给月、日、年赋当天的月份、日期、年份值。例如今天是 2023 年 12 月 8 日,请通过 print()语句,利用你定义的 m、d、y 变量输出"今天是 2023 年 12 月 8 日,是一个好日子!"。

【提示与说明】 整型变量是不加引号的。在 print()语句中可以使用占位符格式化变量。中学阶段常见的包括%s(格式化字符串)、%d(格式化整数)。如图 1.12 所示,在 print()语句占位符后面的"%"后才是真正要被显示的变量。如果多于一个变量,可用括号括起来,如:

print("今天是%s年%s月%s日,是一个好日子!" %(y, m, d))

```
1  m = 12
2  d = 8
3  y = 2023
4  print("今天是%s年%s月%s日,是一个好日子!" %(y,m,d))
```
今天是2023年12月8日,是一个好日子!

图 1.12 print()语句中的占位符与变量的使用

> **课堂练习** 同学们,如果上面的例题中的年、月、日都是用户从键盘输入的字符串变量,那么又该怎样显示呢?你试试看吧。

(2) **在 IDLE 中新建 py 文件与运行该文件**。IDLE 标准开发环境下每次只能执行一条语句,很不方便。为便于连续执行多条语句,执行"File"→"New File"命令,可以输入多条语句,之后执行菜单命令"Run"一并执行它们。可见,若想以批处理的方式连续运行多条语句,可在打开 IDLE 后执行"File"→"New File"命令,在新建的文件窗口中输入多条 Python 语句,如图 1.13 所示。

图1.13 通过 IDLE 菜单命令新建、打开、保存 py 文件

图1.14展示的是在 IDLE 中求圆的面积的方法,语句后的"♯"后的内容为注释部分,是不会当成计算面积的语句执行的。注意其中导入标准库函数 math(第1行代码)以及数据类型转换(第4行代码)的方法,详见图中"♯"后的注释说明。

图1.14 以 py 文件方式编写 Python 代码

图1.14中出现了类型转换函数。int(string)将字符串 string 转换成 int 类型。类似的还有 float(string)将字符串 string 转换成 float 类型、bool(string)将字符串 string 转换成 bool 类型等。

图1.14中完成的 py 程序如何在命令行状态下运行?也就是说,如果不是通过以解释方式逐条语句直接运行程序,而是以类似"批处理"的方式连续运行多条程序指令,该怎么做?假设这个 py 文件名为 myname.py,在命令行提示状态下,可以通过 Python 直接运行这个 py 程序:输入"Python myname.py",即可运行这个 myname.py 程序。

课堂练习

请参照图1.14中的代码,自己上机打开 IDLE 并输入上述内容,运行看看效果如何。注意"♯"后面的内容是写给人看的注释,不是计算机要执行的代码。平常写代码时,大家要养成写注释的良好习惯。

课堂练习

如果不写图1.14第4行的 r=int(r)会怎么样?请试试看,并解释为什么?

2. PyCharm

PyCharm 是一款编写 Python 程序的著名 IDE,很受 Python 程序员喜爱,它不仅具有代码调试、语法高亮、项目管理、代码跳转、智能提示、自动完成等功能,还有单元测试、版本控制等实用功能。该 IDE 提供了一些高级功能,用于支持 Django 框架下的专业 Web 开发。可以说,PyCharm 是进行 Python 程序开发的理想环境。

PyCharm 官网(https://www.jetbrains.com/pycharm/)有两个主要版本:一个是面向专业用户的 Professional 版,这个付费版本功能强大,可开发基于 Django、Flask、HTML5、CSS、JavaScript、XML 等复杂的 Python 应用程序,图1.15和图1.16展示了 PyCharm 的主要安装过程;另一个版本是轻量级的免费 Community 版。在完成安装后,第一次打开 PyCharm 时可进行颜色、字体等的个性化设置,如图 1.17 所示。

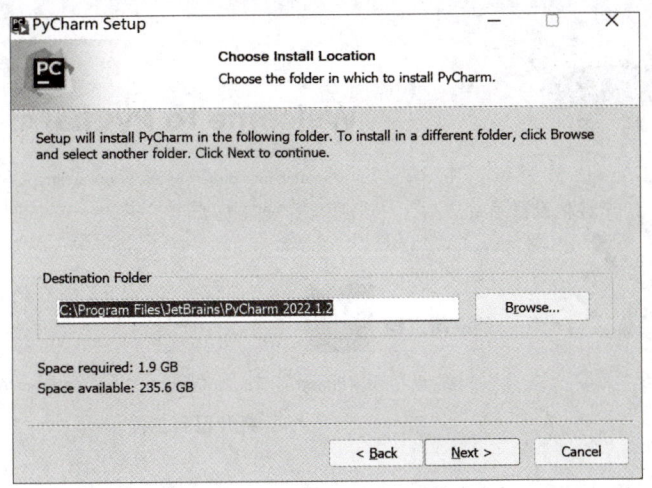

图 1.15　设定 PyCharm 安装路径

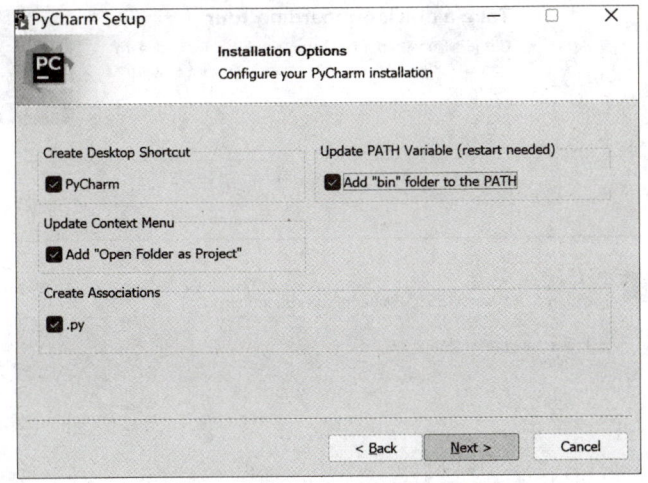

图 1.16　设定 PyCharm 及完成安装

限于本书的科普定位和中学生具有的程序设计基础,这里不会对 PyCharm 进行详细介绍,只针对以下常见问题做简单介绍。

(1) 新建 Python 应用程序。执行"File"→"New Project"命令,可建立一个纯 Python 的应用程序。在输入程序名称后,即可由 PyCharm 把应用程序的基本"骨架"搭建完毕,如图 1.18 所示,具体的 Python 程序代码还要自己写。

(2) 更换 Python 解释器。如果在你的机器中安装了多个 Python 版本,则可以在 PyCharm 中设定采用哪个版本的 Python 解释器解释你的程序。在 PyCharm 菜单的"File"→"Setting"下找到"Project Interpreter",在对话框左侧的"Project Interpreter"框中输入需要的 Python 解释器即可(这里要指定 Python 的 exe 文件所在的文件夹)。在正常情况下,选择某个解释器后,对话框下面应该列出其包含的外部扩展包及其版本信息,如图 1.19 所示。

(3) 调整编辑器字体及其大小。与更换 Python 解释器类似,在 PyCharm 中可以对很多方面的个

图 1.17 打开 PyCharm 的初始界面

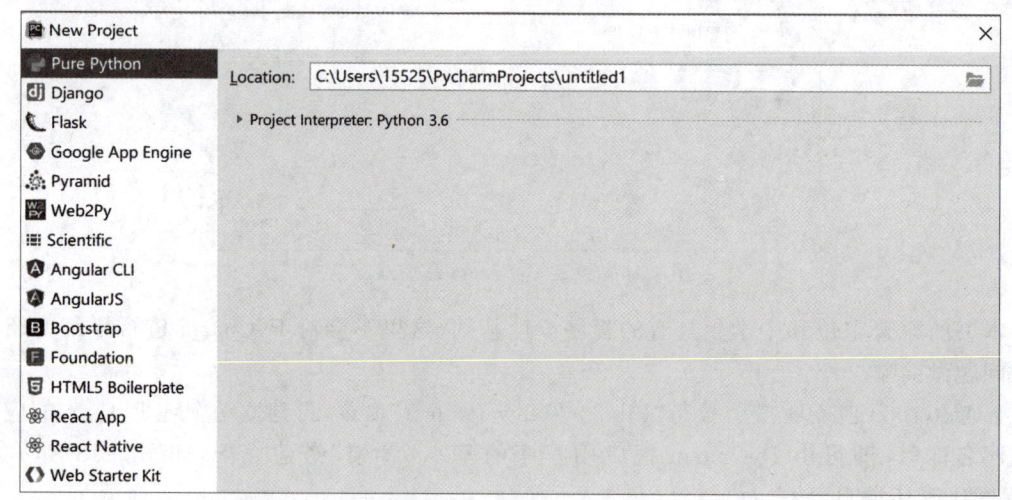

图 1.18 在 PyCharm 中建立一个 Python 应用程序

性化内容进行设置，这些设置大多数都可以在 PyCharm 菜单的"File"→"Setting"下找到。例如，当你需要调整编辑器的字体、颜色等信息时，可以在菜单"File"→"Setting"→"Editor"下找到相应的标签进行个性化的设置，如图 1.20 所示。不过，对于中学生来说，鉴于开发软件的功能有限，建议采用 PyCharm 的默认值即可。

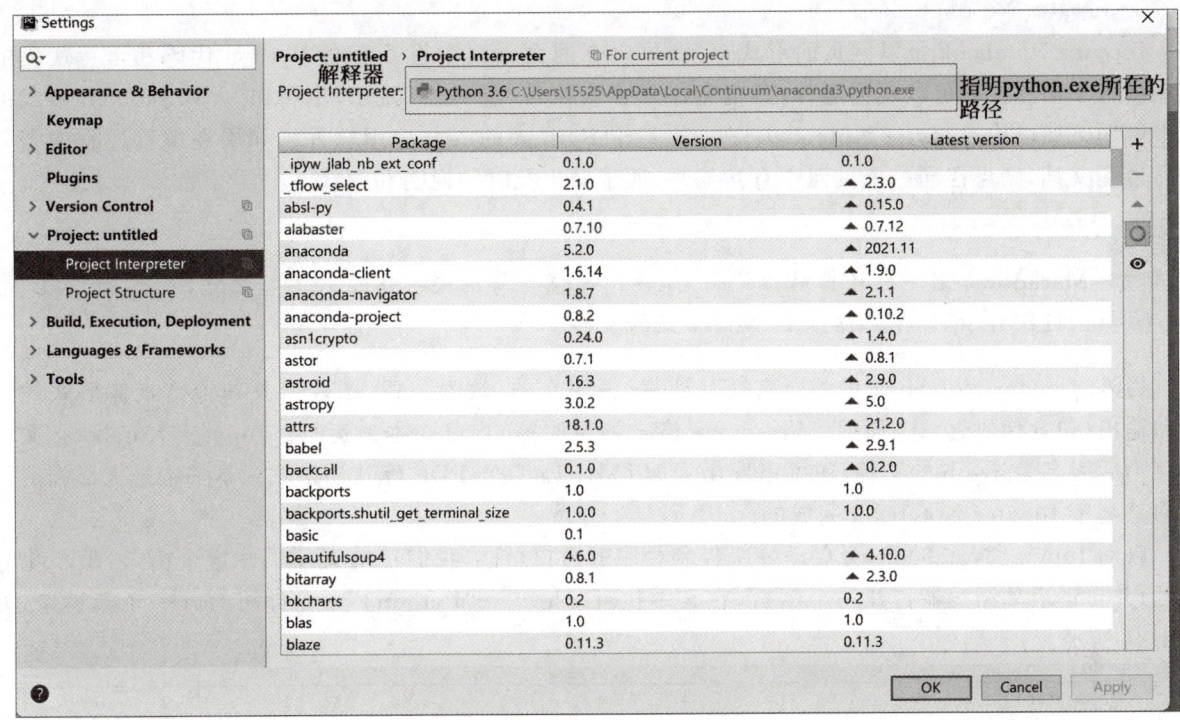

图 1.19　指定 Python 解释器

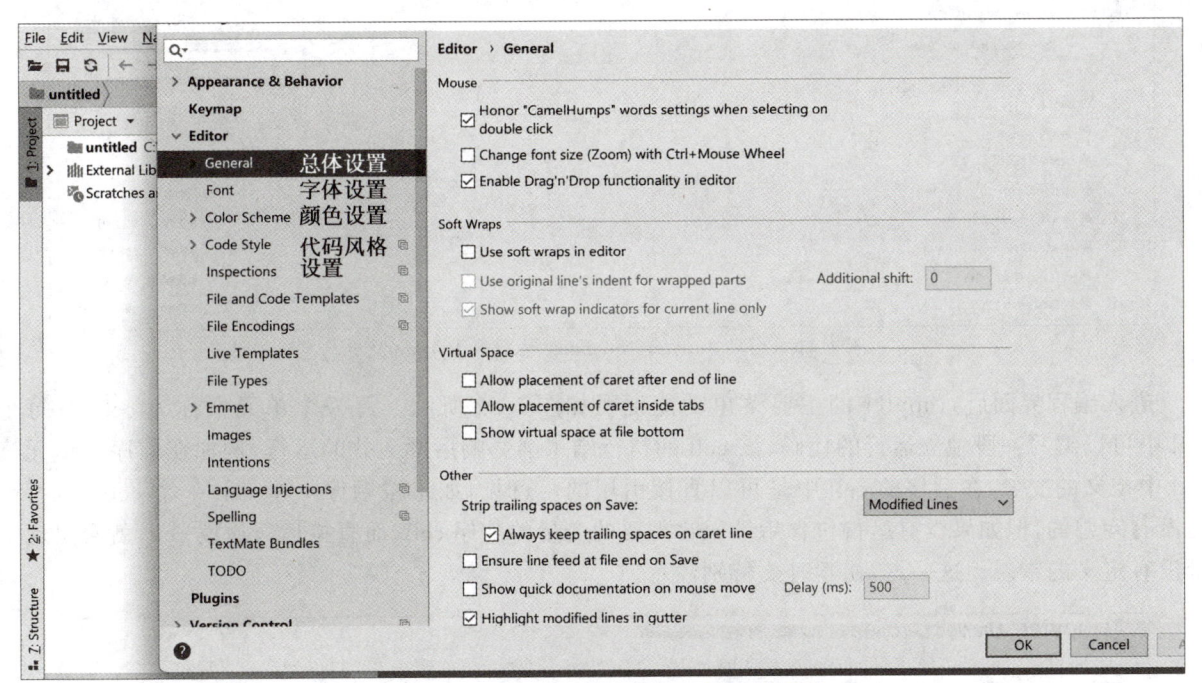

图 1.20　PyCharm 的个性化编辑风格设置

课堂练习

同学们，你能参照互联网上的相关介绍，在你的计算机上安装 PyCharm 吗？

3. Jupyter Notebook

Jupyter Notebook 是以网页的形式打开，可以在网页页面中直接编写 Python 代码和运行代码的一款优秀 IDE。代码可以直接运行，其运行结果会直接在代码块下显示，也可以写 Markdown 格式的文本说明。所以说，Jupyter Notebook 是一款基于 Python 的办公应用软件。如果在编程过程中需要编写说明文档，则可在同一个页面中直接编写，便于做出及时的说明和解释。

> Markdown 是一种轻量级标记语言，使用易读易写的纯文本格式编写文档，可与 HTML 混编，可导出 HTML、PDF 以及自身的 MD 格式的文件。

另外，Jupyter Notebook 中的所有交互计算、说明文档、数学公式、图片以及其他富媒体形式的输入和输出（包含代码、公式、插图、Markdown 格式的说明等）均可在本地运行。Jupyter Notebook 文档保存为后缀名为 ipynb 的文件，还可以导出为 HTML、LaTeX、PDF 等其他格式。本书中绝大部分的例子均是基于 Jupyter Notebook 完成的。

启动 Jupyter Notebook，会启动一个控制台服务窗口（注：我们目前无须关注这个窗口，最小化它即可）并自动启动浏览器打开一个网页，在其中执行"New"→"Python3"命令即可打开一个新窗口，如图 1.21 所示。

图 1.21 启动 Jupyter Notebook 及新建 Python 文档

进入编程界面后，Jupyter 的主要菜单功能说明如图 1.22 所示。每一个单元格称为 cell，在每个 cell 中可以编写一段独立运行的代码，该 cell 的执行结果会影响后续 cell 的运行，例如在前序的单元格 cell 中定义的变量，在后序的 cell 中是可以直接引用的。可见，如果按顺序一个 cell 一个 cell 地运行，是没有问题的，但如果没有运行包含后续 cell 需要的变量的前序 cell，而直接运行后续 cell，就会出现变量没有定义的错误。这一点，初学时要特别注意。

图 1.22 Jupyter 的主要菜单功能

Jupyter Notebook 的主要特点如下。

(1) 编程时具有语法高亮、缩进、Tab 补全功能。补全功能是指在需要补全的地方按 Tab 键,即可在应该补全的地方给出代码提示,如图 1.23 所示,假设已经定义了 myvar_1 和 myvar_2 两个变量,当输入 my 后直接按 Tab 键,就会把以 my 开头的所有可能使用的内容列出来,包括曾经定义过的以 my 开头的变量以及其他以 my 开头的函数等。

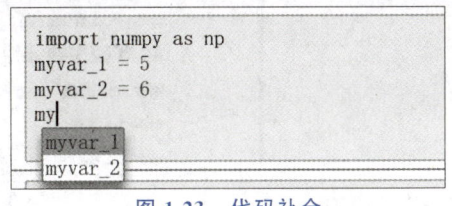

图 1.23 代码补全

(2) 可直接单击 ▶运行 按钮,在浏览器中运行代码。同时,代码块下方将展示运行结果。

(3) 可以以富媒体格式(包括 HTML、PDF、LaTeX、PNG 等)展示所有代码、文字、计算结果等。

记住一些快捷键是有益的,如:

- Shift+Enter 组合键:运行当前单元格。
- Esc 键:离开当前单元格,脱离焦点(左侧条纹由绿变蓝)。
- M 键:(按 Esc 键后)将当前单元格格式更改为 MarkDown。
- Y 键:(按 Esc 键后)将当前单元格格式更改为代码。
- 箭头键:(按 Esc 键后)移动单元格。

> 调试代码时,有时需要显示代码行号。但 Jupuyer 默认是不显示行号的。执行 Jupyter 菜单 View→Toggle Line Numbers 命令可显示/关闭行号。

除了在 Jupyter Notebook 中书写 Python 代码外,还可使用 Jupyter Notebook 书写 MarkDown 格式的文档。最简单、常用的 MarkDown 格式设定如下(注意:现在讲的是在 MarkDown 格式下输入文字内容,不是写 Python 代码):

(1) 将文本设定为某级别的标题。在文本前加井号(#)即可。一个井号(#)代表一级标题,两个井号代表二级标题,以此类推。输入井号后跟一个空格,再输入后续文字,就可设定为各级大、小标题了。

> 在书写 MarkDown 格式的各级标题时,几个井号后必须有一个空格,之后再书写内容。另外,MarkDown 是一种轻量级标记语言,允许使用易读易写的纯文本格式编写文档,然后转换成有效的 XHTML(或者 HTML)文档。

(2) 插入链接锚文本及对应的超链接。使用方括号标记需要显示的链接文本;使用圆括号包围的是 URL 链接地址。

(3) 可采用星号格式化文本。在文本前添加一个星号(*)为斜体文字;添加两个星号(**)为粗体文字。

有关 MarkDown 的示例可参见图 1.24,其效果如图 1.25 所示。

(4) 使用<center>某文字</center>可设置某文字为居中显示;以<font>开始、以</font>结束的一组标记符可以设置字体,在这里,可用的设置如下:

- color:设置字体颜色,如 color=red;如果设置了 mark,则 color 的作用消失。

图 1.24 MarkDown 格式设定

图 1.25 MarkDown 格式效果

- mark：设置底纹显示。
- size：设置字号，如 size=16。
- face：设置字体，如 face=宋体。

上述几个设置需要加到<font>块中。例如，如下的 MarkDown 格式的文字"# <font color = red size=12><mark>第一章</font><font color = blue size=10>***Python入门编程***</font> "的实际显示效果如图 1.26 所示， 表示其中的内容居中显示；<font color = red size=12> </font>表示其中的文字颜色为红色，字体大小为12（也可以修改为其他颜色或字体）；<mark>为增加底纹；***为斜体。

图 1.26 Jupyter Notebook 中用 MarkDown 格式完成字体、颜色、字号的设置

课堂练习

请参照上面的示例，打开 Jupyter Notebook，录入一些 MarkDown 格式的文字，并完成相应的显示设置。

4. Visual Studio Code

Visual Studio Code 是一个简化高效的代码编辑器，可在其中进行基于 Python、C、C++、Java 等不同软件的开发，同时支持调试、任务执行、版本管理等开发操作，它的目标是提供一个"一站式"的快速编码—编译—调试工具。

从 Visual Studio 官网（https://code.visualstudio.com）下载相应版本的 Visual Studio Code。运行

安装文件,完成剩余安装步骤,重启后完成安装。

设定颜色主题等后,执行新建文件(或打开文件)操作后可选择拟采用的编程语言(图 1.27 选择的是 Python)。在新建文件时,可选择建立什么类型的文件(如纯文本文件或 Jupyter Notebook 类型文件),如图 1.28 所示。

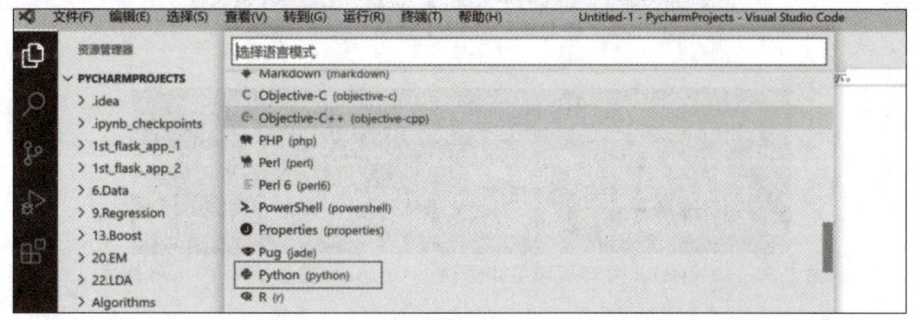

图 1.27 在 Visual Studio Code 中选择拟采用的编程语言

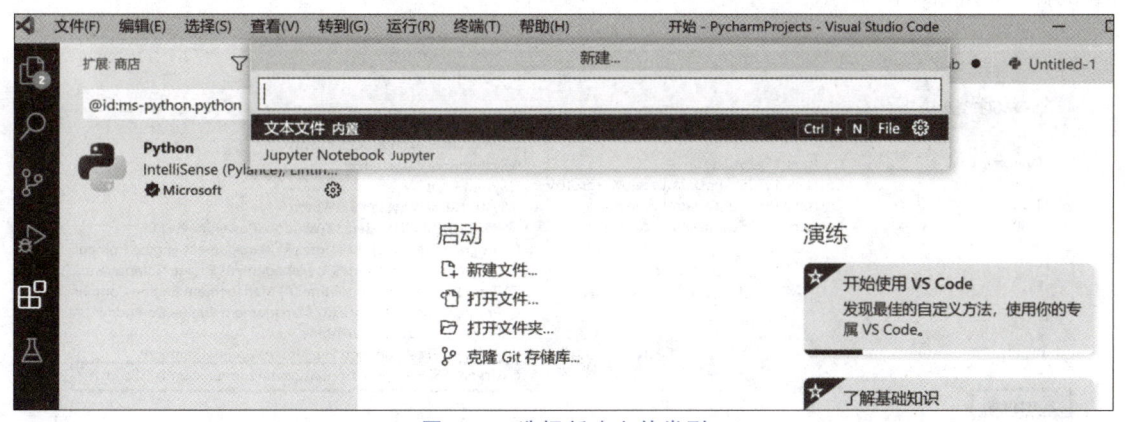

图 1.28 选择新建文件类型

课堂练习

请参照互联网上的介绍,在你的计算机上安装 Visual Studio Code。

1.3 简单的 Python 语句与代码撰写基本规范

下面简单介绍 Python 表达式与语句、基本运算符、条件判断语句等,以及数字、字符串等基本数据类型的操作,并简介代码撰写的基本规范。

1.3.1 进入 Python 解释器

在 Windows 命令行状态下进入 Python 安装路径,输入"Python"即可进入 Python 解释器环境。

例 1.4 查询 Python 的版本。

【提示与说明】 在 Windows 命令行状态下进入 Python 安装目录,输入"Python --version",即可看到安装好的 Python 版本,如图 1.29 所示。也可在进入 Python 解释器环境(3 个大于号)后通过

import 语句导入 sys 模块并使用其中的 sys.version 方法显示 Python 版本，如图 1.30 所示。

图 1.29　在命令行状态下查看 Python 版本

图 1.30　在 Python 解释器环境中通过 sys.version 方法显示 Python 版本

若按上述方法无法进入 Python 解释器环境，可能需要设置一下环境变量 Path，将其指向安装 Python 的路径，如图 1.31 所示。

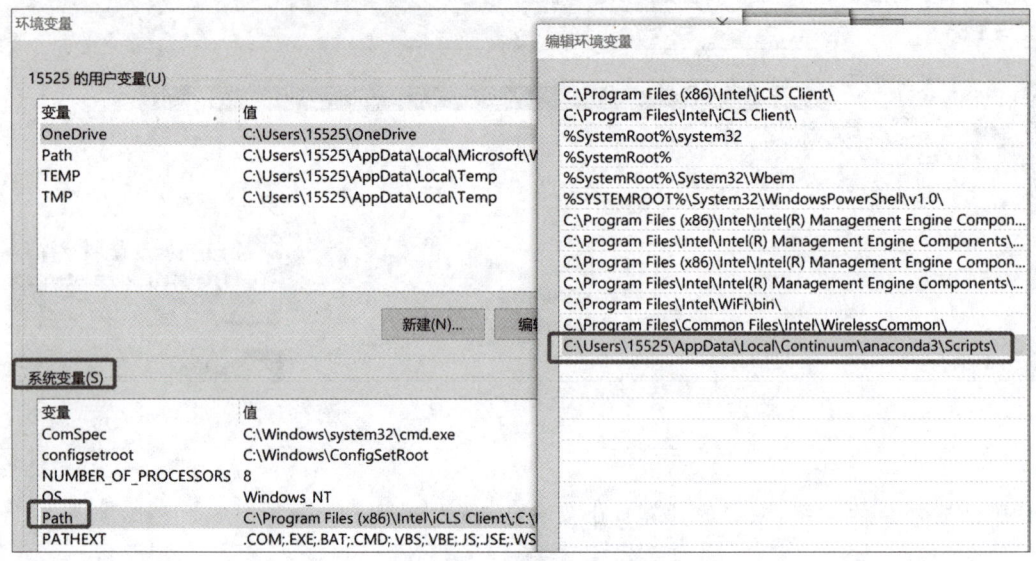

图 1.31　系统环境变量

课堂练习

请同学们试试能否独立完成显示 Python 版本的功能。对于不同的环境，设定值也许是不一样的，因此不能原样照抄图 1.31 中的内容，要根据系统的实际情况进行环境变量的配置。

1.3.2　简单的表达式与语句

Python 的表达式是可计算的代码片段，一般用于定义常量、变量、函数等，也可以定义类、创建对象、为变量赋值、调用函数、控制分支、创建循环等，它一般由操作数和运算符等组成。可以说，操作数、运算符、各种括号等按一定规则组成了表达式。表达式在运算后产生结果，并返回结果给相应的对象。

例 1.5　请给两个整型变量赋值，完成加法运算并显示结果。

【提示与说明】 可以在 Python 解释器状态下分别用两个字符串作为两个变量的名字以进行定义并直接为变量赋值。分号用于在一行书写多条语句,如"a＝0;b＝0;c＝0",注意,一行中的多条语句不能用逗号分隔,在 print()语句中可以直接用变量加法完成结果输出,如图 1.32 所示。

```
>>> i=12;j=13          ← 可以用分号同时为两个变量赋值
>>> print(i+j)
25
>>> i,12,j=13          ← 但不能用逗号同时为两个变量赋值
SyntaxError: can't assign to literal
>>> i,j =12,13
>>> print(i+j)         ← 可以这样用逗号同时为两个变量赋值
25
>>>
                       注意:上述两种用逗号赋值的区别,不要误用
```

图 1.32　为多变量赋值

例 1.6　从键盘分别输入两个整数作为被加数和加数,完成加法运算并输出结果。

【提示与说明】 通过 input()语句可以接收用户从键盘输入的信息,但这些信息是字符串形式的,例如输入 2,不是你想象的整数 2,而是字符串"2"。若需要完成整数的加、减法等计算,需要通过 int()方法将其转换为整数,否则它执行的是字符串的相加(字符拼接,如图 1.33 第 8 行代码所示),不是四则运算中的加法。如图 1.33 所示,第 3、4 行的 int()是用来将内容转换为数字的,第 6 行的 print()中,引号内的%s、%d 是字符串和数字的占位符,其值由%后括号内的变量对应替代(占位符会被真实变量替换)。len()是求字符串长度的函数,它返回一个表示字符串长度的数值型数据。注意:占位符要和后面的真实变量一一对应。

```
1  a = input("被加数:")
2  b = input("加数:")
3  c = int(a)    #用来将输入的字符串转换为数值
4  d = int(b)
5  e = c+d       #两个转换后的数值相加
6  print("被加数%s有%d位,加数%s有%d位,和是%d" %(a,len(a),b,len(b),e))
7  print("未经转换前的结果是:")
8  print(a+b)

加数:12
被加数:23
加数12有2位,被加数23有2位,和是35
未经转换前的结果是:
1223
```

图 1.33　整数加法与字符串拼接

在输出浮点结果时,可在 print 语句中通过指定小数点后的位数得到具有一定精度的结果。如图 1.34 所示,print 语句中的占位符**%4.2f** 表示这个位置将来会用一个总长为 4 位数、小数点后为 2 位的浮点数替代,语句中的 3 个**%4.2f** 分别对应后面的 a、b、c 三个变量。

```
>>> a = 14
>>> b = 3
>>> c = a/b
>>> print('%4.2f/%4.2f=%4.2f' %(a,b,c))
14.00/3.00=4.67
>>>
```

图 1.34　指定浮点数的精度

Python 语句又可分为简单语句和复合语句。简单语句一般指一条表达式语句、赋值语句、import

语句等。复合语句是指由多条语句块组成的复合语句,如第 2 章将要讲到的 if-else 条件语句块、while 循环语句块、for 循环语句块,第 4 章中的 def 函数定义块、class 类定义块等。限于篇幅,这里仅对复合语句中的 if 条件判断语句块进行简要介绍,详细内容参见本书后续章节。

if 条件判断是程序流程转移的重要方法,它的原理也很简单:如果满足某条件,就执行对应的语句块 1 到语句块 m−1;如果条件不满足,就执行 else 后面的多条语句块。其语句形式如下所示,方括号代表它是可选项,即 else 子句块可以省略不写。这里的"条件表达式"是典型的逻辑判断,条件满足为 1(真),条件不满足为 0(假)。注意,在 if 语句结尾和 else 语句结尾都有半角的冒号标识。

```
if 条件表达式:
    语句块 1
    语句块 2
    ...
    语句块 m-1
[else:
    语句块 m
    语句块 m+1
    ...
]
```

例 1.7 定义变量 a 并输入某个字符串作为 a 的值,从键盘输入其他内容给变量 b。如果二者相等,则显示 OK,否则显示 NO。

【提示与说明】 可将这个问题看成密码测试。变量 a 存储定义好的密码。使用 input() 语句接收从键盘输入的信息,并将其赋值给变量 b。若输入信息 b 与 a 相等,则显示相关信息。可以用条件判断语句解决这个问题,注意 if 和 else 后面的半角冒号不能少,并注意适当的代码缩进,如图 1.35 所示。

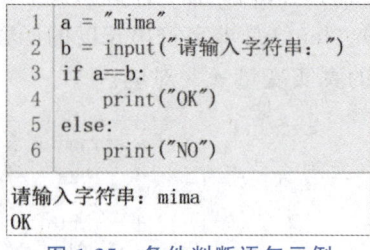

```
1  a = "mima"
2  b = input("请输入字符串:")
3  if a==b:
4      print("OK")
5  else:
6      print("NO")
```
请输入字符串:mima
OK

图 1.35 条件判断语句示例

1.3.3 基本运算符

在一个表达式中可能会出现运算符。运算符是用来表示特定运算的符号,它会告诉 Python 解释器进行一些数学、关系或逻辑操作,因此有算术运算符、关系运算符和逻辑运算符等。

1. 基本运算符

1) 基本算术运算

+:加法运算

−:减法或相反数或差集运算

*:乘法运算

/:传统的浮点除法,"/"左侧是被除数,"/"右侧是除数

//:向下取整运算,即取比传统除法实际值小的整数值

**:幂运算

%:取整除之后的余数,如 3/2 的结果为 1.5,但 3%2 的结果为余数 1

2) 关系运算

>:大于

<:小于

≥：大于或等于

≤：小于或等于

＝＝：相等

!＝：不等于

3）逻辑运算

and：逻辑与

or：逻辑或

not：逻辑非

4）位运算

前三个还可以表示集合运算。鉴于本书的科普性质，这里不对位运算做解释。

&：按位与

|：按位或

^：按位异或

＞＞：按位右移

＜＜：按位左移

~：按位取反

5）其他

in：如果在指定的序列中找到值，则返回 True，否则返回 False

not in：如果在指定的序列中没有找到值则返回 True，否则返回 False

is：判断两个标识符是不是引用自一个对象

not is：判断两个标识符是不是引用自不同对象

2. 关系运算

关系运算符包括等于"＝＝"、大于"＞"、小于"＜"、大于或等于"≥"、小于或等于"≤"、不等于"!＝"等。应尽量避免在实数之间进行相等性测试，而应该以两个浮点小数之间的差值是否小于某个足够小的量作为其相等性的测试，如图 1.36 所示。

图 1.36　Python 中判断两数是否相等

3. 逻辑运算

逻辑运算符包括"与"(and)、"或"(or)、"非"(not)。逻辑运算只有真、假两种取值。逻辑值 True 等价于 1，False 等价于 0，它们可以和整型数字相加。表 1.2 列出了 A、B 两个逻辑变量的"与"操作(A and B)和"或"操作(A or B)的结果。图 1.37 所示为逻辑值的"与"(第 3 行代码)、"或"(第 4 行代码)、"非"(第 5 行代码)的结果。

表 1.2　两个变量的逻辑操作及结果

A	B	A and B	A or B
True	True	True	True
True	False	False	True
False	True	False	True
False	False	False	False

例 1.8　设计程序,完成如下任务:

① 变量自加操作,并显示结果;

② 完成幂运算操作,并显示结果;

③ 从键盘分别输入两个整数作为被除数和除数,完成除法运算;完成除数的向下取整操作;完成求余数操作并输出结果;对于可能存在的小数,要求小数点后保留两位小数;

④ 判断两个数是否相等、大于或小于,并分别显示"相等""大于""小于"等提示信息;

⑤ 测试逻辑操作结果。

```
1  t, f = True, False  #赋值逻辑真假值
2  print (type(t))
3  print (t and f)   # 逻辑与AND操作;
4  print (t or f)    # 逻辑或OR操作;
5  print (not t)     # 逻辑非NOT操作;

<class 'bool'>
False
True
False
```

图 1.37　逻辑值的与、或、非操作

【提示与说明】　变量自加可以用"+="运算符完成,如"i+=5"相当于"i=i+5"。图 1.38 中的第 2 行代码等价于把 i+1 的结果重新赋值给 i(i=i+1)。注意:第 7~9 行代码的运算符"/""//""%"分别表示常规除法、向下取整、求余数操作;第 12~17 行代码是关系运算操作结果;第 19~20 行代码是逻辑运算结果。

```
1   i= 5        #赋初值
2   i+=1
3   print("原值加1后的结果是: %d\n" %i)
4   i= i**2  #幂运算,此处为平方
5   print("幂运算的结果是: %d\n" %i)
6   j = 5
7   k = i/j      #常规除法, 被除数在 "/" 左侧; 结果为浮点类型数值
8   m = i//j     #向下取整, 结果为整型数值
9   n = i%j      #求余数, 结果为浮点型数值
10  print("常规除法结果:%4.2f; 向下取整除法结果:%d; 求余数结果:%4.2f\n" %(k,m,n))
11
12  if i==j:
13       print("相等")
14  if i>j:
15       print("大于")
16  else:
17       print("小于")
18
19  logic_and = True and False
20  logic_or = True  or False
21  logic_not = not(i)
22  print(logic_and, logic_or, logic_not)

原值加1后的结果是: 6

幂运算的结果是: 36

常规除法结果: 7.20; 向下取整除法结果: 7; 求余数结果: 1.00
大于
False True False
```

图 1.38　和幂运算、除法、关系表达式、逻辑表达式有关的示例

还有一种返回值是逻辑值的成员测试运算符 in,其含义是判断某个数据是否在某个列表、集合中。

如图 1.39 所示,range(1,20,5)是生成 1~20 的以 5 为公差的等差数列,第 1 行代码是判断 15 是否在这个数列中。

```
1  if 15 in range(1,20,5):
2      print("OK")
3  else:
4      print("NO")
```
NO

图 1.39　成员测试运算符 in 的用法

综上,中学生应该初步掌握的部分 Python 常用运算符如表 1.3 所示。

表 1.3　Python 常用的运算符

运　算　符	功　能　说　明
+	算术加法,列表、元组、字符串合并与连接;正号
−	算术减法,集合差集,相反数;负号
*	算术乘法,序列重复等
/	除法
//	向下取整
%	求余数
**	幂运算
<、<=、>、>=、==、!=	值的大小比较;集合的包含关系比较;不等于
or	逻辑或,见表 1.2
and	逻辑与,见表 1.2
not	逻辑非,见表 1.2
in	成员测试
is	对象实体同一性测试(地址)

1.3.4　数字和字符串

本节先介绍一下 Python 中的 6 个标准数据类型:数值型数据、字符串、列表、元组、字典、集合。其中,字符串、列表、元组、字典、集合等属于序列化数据,对于序列化数据类型,本书将在第 3 章进行介绍,本节主要简介数值型和字符串型的数据。

1. 数值型和字符串型数据

数值型数据主要包括整型数据(int,如−2,2,0 等)、浮点型数据(float,如−3.14,23.6 等)、复数型数据(complex,如 2+3j 等)。由于有的中学生可能还没学过复数,故这里不介绍复数类型数据。对于数值型数据,可以进行在中学阶段学过的各种算术运算,如表 1.3 所示。

字符串型数据是用引号(包括单引号、双引号、三引号)引起来的任意内容的字符串。如"Hi"、" "、'A'、'''this is an example'''等。在字符串数据中,双引号中可以嵌套使用单引号,在单引号中可以嵌套使用双引号；三引号(三个单引号或三个双引号)引起来的字符串表示注释或说明，在三引号中可以换行，代表一个字符串内容。

可以使用"＋"连接两个字符串并形成一个新的字符串。字符串后跟一个"＊"再在其后跟一个数字表示字符串重复的次数，如图 1.40 所示。

```
print("Hello Python\t"*3)
✓ 0.3s
Hello Python    Hello Python    Hello Python
```

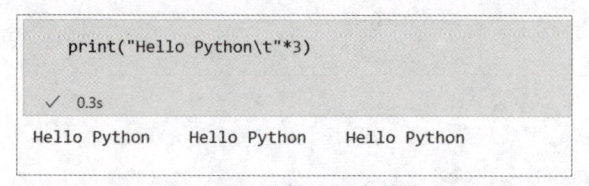

图 1.40　重复使用字符串

字符串有很多方法可以使用，如 len()可以求字符串长度，如图 1.41 所示。其他和字符串有关的方法会在第 3 章介绍。

```
1  hello = 'Hello!'
2  world = "Erasmus+"
3  print (hello+world, len(hello)+len(world))

Hello!Erasmus+ 14
```

图 1.41　求字符串长度

图 1.40 中的 print()中出现了一种转义符"\t"。转义符是一种特殊的字符串，表示在反斜线"\"后的内容可能有特定含义。下面列出一些常用的转义符，部分示例效果如图 1.43 所示。

- \t：代表 Tab 键(图 1.40)。
- \(在行尾)：代表换行。
- \'：代表单引号(图 1.43)。
- \"：代表双引号。
- \n：代表回车(图 1.43)。
- \s：代表后续的实际变量为字符串格式。
- \d：代表后续的实际变量为整数格式。
- \\：代表一个斜线。

图 1.43 的第 3 行语句中求字符串长度 len()方法的使用，表明 len()的返回值是一个数值型数据；第 4 行中"％s　％s　％d"分别对应于后面括号中的 3 个变量，并设定其分别为字符串、字符串、整型格式(注意第 6 行和第 7 行代码中转义符的使用)。可能有的同学会问：若想要显示的字符串中本身就含有反斜线，该怎么办？其实，不想被"转义"的字符串可以作为"自然字符串"对待，方法是在该字符串前添加 r 或 R。这样一来，引号中的反斜线及其后面的字符就不会被作为转义字符串对待了。图 1.42 所示的字符串中的"\n"不会被作为回车对待。

```
>>> print("Hello BW\n Hello Students")
Hello BW
 Hello Students
>>> print(r"Hello BW\n Hello Students")
Hello BW\n Hello Students
>>>
```
注意字符串前的 r 表示后续为原样输出，不进行转义

图 1.42　自然字符串示例

如果需要查看某个变量的数据类型,则可以使用 type()方法。

```
1   hello = 'Hello!'
2   world = "Erasmus+"
3   print (hello+world, len(hello)+len(world))
4   hw12 = '%s %s %d' % (hello, world, 18)
5   print (hw12)
6   print('It\'s a dog')
7   print('Hello world!\nHello everyone!')
```

```
Hello!Erasmus+ 14
Hello! Erasmus+ 18
It's a dog
Hello world!
Hello everyone!
```

图 1.43　Python 中的部分转义字符

例 1.9　使用内置方法 type()查看自定义的字符串、整型、浮点小数型数据的类型。

【提示与说明】　当 type()函数只有第一个参数时,返回对象的类型。

```
1   #数值类型int、float、string举例
2   str_test = "China"
3   int_test = 123
4   float_test = 122.5
5   print("第一个变量的值是: %s\t; 类型是: %s\n" % (str_test,type(str_test)))
6   print("第二个变量的值是: %s\t; 类型是: %s\n" % (int_test,type(int_test)))
7   print("第三个变量的值是: %s\t; 类型是: %s\n" % (float_test,type(float_test)))
```

```
第一个变量的值是: China   ; 类型是: <class 'str'>
第二个变量的值是: 123     ; 类型是: <class 'int'>
第三个变量的值是: 122.5   ; 类型是: <class 'float'>
```

图 1.44　部分常见数据类型(字符串、整型、浮点型)

有的时候,需要从一段字符串中抽取部分内容形成子字符串,可以使用字符串的"索引"或"切片"完成对子串的抽取。请记住:①字符串变量(假设变量名为 str)中最左侧的第 1 位字符的索引编号为 0,可以用 str[0]表示它;②字符串变量(假设变量名为 str)中最右侧的第 1 位字符(倒数第 1 位)的索引编号为−1,可以用 str[−1]表示;③使用 str[开始索引号:终止索引号],可抽取从"开始索引号"到"终止索引号"范围内的指定长度的子字符串,如"str[a:b]"会抽取从 str(a)开始到 str(b−1)为止的子字符串;④若字符串开始索引号为冒号":",表示从字符串最左侧的第 1 位开始抽取;若字符串终止索引号为冒号":",表示终止位置为字符串的结尾,如图 1.45 所示。注意中间使用的是冒号,不是逗号。

2.数值型和字符串型数据的类型转换

既然数据有不同类型,那么就有可能同时处理不同类型的数据。不同类型的数据之间一般要经过转换才可以进行相应的处理。例如,用户通过 input()内置函数得到的从键盘输入的数据类型默认是字符串型数据,例如变量 a 输入的数是"12",变量 b 输入的数是"23",a+b 的结果是"1223",而不是算术加法结果 35。若需要进行算术加法,要进行数据类型的转换。一般情况下,数据类型的转换只需要将数据类型作为函数名即可,示例参见图 1.46。下面解释一下示例中使用的几种内置函数的用法。

- type(参数):返回参数对象的类型。
- int(x):将参数 x 转换为整型数。int()函数的第一个参数可以为数字,可见它具有将小数转为

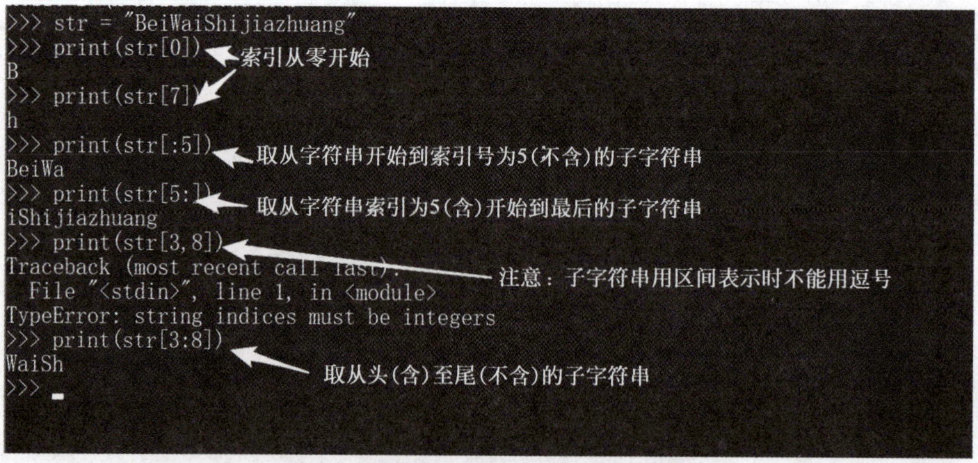

```
>>> str = "BeiWaiShijiazhuang"
>>> print(str[0])        ← 索引从零开始
B
>>> print(str[7])
h
>>> print(str[:5])       ← 取从字符串开始到索引号为5(不含)的子字符串
BeiWa
>>> print(str[5:])       ← 取从字符串索引为5(含)开始到最后的子字符串
iShijiazhuang
>>> print(str[3,8])
Traceback (most recent call last):   ← 注意：子字符串用区间表示时不能用逗号
  File "<stdin>", line 1, in <module>
TypeError: string indices must be integers
>>> print(str[3:8])      ← 取从头(含)至尾(不含)的子字符串
WaiSh
>>> ▮
```

图 1.45 通过索引或切片抽取出子字符串

整数的功能，但内置方法 eval() 不支持这样做。
- eval(x)：功能基本同 int()，但参数 x 必须为字符串。
- str(x)：将数值型参数 x 转换为字符串型参数。
- float(x)：将 x 转换为一个浮点数。

例 1.10 从键盘输入两个整数并分别赋值给两个变量，测试一下直接相加的结果，再测试一下通过 int() 类型转换后相加的结果，并解释原因。

【提示与说明】 通过 input() 内置方法可以接收从键盘输入的数据，但它默认作为字符串数据格式，需要进行类型转换，可以使用 int() 或 eval() 完成，可参考图 1.46。

```
1  a = input("请输入被加数：")
2  b = input("请输入加数：")
3  print(type(a),type(b))
4  c = a+b          #a,b均为字符串，只能完成字符串拼接
5  print("类型转换前的结果与类型：",c, type(c))
6  d = eval(a)      #对字符串也可使用eval()方法转换为数值
7  e = eval(b)
8  f = d+e
9  print("类型转换后的结果：%d,类型是：%s" %(f,type(f)))
10 g = int(a)       #对字符串使用int()方法转换为数值
11 if g==d:
12     print("OK")
13 else:
14     print("NO")
15 print("圆周率转整数的结果：",int(3.1415926))
```

```
请输入被加数：12
请输入加数：23
<class 'str'> <class 'str'>
类型转换前的结果与类型： 1223 <class 'str'>
类型转换后的结果：35,类型是：<class 'int'>
OK
圆周率转整数的结果： 3
```

图 1.46 部分类型转换的实现方法

课堂练习

同学们，你能参考上面的例子，计算用户输入的两个数的乘积并将结果输出吗？

1.3.5 代码撰写的基本规范

前面已经通过很多例子学习了撰写 Python 代码的基本方法。其实,撰写 Python 代码也是有一些基本规范的。限于本书的科普性质,下面总结一些撰写 Python 代码的基本规范。

变量命名时,第一个字符必须是字母、下画线,其后可跟字母、下画线、数字;变量区分大小写;不要使用 Python 的保留字(如 else、for、while、break、continue、return、from、import 等)作为变量名,也不要使用内置方法名(如 int、print、input 等)作为变量名。虽然 Python 不对使用内置对象名或标准对象名作为变量名的行为进行报错,但这会改变内置对象或标准对象的原始含义,因此不建议这样做,图 1.47 所示的错误是由于把 a+b 的值赋给变量 print,但 Python 也有一个同名的内部函数,这样做极易出错。

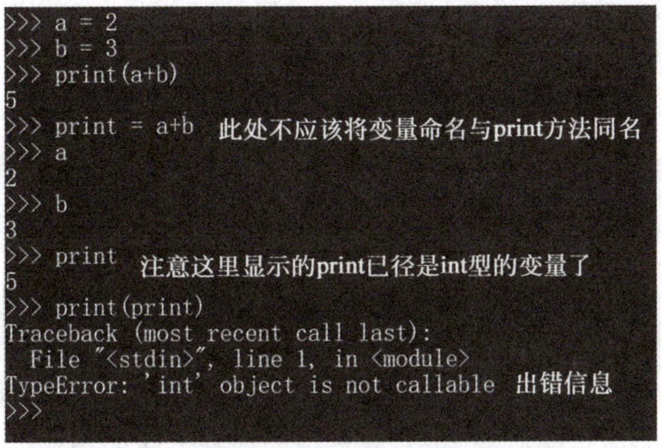

图 1.47　错误地将变量命名为已有方法名

Python 严格使用缩进(空格或 Tab)体现代码的逻辑从属关系,而不是像 C++、Java 等那样用括号标识程序块的结构。缩进和空格、空行在 Python 程序中具有重要作用。例如在具有嵌套的条件 if 结构中,Python 通过缩进表达某个 if 或 else 子句是和哪部分的 if 子句对应,若缩进不正确,将导致错误的结果。缩进为相对头部语句缩进 4 个空格;同一级别的代码段缩进要一致。

建议顶级定义函数或类;最好在每个函数定义、类和一段完整的功能代码之后增加一个空行;在二元操作符两边都加上一个空格,例如赋值(=)、比较(= =、<、>、!=、<>、<=、>=、in、not in、is、is not)、逻辑布尔(and、or、not)等均在其左右两边有一个空格;不要在逗号、分号、冒号前面加空格(但可以在它们后面加空格);函数参数的圆括号列表、索引或切片的方括号的左括号前不加空格。

需要导入模块时,建议按标准库、扩展库、自定义库的顺序导入它们。也就是说,在编写代码时,应优先使用 Python 内置函数、方法或类型(如求字符串长度的 len()函数),其次考虑使用 Python 标准库提供的方法(如需要求平方根,可以在导入 math 后使用其中的 math.sqrt()方法),最后考虑使用第三方的扩展库。

书写复合语句时要注意头部由相应的关键字(如 if、while)开始,后方跟冒号":"表示这是一个复合语句,构造体语句为下一行开始的一行或多行,需要缩进代码,同一级别的代码块需要有相同的缩进。在 while 循环、for 循环、if 语句等后面出现的冒号不能省略,其后的代码模块要注意缩进。如果有语句嵌套,则不同的缩进代表所属不同的嵌套级别。

建议在代码中添加必要的注释。Python 中有两种常用的注释形式:井号和三引号。井号常用于单行注释,三引号常用于大段说明性文本的注释。本书由于是面向中学生的科普型读物,因此代码中给出的注释比较多,在实际工程应用中,其实无须写很多的注释,只需要对定义类、函数、变量传递等关键部分添加必要的注释。

书写表达式时,如果无缩进要求,则一般从第一列开始写,前面不留空格;从左到右在同一基准上写,如 a^2+b^2 应写作 a**2+b**2;乘号不能省略,a*b 不能写成 ab;用半角的圆括号,圆括号可嵌套使用,如"((()))"。嵌套时,不像初等数学那样外围用花括号、中间用方括号、内部用圆括号,因为方括号和花括号另有用途,不能随便使用;反斜线用于连接跨多行的一条语句;三引号定义的字符串'''……'''、元组(……)、列表[……]、字典{……}可放在多行且不适用反斜线。

Python 支持下面几种赋值形式。

- **变量＝表达式**,如:x=2+3。
- **变量1＝变量2＝表达式**,如:x=y=123。Python 可以用逗号同时为多个变量赋值,如:a,b,c,d = 1,3.14,True,1208 等,它采用一一对应的方式分别给等号左侧的诸多变量赋值。
- **复合赋值**,如:"a+=1"等价于"a=a+1",同理,"a*=2"等价于"a=a*2"。
- **变量值互换**,如:"变量a,变量b=值1,值2"。如:a,b=b,a 可完成 a、b 值的互换。

1.4 常用内置方法和标准方法简介

前面已经看到在 Python 代码中可以使用诸如 print()、type()、int()等内置函数方法,也见过在代码顶部的诸如 import sys、import math 等导入标准方法的示例。这些方法均是 Python 自带的方法,对于提高代码编写效率是非常重要的,也省去了自己撰写这些方法的烦琐步骤。本节将通过示例介绍常用的 Python 内置函数的简单用法以及 Python 自带的标准方法的用法。

1.4.1 常见的内置方法

在 Python 安装完毕后,不需要 import 等语句导入其他额外的"包",就可以直接使用诸如 print()、input()等方法,称之为内置方法。内置方法封装在 Python 内置模块__builtins__中(通过 dir 命令可查看其中的方法,如图 1.48 所示)。这些内置方法并无对应的 py 源文件,其提供的功能一般由底层 C 语言等实现。网址 https://docs.Python.org/3/library/functions.html 中也列出了部分 Python 内置方法,如图 1.49 所示。限于篇幅,下面仅列出中学生应该掌握的部分常用内置方法,对有些方法,本书后续会陆续介绍。

图 1.48 列出模块__builtins__中的内置对象

```
Built-in Functions
A                E                L                R
abs()            enumerate()      len()            range()
aiter()          eval()           list()           repr()
all()            exec()           locals()         reversed()
any()                                              round()
anext()          F                M
ascii()          filter()         map()            S
                 float()          max()            set()
B                format()         memoryview()     setattr()
bin()            frozenset()      min()            slice()
bool()                                             sorted()
breakpoint()     G                N                staticmethod()
bytearray()      getattr()        next()           str()
bytes()          globals()                         sum()
                                  O                super()
C                H                object()
callable()       hasattr()        oct()            T
chr()            hash()           open()           tuple()
classmethod()    help()           ord()            type()
compile()        hex()
complex()                         P                V
                 I                pow()            vars()
D                id()             print()
delattr()        input()          property()       Z
dict()           int()                             zip()
dir()            isinstance()
divmod()         issubclass()                      __import__()
                 iter()
```

图 1.49　Python 内置方法

(1) **abs(x)**：返回参数 x 的绝对值(若 x 是复数,则返回其模。在 Python 中,使用字母 j 而不是 i 表示虚数单位),如图 1.50 所示。

(2) **dir()**：返回指定对象或模块成员列表;若无参数,则返回当前作用域内的所有标识符,如图 1.51 所示。

```
a = -3
b = 3+4j
print("a的绝对值是 %d\t,复数的模是%f\n" %(abs(a),abs(b)))

a的绝对值是 3      ,复数的模是5.000000
```

图 1.50　abs()使用示例

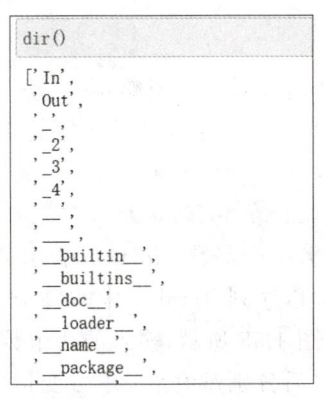

```
dir()
['In',
 'Out',
 '_',
 '_2',
 '_3',
 '_4',
 '__',
 '___',
 '__builtin__',
 '__builtins__',
 '__doc__',
 '__loader__',
 '__name__',
 '__package__',
```

图 1.51　dir()显示当前作用域内的所有标识符

(3) **divmod(x,y)**：返回包含整商和余数的元组(x//y, x%y)。

(4) **eval()**：用来执行一个字符串表达式并返回该表达式的数学值,也可用来实现对字符串类型的转换求值,如图 1.52 所示。

(5) **float()**：将数字或数字字符串转换为实数。

(6) **help(xx.yy)**：显示 xx 包中 yy 方法的帮助信息,如图 1.53 所示。

(7) **input()**：接收从键盘输入的数据,返回值为字符串类型,也可用格式化占位符和%分隔变量,如图 1.54 所示,%s 为字符串占位符,\n 为转义字符回车键,引号之后的%后的变量为实际变量。

(8) **int(x,[,d])**：返回实数 x 的整数部分,或把 d 进制的字符串 x 转换为十进制并返回,d 默认为

```
>>> print('2+8')  ← 引号，表示内容是字符串，而不是加法
2+8
>>> print(2+8)  ← 没引号，默认是算术运算
10
>>> print(eval(2+8))  ← eval()处理的对象是字符串，所以报错
Traceback (most recent call last):
  File "<stdin>", line 1, in <module>
TypeError: eval() arg 1 must be a string, bytes or code object
>>> print(eval('2+8'))
10                    ← 单引号、双引号都可以
>>> print(eval("2+8"))
10
```

图 1.52　eval()使用示例

```
1  import math
2  print(math.sqrt(2))
3  help(math.sqrt)
```
```
1.4142135623730951
Help on built-in function sqrt in module math:

sqrt(x, /)                          系统显示的
    Return the square root of x.    帮助信息
```

图 1.53　help()使用示例

```
a = input("请输入你心中想说的话：")
print("你刚才输入的是：%s\n" %a)

请输入你心中想说的话：I am a good student!
你刚才输入的是：I am a good student!
```

图 1.54　input()使用示例

10(十进制数)，可省略不写。

（9）**len()**：返回给定字符串参数的长度。

（10）**list(x), tuple(x), dict(x), set(x)**：将 x 转换为列表、元组、字典、集合。

（11）**map(function，iterable，…)**：映像函数，将括号中第二个参数 iterable 表示的可迭代对象映射到第一个参数 function 表示的函数表达式中。第二个参数 iterable 是一个或多个序列的可迭代对象，即以序列 iterable 中的每个元素调用 function 函数，返回包含每次 function 函数返回值的新值，示例如图 1.55 所示，输入的 3 个数字存于 str 字符串中，map()会依次取出每个数字并进行 int()类型转换，之后分别赋值给 a、b、c 变量。原本是字符串数据的 3 个数字已经分别转换为整型数据，因为 map()中的第一个参数是 int，即转换为整数。

```
1  str = input("请输入一个三位的数字：")
2  a, b, c = map(int, str)
3  print(a, b, c, end = " ")
4  d = a*b*c
5  print("\n乘积是%d   类型是%s" %(d, type(d)))
```
```
请输入一个三位的数字：234
2 3 4
乘积是24   类型是<class 'int'>
```

图 1.55　map()使用示例

map()方法的用处很广，以后会多次遇到。例如，通过 input()方法可以得到从键盘输入的数据，但这些数据是字符串格式的，如果需要进行数字运算，虽然可以用 int()或 float()转换为整数型或浮点型

数据,但还是略显麻烦。使用 map(int,参数)或 map(float,参数)可以对多个整数或浮点数完成转换。

(12) **max()**、**min()**、**sum()**：计算参数列表中的最大值、最小值、总和等,相关示例参见图 1.56。

```
1  a = list(range(10)) #产生列表0, 1, 2, 3, ..., 9
2  print("0~9中的最大值是：", max(a))
3  print("0~9中的最小值是：", min(a))
4  print("0~9这组数的和是：", sum(a))
5  print("0~9这组数中的平均数是：", sum(a) / len(a))

0~9中的最大值是：    9
0~9中的最小值是：    0
0~9这组数的和是：    45
0~9这组数中的平均数是：  4.5
```

图 1.56　max()、min()、sum()使用示例

(13) **open()**：以指定的读、写等方式打开特定文件(若无此文件,则会自动建立)并返回文件对象。如图 1.57 所示,首先新建 sample.txt 文件并向其中写入字符串 s 表示的信息;之后打开该文件,读取并显示其中的信息。第 5 章会具体介绍其用法。

```
#writing and then printing
s = 'Hello world\nHello Romania\nHello Suceava\n'
with open('sample.txt', 'w') as fp:
    fp.write(s)
with open('sample.txt') as fp:
    print(fp.read())

Hello world
Hello Romania
Hello Suceava
```

图 1.57　open()使用示例

(14) **pow(x, y)**：求 x 的 y 次幂,如 pow(2,3)的值为 $2^3=8$。注意：pow()是标准库 math 中的方法,需要先 import math 才能使用它。

(15) **print()**：在屏幕上显示设定格式的结果,多个数值之间用空格分开。引号内的"%"标记为转换说明符,常见的有%s(字符串)、%d(整数)、%f(浮点数)、\n(回车换行)、\t(Tab 键)等。引号外的"%"标记后面是实际变量,分别对应于引号内相应的占位符。示例参见前述内容,不再赘述。

(16) **range([start],stop[,step])**：产生一个从 start 位置开始(含)到 stop 位置结束(不含)的、以 step 为步长的可迭代数据对象,有 range(stop)、range(start, stop, step)等用法,相关示例参见图 1.39、图 1.56、图 1.58。

```
>>> range(10)          ← 产生随机数但无返回数据
range(0, 10)
>>> list(range(10))    ← 使用list()将产生的随机数用列表"包装"起来并显示
[0, 1, 2, 3, 4, 5, 6, 7, 8, 9]
>>> list(range(3,7))   ← 指定起始值、终止值
[3, 4, 5, 6]
>>> range(3,7,2)
range(3, 7, 2)
>>> list(range(3,7,2)) ← 指定起始值、终止值、步长,并由list()返回显示
[3, 5]
>>> list(range(9,1,-2)) ← 若步长为负,为逆序,此时需保证起始值大于终止值,否则返回空值
[9, 7, 5, 3]
>>> list(range(1,9,-2))
[]
>>>
```

图 1.58　range()使用示例

> **课堂练习**
>
> 同学们,你能利用 range() 输出从 10 到 1 依次递减的 10 个数字吗?

(17) **round(x, y)**:对参数值 x 进行四舍五入,小数点后保留 y 位数字。如 round(10/3,2) 的返回值为商 3.33;若不指定小数 y,则返回整数。

(18) **str()**:把参数值转换为字符串。

(19) **sort(data, [key,][reverse])**:用于对一组数进行排序,可选参数 key 提供一个排序依据,例如可根据字符串变量的长度进行排序,也可以使用第 4 章讲到的 lambda 函数表达式进行定义,图 1.59 所示是在排序 sort() 方法中使用 lambda 函数;可选参数布尔值 reverse 是排序规则(reverse = True 为降序,reverse = False 为升序)。

```
data = list(range(20))    #给定一组20个自然数
import random
random.shuffle(data)      #乱序
print("乱序后的结果是: ",data)

data.sort(key=lambda x: x)  #排序依据数据本身,因此key就是x
print("按数据本身的大小排序的结果是: ",data)

data.sort(key=lambda x: len(str(x)))  #排序依数据长度而定,因此key为len(str(x))
print("按转换为字符串后的长度排序的结果是: ",data)

data.sort(key=lambda x: len(str(x)), reverse=True)   #降序排序,用到了缺省参数reverse=True
print("按转换为字符串后的长度逆序排序的结果是: ",data)
```

```
乱序后的结果是: [5, 4, 1, 12, 9, 10, 14, 11, 17, 0, 18, 16, 2, 7, 8, 15, 6, 13, 3, 19]
按数据本身的大小排序的结果是: [0, 1, 2, 3, 4, 5, 6, 7, 8, 9, 10, 11, 12, 13, 14, 15, 16, 17, 18, 19]
按转换为字符串后的长度排序的结果是: [0, 1, 2, 3, 4, 5, 6, 7, 8, 9, 10, 11, 12, 13, 14, 15, 16, 17, 18, 19]
按转换为字符串后的长度逆序排序的结果是: [10, 11, 12, 13, 14, 15, 16, 17, 18, 19, 0, 1, 2, 3, 4, 5, 6, 7, 8, 9]
```

图 1.59 sort() 使用示例

(20) **sorted()**:对列表、元组、字典、集合或其他可迭代对象进行排序并返回新序列。注意,sorted() 返回一个新的排好序的序列,而 sort() 方法是直接更改原有序列但不产生新序列,它支持使用 key 参数指定排序规则,key 参数值可以为函数、类、lambda 表达式、方法等可调用对象,不指定时表示直接按照元素大小排列;可用 reverse 参数指定升序(False)排序或降序(True)排序,默认为升序排列,图 1.60 所示是对乱序后的数列进行排序。第 3 章会具体介绍其用法。

```
x = list(range(10))   #有序列表
import random
random.shuffle(x)     #乱序
b = sorted(x)
print(x)
print(b)
```

```
[9, 0, 2, 5, 8, 6, 7, 1, 3, 4]
[0, 1, 2, 3, 4, 5, 6, 7, 8, 9]

sorted('an example')
[' ', 'a', 'a', 'e', 'e', 'l', 'm', 'n', 'p', 'x']
```

图 1.60 sorted() 使用示例

课堂练习

请利用 sorted()和 range()方法将 100～1 以 5 递减的一组数字(100,95,90,85,80,…)乱序排序,之后按数字大小顺序输出。

(21) **type()**：查看变量的类型。

(22) **isinstance(object，classinfo)**：判断对象 object 是否是一个已知的 classinfo 类型。如果对象类型与 classinfo 相同,则返回 True,否则返回 False。图 1.61 所示是判断变量 a 是不是整数,返回结果为 True,表明它是整型数据。

(23) **zip(seq1 [，seq2 [...]])**：用于将可迭代的对象作为参数并将对象中对应的元素逐一对应"打包"成一个个元组,然后返回由这些元组组成的结果列表。如果各个迭代器的元素个数不一致,则返回列表的长度与最短的对象相同。可见,这是一个"拉链"函数,用于完成对数据的"配对",即把多个可迭代对象中对应位置上的元素逐一组合到一起,并返回一个可迭代的 zip()对象,元素为(seq1[i],seq2[i],…)形式的元组,最终结果中包含的元素个数取决于所有参数序列或可迭代对象中最短的那个,最后返回一个含有元组的列表。如图 1.62 所示,将列表 a 和列表 c 中的元素逐一对应形成元组输出,而 c 最后那两个没有配对成功的 7 和 8 则舍弃不用了。

```
a = 5
isinstance(a, int)

True
```

图 1.61　通过 isinstance()判断某个
　　　　　 对象是否是一个已知类型

```
a = [1, 2, 3]
c = [4, 5, 6, 7, 8]
zipped = zip(a, c)      # 返回一个对象
list(zipped)    # list() 转换为列表

[(1, 4), (2, 5), (3, 6)]
```

图 1.62　zip()使用示例

zip 的一个常见用法是同时迭代多个序列,可以和 enumerate 联合使用,如图 1.63 所示,zip(seq1, seq2)的结果是(1,'a')、(2,'b')、(3,'c'),因此,enumerate(zip(seq1, seq2))就迭代遍历 zip 的各个结果并输出。

```
seq1 = (1, 2, 3)
seq2 = ['a','b','c','d']
for i, (a, b) in enumerate(zip(seq1, seq2)):
    print('{0}: {1}, {2}'.format(i, a, b))

0: 1, a
1: 2, b
2: 3, c
```

图 1.63　zip()与 enumerate()联合使用

在 Python 中,既要输出元素又要输出下标时该怎么办?可以使用 enumerate 函数,它会返回两个参数。

1.4.2 标准库方法

标准库方法是安装 Python 时默认安装的一些 Python 标配的标准库,常见的方法有(但不限于)以下几种。

- datatime:处理日期和时间的方法。
- time:处理时间的方法。
- math:常用的数学方法,其中有如圆周率 π、正弦函数 sin 等。
- random:提供生成随机数的方法。
- os:提供部分与操作系统有关的函数方法。

需要注意的是,虽然标准库方法不需要使用 pip install 等命令进行安装,但它和内置函数方法(如 input、print 等)的区别是需要使用关键字 import 导入该标准模块或模块中的对象。若需要使用标准库,则需要首先使用 import 导入相关的标准库,如图 1.64 所示,导入 random 之后,可以使用其中的方法。详见图中注释部分的说明。

```
>>> import random
>>> n = random.random()      #获得[0,1)内的随机小数
>>> m = random.randint(1, 100)   #获得[1,100]内的随机整数
>>> print(n)
0.24447856437899806
>>> print(m)
94
```

图 1.64 random 标准库的使用

1.5 外部扩展库

标准的 Python 安装包只包含内置模块和标准库方法,例如可以直接使用 print、len、max、int 等内置方法完成格式化输出、求字符串长度、求一组数据中的最大值、完成类型转换等。标准库是安装 Python 时默认安装到计算机中的文件,在使用前需要导入相应的库,例如,若使用数学标准库 math,应使用 import math 导入该数学标准库,之后才能使用 math.pi 或 math.sin() 等功能(需要通过"别名.对象名"的方法使用其中的对象)。例如,在图 1.65 所示的例子中,只导入了标准模块 math 中的正弦函数,未导入其他三角函数,因此在使用余弦函数时系统会报错。在图 1.66 中,判断在指定路径位置是否存在某个特定文件(r 表示后续字符串中的"\"不进行转义)并返回逻辑值,若在该路径下存在这个文件,则返回真,否则返回假。

```
>>> from math import sin       这里只导入了math中的sin函数
>>> sin(3)
0.1411200080598672
>>> cos(3)              因此当想导入并使用cos函数时出错
Traceback (most recent call last):
  File "<pyshell#18>", line 1, in <module>
    cos(3)
NameError: name 'cos' is not defined
```

图 1.65 导入标准模块 math 示例

```
>>> import os.path as p       导入标准模块os中的path子模块
>>> p.isfile(r'c:\windows\notepad.exe')
True                   判断在计算机中是否存在指定的文件
>>>
```

图 1.66 导入标准模块 os 示例

但仅仅依靠这些内置方法和标准库是远远不够的，特别是在人工智能技术迅速发展的今天。在开源社区，有面向各种应用场景的成熟、好用的 Python 库函数或方法，若能把这些"编外"的"装备"也方便地集成到应用程序中，无疑会极大地扩展程序的功能。Python 的优点之一是其作为"胶水"语言的可扩展性，因为它可以采用"拿来主义"，把其本身不具有的功能集成到应用程序中。Python 具有脚本语言中丰富和强大的外部类库，这些类库覆盖文件输入/输出、网络编程、数据库访问、文本操作、数学计算、统计分析、机器学习、图像识别、深度学习等绝大部分应用场景。另外，当需要一段关键代码运行得更快时，可以将其用 C 或 C++ 语言编写并以外部包的形式被 Python 程序调用。外部扩展库需要单独下载、安装并导入后才能使用。本节主要对外部模块的安装与使用进行简介。

> 标准库和外部扩展库都需要导入之后才能使用其中的对象。

1.5.1 安装

安装外部模块分为在线安装和离线安装两种方法。

1. 在线安装

假设要安装的模块包名称为 PackageName。在 Python 安装路径的命令行状态下，可以使用"pip install PackageName"（或"conda install PackageName"）命令安装和管理 Python 外部扩展库。

外部扩展库种类繁多，不可能一一涉及。下面的例子是使用"pip install"命令安装用于分词的外部模块 jieba 的，这是一款基于自然语言处理完成词法分析的外部模块。

在 Windows 命令行方式下，输入"pip install jieba"。系统可能会弹出如图 1.67 所示的信息，告知 pip 需要更新后才可以使用。

图 1.67　pip 更新提示

按提示要求，使用"Python.exe -m pip install --upgrade pip"命令实现 pip 的更新，如图 1.68 所示。

图 1.68　更新 pip

在线安装外部模块 jieba 的方法如图 1.69 所示。安装完毕后，会在相关路径下找到安装到本地的文件夹及相应文件（由于不同系统上的安装路径有所不同，故不再提供示例截图）。

其实，使用 pip（或 conda）安装（或卸载）外部模块时（假设外部模块名为 PackageName），可以针对不同的情形采用不同的参数表示。

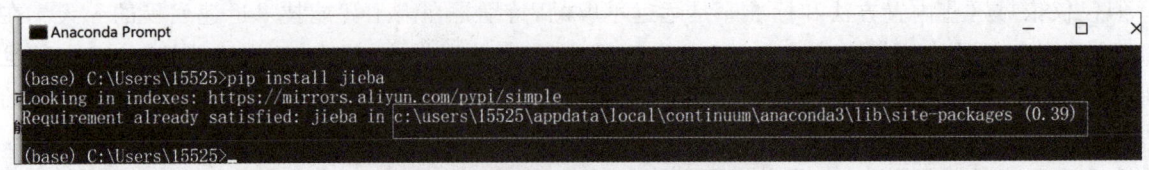

图 1.69　在线安装外部扩展模块

- 显示当前 pip 或 conda 的版本号：pip（or conda）--version。
- 安装单个模块：pip（or conda）install PackageName。
- 安装多个模块：pip（or conda）PackageName1 PackageName2 PackageName3。
- 安装特定版本的模块：pip（or conda）install PackageName=1.10（假设版本号为 1.10）。
- 卸载单个模块：pip（or conda）remove PackageName。
- 显示当前计算机上已经安装的外部模块：pip（or conda）list，如图 1.70 所示。

图 1.70　显示已经安装的外部模块

- 更新单个模块：pip（or conda）install --upgrade PackageName，图 1.71 所示为更新 sklearn 模块。

图 1.71　更新特定模块

2. 离线安装 whl 文件

有些外部模块提供了 whl 安装文件(有时称之为"轮子"文件)。whl 文件本质上是一个压缩包，里面包含 py 文件以及经过编译的 pyd 文件。对于 whl 文件，需要先下载编译好的 whl 文件。在安装时，首先进入相应文件所在路径，在命令行下输入"pip install PackageName.whl"命令（这里假设需要安装名为 PackageName 的 whl 文件），如图 1.72 所示。

```
(base) C:\Work Documents\AI\whl libraries>pip install pyecharts-0.1.9.4-py2.py3-none-any.whl
processing c:\work documents\ai\whl libraries\pyecharts-0.1.9.4-py2.py3-none-any.whl
Requirement already satisfied: pillow in c:\users\15525\appdata\local\continuum\anaconda3\lib\site-packages (from pyechar
ts==0.1.9.4) (5.1.0)
Collecting future (from pyecharts==0.1.9.4)
  Downloading https://files.pythonhosted.org/packages/90/52/e20466b85000a181e1e144fd8305caf2cf475e2f9674e797b222f8105f5
/future-0.17.1.tar.gz (829kB)
    ████████████████████████████████| 829kB 364kB/s
Requirement already satisfied: jinja2 in c:\users\15525\appdata\local\continuum\anaconda3\lib\site-packages (from pyecha
ts==0.1.9.4) (2.10)
Requirement already satisfied: MarkupSafe>=0.23 in c:\users\15525\appdata\local\continuum\anaconda3\lib\site-packages (
rom jinja2->pyecharts==0.1.9.4) (1.0)
Building wheels for collected packages: future
  Building wheel for future (setup.py) ... done
  Stored in directory: C:\Users\15525\AppData\Local\pip\Cache\wheels\0c\61\d2\d6b7317325828fbb39ee6ad559dbe4664d0896da4
21bf379e
Successfully built future
Installing collected packages: future, pyecharts
```

图 1.72　whl 文件的安装

> 如果提示 pip 不是内部命令或外部命令，也不是可运行的程序或批处理文件，则需要将 Python 安装目录下的 scripts 目录添加到系统环境变量 Path 中，如图 1.31 所示。

1.5.2 使用

下面以上述 jiaba 外部模块为例，看看如何使用这些安装好的模块。

例 1.11　给定一段中文文本。使用 jieba 对给定的文字进行分词处理，并通过 list()转换为列表数据后显示输出。

【提示与说明】　安装外部模块后，它并不能像内置方法那样直接使用，还需要像对待标准模块那样，通过类似"from 模块名 import 目标子模块名[as 别名]"或"import 模块名[as 别名]"的方法，明确需要导入的对象并设置一个别名(设置别名后，不需要再使用模块名全称作为前缀)。图 1.73 所示是对前述 jieba 外部模块的使用示例。首先通过 import 载入相应的外部模块。由于文本较长，这里采用三引号定义这段文本(代码第 3~6 行)，通过 jieba.cut(字符串)完成对字符串的分词切割，通过 list()转换为列表类型数据后，由 print()显示输出，如第 7 行代码所示。

```
1  import jieba    #导入外部模块
2  string = '''
3  航天员的回家之路，第一步就是分离。在这个过程中，载人飞船要和空间站组合体分离，返回舱还要和轨道舱、推进舱分离
4  在完成分离之后，神舟飞船就要进行自动变轨的动作，它会从400千米高度的圆形轨道，
5  变轨到近地点低于100千米高度的椭圆形轨道，从而为再入大气层做准备。
6  '''
7  print(list(jieba.cut(string)))
8
```
['\n', '航天员', '的', '回家', '之', '路', '，', '第一步', '就是', '分离', '。', '在', '这个', '过程', '中', '，', '载人', '飞船', '要', '和', '空间站', '组合体', '分离', '，', '返回舱', '还要', '和', '轨道舱', '、', '推进舱', '分离', '。', '\n', '在', '完成', '分离', '之后', '，', '神舟', '飞船', '就要', '进行', '自动', '变轨', '的', '动作', '，', '它会', '从', '400', '公里', '形', '轨道', '，', '\n', '变轨', '到', '近地点', '低于', '100', '千米', '高度', '的', '椭圆形', '轨道', '，', '从', '大', '气层', '做', '准备', '。', '\n']

图 1.73　jieba 外部模块使用示例

在使用 Python 编程解决实际问题时，建议充分借鉴和使用成熟的 Python 标准库(如 math、time 等)和外部扩展库(如 NumPy、Pandas、Matplotlib、jieba、PyEcharts 等)，这样部分具体操作完全可以使用标准库或外部扩展库实现，大幅提高开发效率。例如，要测试一段代码的运行时间，应使用标准库 time 中的相关函数；要测试一个年份是否为闰年，应使用标准库 calendar 中的函数；要进行中文分词处

理,应使用外部扩展库 jieba 等(当然,jieba 不是唯一选择);要进行数学矩阵等运算,应使用外部扩展库 NumPy;要进行结构化数据等格式的数据分析,应使用外部扩展库 Pandas;要进行数据可视化与科学计算可视化,应使用外部扩展库 Matplotlib 等。

本章小结与复习

作为后续章节的基础,本章主要介绍了 Python 程序设计的入门知识。对于中学生来说,首先要明确的是,不管使用什么程序设计语言,最终都需要将源文件转换成机器语言,计算机才能理解和执行程序。Python 解释器用于解释和执行 Python 语句与程序,并将源文件转换成机器语言。除了基于"解释"执行的 Python 语言外,还有基于"编译"执行的 C、C++、C#、Java 等语言。

Python 源文件的扩展名为 py。开发和运行 Python 程序的两种方式:①交互式,适用于调试少量代码,可在提示符">>>"后直接解释执行,或在 IDLE 中直接执行;②文件式,使用某种集成开放环境软件(如 PyCharm、Visual Studio Code 等)进行开发,适用于较复杂程序的开发。

理解"输入→处理→输出"的处理流程;注意使用合理的代码缩进,养成写简要注释的好习惯;掌握对变量的定义与赋值方法,理解数值型变量和字符串型变量,会使用比较表达式、运算符、逻辑运算符;掌握常见内置方法的使用,会对字符串进行简单处理;会导入和使用标准库(如 math、os),会安装和使用简单的外部扩展库(如 jieba),进一步加深对"胶水"语言的认识。

习　　题

1.面向底层硬件的"低级"语言和面向程序员的"高级"语言有什么区别?我们现在学习使用的 Python 语言是什么类型的语言?有什么特点?

【提示与说明】　从与硬件的关系与跨平台和扩展性、代码执行效率、用户友好性等角度进行分析。

2.请分别使用 Python 内置开发环境(提示符为">>>")和系统自带的 IDLE 输出标准库 math 中的圆周率的值,要求小数点后保留 5 位小数。

【提示与说明】　需要先使用 import math 导入标准库 math,再输出圆周率的值。

3.除了 Python 自带的 IDLE 外,集成开发环境(IDE)能为我们开发 Python 提供很多的便利。根据自己的具体感受与上机实践,请问你喜欢用 PyCharm 还是 Visual Studio Code?为什么?

4.在 IDLE 环境中,新建一个名为 Hello.py 的文件,之后通过 IDLE 菜单 Run→ Run Module(或按 F5 键)执行该程序。要求:输入你的姓名,运行这个程序后显示"Hello! 你输入的姓名"。如输入"小明",输出"Hello! 小明"。

【提示与说明】　这里用到了字符串拼接,用"+"完成。

5.请使用 pip install 方式在计算机上安装用于分词的第三方库函数 jieba。仿照本章图 1.73 的例子,对如下一段话完成分词,并通过 print 语句输出。示例文本如下:

近年来,国家不断鼓励和支持人工智能和信息技术在实际教学当中的应用,"双减"政策下,素质教育高度聚焦。北京外国语大学附属石家庄外国语学校除了拥有丰富的文体类素质教育课程外,在科技类教育中还搭建了专业的人工智能编程教育体系。

【提示与说明】 把分词后的结果放到列表中并输出。

6. 给定字符串"cdefgab"。请设计某种方法,分别抽取子字符串 c、b、cd、efgab、fg、倒数最后 3 个字符并输出。

【提示与说明】 首先把这个给定的字符串赋值给某个变量(如 my),该变量最左侧的字符的索引号为 0,其值"my[0]"就是第一个字符"c";该变量最右侧的字符的索引号为-1,"my[-1]"就是最后一个字符"b";用"my[起始索引:终止索引]"可抽取子字符,注意这个切片结果是不含终止索引位置的字符的。

7. 分别输入两个英文字符串并赋值给两个不同的变量名,找出长度较长的那个字符串,并将其转换为大写字符串后输出。

【提示与说明】 首先使用 len()得到字符串的长度,再通过条件语句判断哪个字符串长则输出哪个;使用字符串的 upper()方法可得到大写转换结果。

8. 从键盘输入两个浮点数,分别对这两个整数进行加法、减法、乘法、除法、求幂运算,并分别输出结果。要求:

(1)当除法输出时,由于可能会是小数,故要求保留两位小数输出。

(2)pow(x,y)可计算出 x^y。使用求幂 pow()方法时需要导入 math 库。

【提示与说明】 对输入数据要进行类型转换;print 语句中使用占位符设定显示精度;由于这里需要进行幂运算,因此相关参数不要给得很大。

9. 根据用户输入的半径数据计算圆的面积和相应的球的体积,要求结果均保留两位小数。

【提示与说明】 圆周率采用标准库 math 中的 pi;幂运算可采用 math 中的 pow()方法。

10. 编写程序,用户输入一个 5 位整数,输出其万位、千位、百位的数字。例如用户输入 54321,则程序输出"万位结果是:5;千位结果是 4;百位结果是:3"。要求:不得使用 map()等函数。

【提示与说明】 此题的目的是让学生熟悉个位、十位、百位、千位等数学概念,可使用向下取整运算"//"或者类型转换 int()方法得到各位上对应的数字。

11. 在 IDLE 中新建一个文件,在文件中输入图 1.74 所示的内容。之后保存为一个 py 文件(如 mydemo1.py)。在 Python 命令行状态下,输入 Python mydeno1.py 命令执行该文件,看看能得到什么结果。

【提示与说明】 此题是有关定义函数的。先不必理解代码的含义,照做即可。注意图中倒数第 2 行的 __name__ 以及 __main__ 左右两侧的横线是两个连续的下画线"_ _",其中间不能加空格。

```
def main():
    name = input("please input your name:")
    gender = input("please input your gender")
    print(name, end = "")
    if gender == "girl":
        print("you are a girl,", end = "")
    else:
        print("you are a boy,", end = "")
    print("HELLO!")

if __name__=="__main__":
    main()
```

图 1.74 代码示例

第 2 章 Python基本程序流程与控制结构

在设计 Python 程序时,往往需要根据不同的条件或判断做有针对性的处理,也可能循环往复做多次类似的操作,因此就有了不同的程序流程与控制语句。常见的程序结构有顺序结构、选择结构、循环结构等。掌握上述结构与相应的处理流程,对于程序设计者来说是十分必要的。本章将介绍 Python 中基本的选择结构、循环结构,设计基本的程序流程。

学习本章内容时,要求:
- 掌握条件选择结构的设计方法,能够设计二分支、多分支结构的条件选择结构程序,掌握嵌套条件结构;
- 掌握循环结构的设计方法,理解可迭代对象的概念,掌握 for 循环、while 循环的用法,会使用 break、continue 和 else 等子句控制循环结构的走向,掌握循环嵌套结构。

2.1 程序流程图与伪码

计算机在运行由高级语言编写的程序时,是按设计好的处理流程进行的,即输入→处理→输出的基本处理流程。常见的流程有顺序结构、选择(或分支)结构、循环结构以及由上述基本结构互相嵌套在一起的复杂结构。

顺序结构一般是指程序依次向着一个方向执行,中间基本没有转移、循环等分支、折返操作。其实,纯粹的顺序结构的程序是不多见的。在更多情况下,程序中会包含各种条件选择(转移分支)或者循环往复结构。本章将介绍条件选择语句和循环语句的设计方法以及对算法流程的描述方法。

说到"流程",就有必要先简要介绍一下程序流程图的概念。在计算机程序设计中,为了清晰地表达设计者的思想或表示程序的"走向",也为了便于和同行交流,常常用计算机流程图形式化地表达程序设计思想。流程图主要依照箭头走向进行顺序处理,也有可能存在不同的分支(选择)、循环等控制结构。在流程图中,有向箭头表示程序走向;圆角框代表程序开始与结束;矩形框代表某个具体流程处理;平行四边形框代表输入及输出数据;菱形框代表条件判断,一般在菱形框的旁边会有箭头线分别指向根据判断条件的取值而选择的不同路径。图 2.1 是一个计算圆的面积的流程图,当输入的半径小于 0 时,提示重新输入,直到半径大于 0 时,开始计算圆的面积。其中,对中间菱形框以及往上折返的箭头部分的处理,就可以用 while 循环实现。

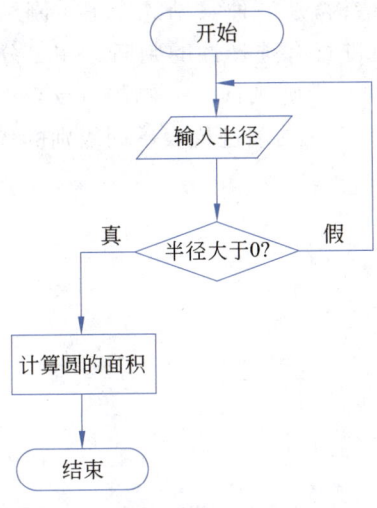

图 2.1 计算圆的面积的流程图

课堂练习

在日常生活中,我们也会经常遇到需要选择的问题:"如果今天不下雨,那么我就去爬山,否则就在家写作业"。你能把这句话用计算机流程图表示出来吗?

在具体介绍本章内容之前,还要说说"伪代码"(简称"伪码")。我们知道,编程语言是有严格语法规定的、能被计算机识别的语言,不能随心所欲乱写一气。但有时为了表述方便或者不拘泥于某种特定的编程语言,也可以用一种类似代码的方式描述处理过程或算法思想,这样的代码称为"伪代码",它不是真正能上机运行的源程序,而仅仅是对求解某个具体问题的思路的一种类似于代码的描述,是介于真正程序和编程思想的一种"形式化的"半自然语言的表述方法。编写伪代码的目的是使被描述的算法可以更容易地以任意一种编程语言实现。因此,伪代码必须结构清晰、代码简单、可读性好。

例如,求两个数中的较大值函数 max(),用伪代码表述如下,包括输入、输出、主要处理步骤。

求两个数中的较大值:max(n,m)

Input:两个数 n,m
Output:其中的较大值
Steps:
1. 如果 n>m,输出 n
2. 否则,输出 m

下面先从比较简单的条件选择语句结构起步,看看如何根据条件控制程序的走向;之后,学习 while 循环(注意要避免"死循环");学习什么是可迭代对象,并在此基础上学习 for 循环的用法;最后,通过几个例题看看 if、while、for 等互相嵌套在一起的程序设计方法。在上述内容中,for 循环的设计是难点和重点,要特别重视对可迭代对象的理解和对可迭代对象的遍历方法。

2.2 条件选择结构

条件选择结构有时也称为分支结构,是一种常见的流程控制结构。条件选择分支结构是指在"分叉路口"根据逻辑条件表达式的取值进行有选择性的判断。在二分支的情况下,(逻辑)条件表达式取某个值,就执行某一侧的分支(if 子句),否则执行另一侧的分支(else 子句)。条件选择语句用 if…else 复合语句实现。其语法如下,请注意,不同的缩进代表不同级别的代码块。

```
if 条件表达式:
    语句 1
    语句 2
    …
    语句 m-1
[else:
    语句 m
    语句 m+1
    …
]
```

选择语句中,用于条件判断的一般为关系表达式或逻辑表达式,这里再复习一下第 1 章提到的关系表达式或逻辑表达式。关系表达式是含有大于(>)、小于(<)、等于(= =)、不等于(!=)等关系运算符的表达式;逻辑表达式是含有与(and)、或(or)、非(not)等逻辑运算符、测试变量是否在序列中(如 in、not in)的表达式,表达式的结果为"真"或"假"——其值只要不是空值、0、空的可迭代序列(如空列表、空元组、空字典、空字符串、空 range 对象),就认为取值与 True 等价。如果关系或逻辑表达式的值为"真"(条件成立,True),则执行相应的 if 程序段中的代码;否则,若关系或逻辑表达式的值为"假"(条件不成立,False),则执行 else 程序段或跳出选择结构。另外,选择结构中还有各种嵌套等复杂结构。也就是说,上述代码中的语句 1、语句 2、语句 m 等其实也可以用 if…else、while、for 等复合语句实现。

> 在对语句的形式化表示中,方括号部分表示这是一个可选项。具体到上面的 if 语句块,if 子句是必不可少的,但 else 子句是可以不出现的。

程序流程中可能有不止一个分支。也就是说,在流程图中可能存在多个菱形的条件判断框,不同的条件判断有不同的出口和分支。如图 2.2 所示,在线考试系统流程图就有两个分支:第一个分支(上方的菱形框)是当用户输入的用户名和密码不正确时,提醒用户重新输入,直到正确为止。当然,这里只是一个简单情形,其实这里应该有一个输入次数判断,即当输入次数大于设定值时退出,本例没考虑这种复杂情况。第二个分支(下方的菱形框)是询问是否进行考试。如果选择"是",则开始答题并计时,否则直接退出。

> **课堂练习**
> 同学们,你能把图 2.2 所示的逻辑框图中限定输入用户名和密码的部分加上次数限制吗?要求:如果出错次数大于 3,则退出系统。

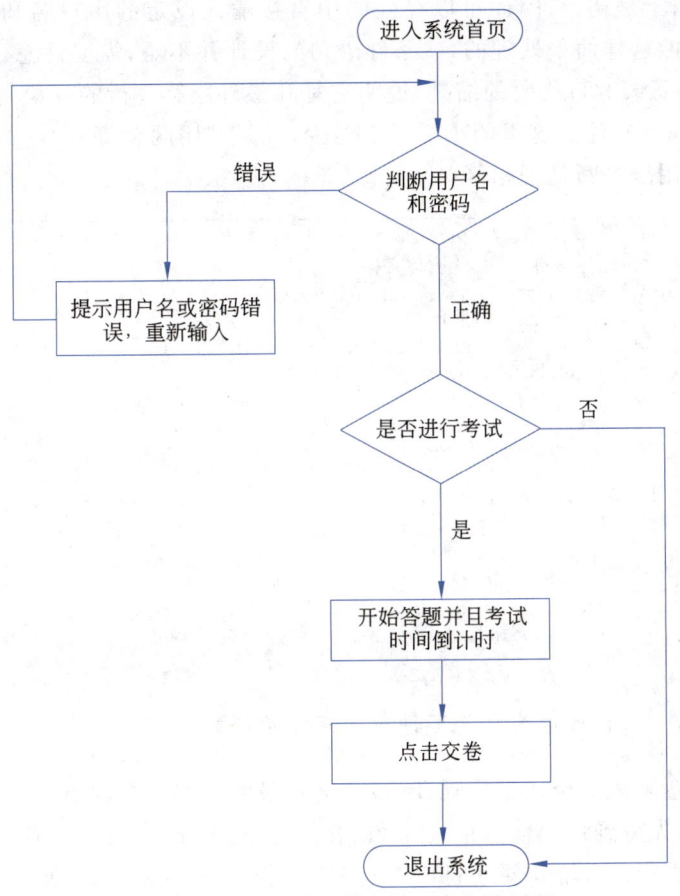

图 2.2　在线考试系统中的两个条件判断

例 2.1　将用户输入的百分制考试分数转换为优秀、良好、不及格这三种等级状态。

【提示与说明】　这是一道需要条件判断的语句。对于初学者，要注意这里的数据类型转换、不等式的写法、代码缩进以及 if 语句后冒号的使用。图 2.3 是代码实现，注意第 3 行代码不要想当然地写成数学中的表示形式 80＜score≤100，对于多个不等式，要用逻辑表达式连接起来。

```
1  score = input("请输入考试成绩：")
2  score = int(score)    #字符串类型转换为整型，否则无法进行后续判断
3  if score >80 and score <=100:   #多个不等式要用逻辑表达符and连接起来
4      print("优秀")
5  else:
6      if score >=60 and score <=80:
7          print("良好")
8      else:
9          print("不及格")
```

请输入考试成绩：98
优秀

图 2.3　百分制分数向相应级别的转换

例 2.2　针对图 2.2 所示的在线考试系统，设计判断用户名、密码是否正确，以及是否开始考试的功能。

【提示与说明】 由于是初学,因此可以在代码中直接输入设定的用户名和密码字符串(其实在实际的工程实现中,是不能这样简单处理的)。条件语句的设计并不难,需要注意不同逻辑关系和缩进的层级,如图 2.4 所示,注意第 8 行代码的缩进,说明它是和最外层第 3 行的 if 语句块配套的;第 6 行是字符串大写转换方法 upper(),注意这里的小括号不能少,"等于"用两个等号" = = "表示,因为一个等号" = "用于赋值,而不是用于判断是否相等。

```
1  user = input("用户名：")
2  password = input("密码：")
3  if user == "Beiwai" and password =="shijiazhuang":
4      print("欢迎")
5      kaoshi = input("现在开始考试吗(Y/N)？")
6      if kaoshi.upper() == "Y":
7          print("开始考试了")
8  else:
9      print("用户名或密码不对，请重新输入")
```

用户名：Beiwai
密码：shijiazhuang
欢迎
现在开始考试吗(Y/N)？y
开始考试了

图 2.4 考试系统条件判断的实现

请你思考一下,第 6 行代码中为什么要进行大写字符的转换?

例 2.3 用户从键盘输入 3 个用逗号隔开的数,请将最大的那个数输出。

【提示与说明】 首先得到用户输入的 3 个数,介绍 split 和 map 方法的使用。split()是字符串处理方法中的一种,它通过指定分隔符对字符串进行分隔,若 split()无参数,则默认按空格分开,这个例子中指定的分隔符号是逗号,split(",")返回分隔后的字符串列表。映像函数 map(function, iterable, …)中的第二个参数 iterable 是一个或多个序列的可迭代对象,即以序列 iterable 中的每一个元素依次调用第一个函数 function,返回包含每次 function 返回值的新的转换值。map(function,iterable,…)会根据提供的函数对指定序列做映射。图 2.5 中第 2 行的 map()即以第二个参数序列中的每一个元素依次调用第一个参数 int,返回包含每次调用 int 后的返回值的一个新列表,此例中就是 3 个经过 int()转换后的整型数。之后,这些数需要两两比较大小,共需要 3 次这样的操作(如代码第 3~8 行所示的 3 组 if 语句块),最后输出排序后的结果,如图 2.5 所示。

```
1  x = input("请输入用半角逗号分开的三个整数")
2  number1, number2, number3 = map(int, x.split(","))
3  if number1<number2:
4      number1,number2 = number2,number1    #两数互换保证number1是大数
5  if number2<number3:
6      number2,number3 = number3,number2    #两数互换保证number2是大数
7  if number1<number2:
8      number1,number2 = number2,number1    #再次比较两数，保证number1是大数
9  print("由大到小排序结果是：%d,%d,%d\n" %(number1,number2,number3))
```

请输入用半角逗号分开的三个整数23,4,45
由大到小排序结果是：45,23,4

图 2.5 多选择语句用于数据排序

> 3个数的排序是不是就比两个数的排序要复杂一些？要是10个或更多的数进行排序但依然采用上面的用多组if语句实现，是不是复杂到不能想象了？可见，更多数的排序就不适合用这个方法了，此时就要用到后面讲到的"算法"中的排序知识了。

可能同学们对初次接触到的 map(function，iterable，…) 的理解会有点困难。没关系，后面还会有很多涉及该方法的示例，下面再给出一个 map() 的相关示例。

例 2.4 用户从键盘输入一组由空格分隔的数，求这组数各自的平方根值。

【提示与说明】 分隔用户从键盘输入的一组数，首先要使用字符串分隔方法 split() 得到各个数字字符串，再使用 map() 方法将这一组数逐一转换为平方根值，详见第1行代码。求平方根可以调用 math 中的 sqrt()，如图 2.6 所示。需要注意的是，map() 返回的结果具有"惰性求值"的特点（第3章会详细介绍这个问题），因此这里将其放在一个列表 list 中显示结果。

```
1  mynum = map(int, (input("请输入一组用空格分开的数字，回车结束").split()))
2  import math
3  print("开平方的结果是：")
4  print(list(map(math.sqrt, mynum)))
```
请输入一组用空格分开的数字，回车结束 2 3 4 5 6
开平方的结果是：
[1.4142135623730951, 1.7320508075688772, 2.0, 2.23606797749979, 2.449489742783178]

图 2.6 map() 使用示例

课堂练习
从键盘一次性输入你的身高和体重的值（用空格分开的两个浮点数），你能用一条语句将其分别赋予身高变量和体重变量吗？

2.3 多条件分支与嵌套条件语句

多条件分支结构可表示多个条件选择，下面以三分支为例进行说明，其流程图如图 2.7 所示。

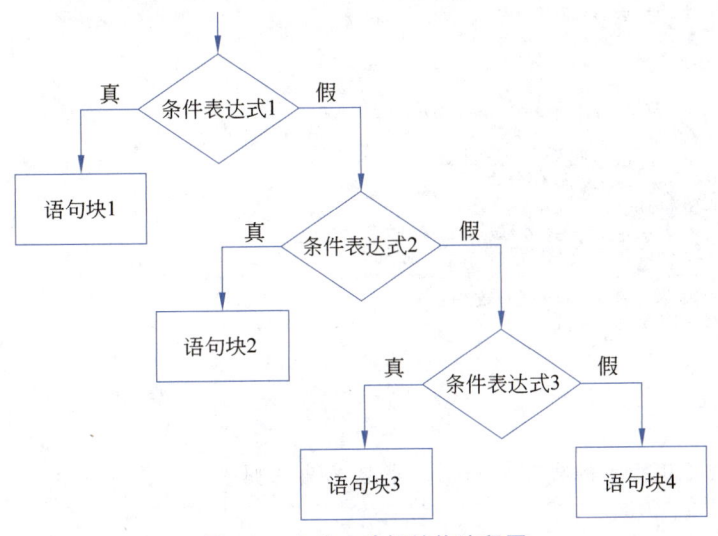

图 2.7 多分支选择结构流程图

针对图2.7所示的多分支结构,if语句的基本结构如图2.8所示。注意:elif是else if的缩写。

在多重条件语句结构中,if语句一般最多只能有一个else子句,但可以有任意数量的elif语句。

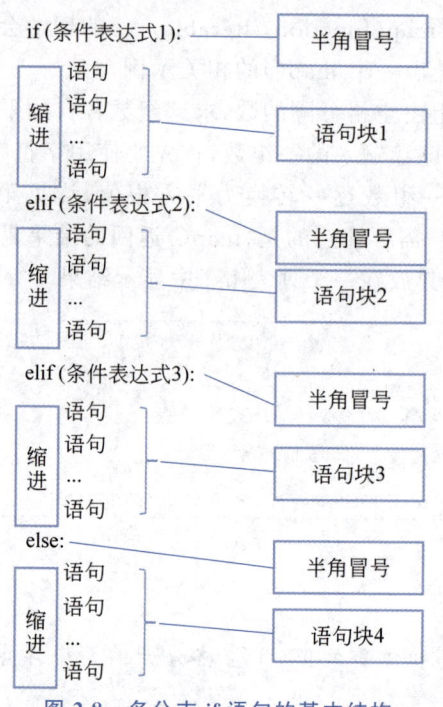

图2.8　多分支if语句的基本结构

例2.5　输入百分制分数,按照其是否大于90分、80(含)~90(不含)、70(含)~80(不含)、60(含)~70(不含)、小于60分,分别给予相应变量"优秀""良好""中等""及格""不通过"等级别。

【提示与说明】　针对图2.7所示的结构,设计多分支选择语句,代码实现如图2.9所示。

```
1  yours = int(input("请输入你的百分制考试分数："))    #注意类型转换
2  if (yours >=90):
3      grade = "优秀"
4  elif (yours >=80 and yours <90):
5      grade = "良好"
6  elif (yours >=70 and yours <80):
7      grade = "中等"
8  elif (yours >=60 and yours <70):
9      grade = "及格"
10 else:
11     grade = "不通过！继续努力"
12 print("你的等级为: %s\n" %grade)
```

请输入你的百分制考试分数: 66
你的等级为: 及格

图2.9　多选择分支代码实现

同学们,你能把图2.9所示的代码对应的流程图画出来吗?

前面提到的选择分支语句,不论单分支还是多分支,都是一组 if 语句块。如果在 if 语句内部的代码块中又嵌入其他 if 语句块,就是嵌套结构了。嵌套分支结构如图 2.10 所示,其实在 if 内部的语句块中,也可以再有多分支的 elif 等语句块,这里未列出。

在具有嵌套的结构中,可能出现多个 else 子句。Python 通过缩进表示某个 else 子句是和哪部分的 if 子句对应,即由程序员决定 else 属于哪个 if,这是非常重要的。

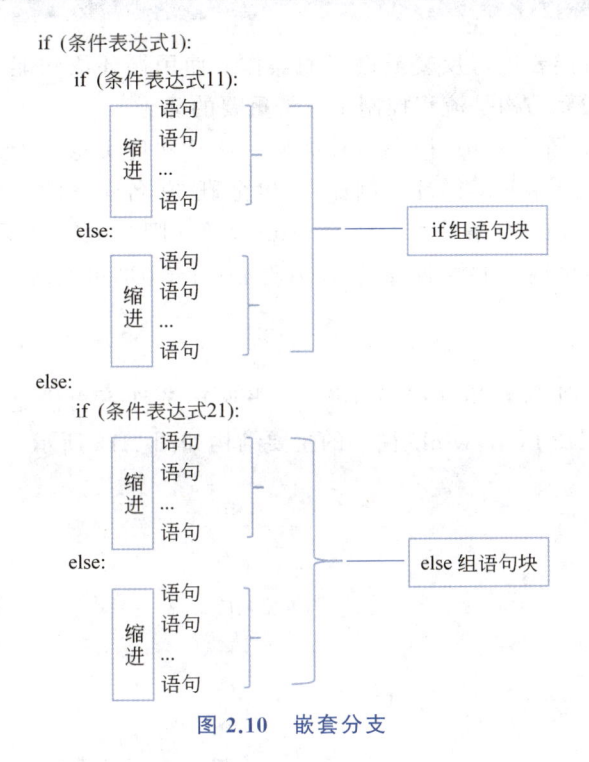

```
if (条件表达式1):
    if (条件表达式11):
        语句
        语句
        ...
        语句
    else:
        语句
        语句
        ...
        语句                    if 组语句块
else:
    if (条件表达式21):
        语句
        语句
        ...
        语句
    else:
        语句
        语句
        ...
        语句                    else 组语句块
```

图 2.10　嵌套分支

例 2.6　根据用户输入的半径值,再根据用户的要求,分别计算圆的周长、圆的面积、球的体积。

【提示与说明】　代码示例如图 2.11 所示。在 else 语句块中,嵌套了"if elif else"结构,注意第 16 行的 else 子句从属于第 7～17 行的内嵌 if 语句块,而第 6 行的 else 语句则从属于第 4 行开始的外围 if 语句块。由于计算时需要用到圆周率 π,故需要导入 math 包。

```
1  import math   #需要用到这里的圆周率以及幂运算
2  r = float(input("请输入半径:"))   #注意数据类型的转换
3  choices = input("你要算什么——圆周长 (C/c)?圆面积 (S/s)?球体积 (V/v)?")
4  if (r<0):
5      print("半径小于零!退出")
6  else:
7      if (choices.upper()=="C"):
8          result = 2* math.pi*r
9          print("圆的周长是: %4.2f\n" %result)
10     elif (choices.upper()=="S"):
11         result = math.pi.r*r
12         print("圆的面积是: %4.2f\n" %result)
13     elif (choices.upper()=="V"):
14         result = 4/3*math.pi*math.pow(r,3)
15         print("球的体积是: %4.2f\n" %result)
16     else:
17         print("你输错啦!退出")

请输入半径: 3
你要算什么——圆周长 (C/c)?圆面积 (S/s)?球体积 (V/v)?v
球的体积是: 113.10
```

图 2.11　多选择嵌套分支的代码示例

> **课堂练习**
> 同学们，你能把图 2.11 所示的代码对应的流程图画出来吗？

2.4 循环结构概述

在程序设计中，很多时候要进行反复或循环的操作。使用循环语句能有效减少重复代码量，提高程序设计效率。可以说，循环结构是流程控制中非常重要的部分。

循环结构主要有 while 循环和 for 循环两种类型。从某种现实意义上来说，for 循环更加灵活，因此 for 循环的重要程度要大于 while 循环。例如，给出全班 60 名同学的名字列表并打印出"你好+某某同学的名字"，你总不能写出 60 条基本一样的 print() 语句吧？此时就要用到 for 循环，即通过一个"迭代变量"分别遍历这 60 名同学的姓名，最后分别调用 print() 即可实现。

2.4.1 while 循环

while 循环主要用于条件判断并进行循环操作，当循环条件不再满足时，退出 while 循环。基于 while 循环的流程图如图 2.12 所示，while 循环的主要结构如图 2.13 所示。

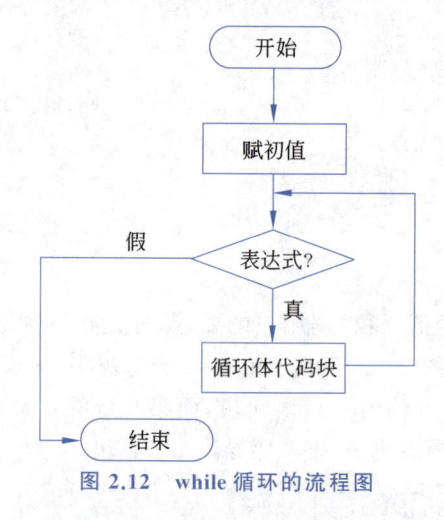

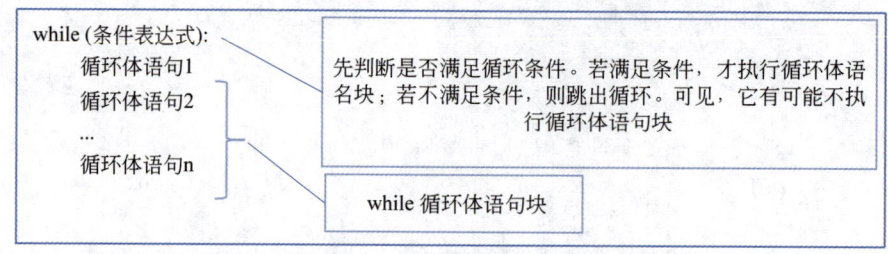

图 2.12 while 循环的流程图

图 2.13 while 循环主要结构

while 循环首先判断关系或逻辑条件表达式的取值，当该表达式为"真"时，运行相应的程序段；随着程序的运行，这个条件表达式的取值会发生变化，当该条件表达式取"假"时，退出循环；如果条件表达式永远取"真值"，则称为"死循环"，这种情况一般是要避免的（少数情况下，也能利用这个特性达到特殊效果）。可见，while循环是要根据设定的关系或逻辑条件表达式的"真"或"假"值判断是否执行循环体（最少执行 0 次循环体中的语句），且有可能不知道将要重复执行的次数。

> 你能看出 if 和 while 语句的区别吗？如果 if 后的条件为真，就会执行"一次"相应的代码块，而 while 中的代码块会"一直"重复执行下去，直到循环条件不再为"真"时跳出循环，因此，你的代码必须在达到某种状态时使循环条件不再为"真"，这样才能跳出循环。

课堂练习

不用上机，你能看出下图的输出结果是什么吗？

```
a = 1
while a < 10:
 print (a)
 a += 2
```

例 2.7 设计程序，在图 2.2 所示的在线考试系统的第一个条件判断中，当输入的用户名或密码的错误次数大于 3 时，退出程序；当输入次数小于 3 且输错时，要提示用户还有几次机会。为简单起见，可以在代码中通过两个变量直接定义正确的用户名和密码。

【提示与说明】 首先给出正确的用户名和密码。定义次数变量，并使用 while 循环。如图 2.14 所示，其中第 1、2 行代码为提前设定好的用户名和密码。请注意第 6、7 行代码的位置，它们为什么不能放到 while 循环语句前的第 4 行？如果放了又会出现什么情况？你不妨试试看。

```
1  name = "abcd"
2  password = "1234"
3  times = 3
4
5  while times > 0:
6      username = input("请输入用户名")
7      userpassword = input("请输入密码")
8      if username == name and userpassword == password:
9          print("现在可以进入考试系统了")
10         break
11     else:
12         times -=1
13         print("输错了，请重新输入，你还有%d次机会" %times)
14         continue
15
16
```

```
请输入用户名q
请输入密码2
输错了，请重新输入，你还有2次机会
请输入用户名3
请输入密码4
输错了，请重新输入，你还有1次机会
请输入用户名er
请输入密码34
输错了，请重新输入，你还有0次机会
```

图 2.14 控制 while 循环次数

2.4.2 for 循环

for 循环是一种很常见、很重要的循环结构,必须熟练掌握。for 循环的基本结构如下,方括号内的部分为可选项,即可以没有 else 子句。

```
for 迭代变量 in 可迭代对象序列:
    循环体(可由多条语句组成)
[else:
    语句块(可由多条语句组成)]
```

首先要明确什么是"可迭代对象序列"。顾名思义,它应该是一组数而不是一个数,是可以从头到尾一个个遍历得到的"序列",如列表、元组、字典、集合、字符串以及各种迭代器对象,如 range(10) 的结果 0,1,2,…,9 就是可迭代对象,可以使用 for 循环遍历其中的元素,它一般具有特殊方法 iter(),迭代器对象从集合的第一个元素开始访问,直到所有元素被访问完结束。迭代器只能往前(通过 next() 方法实现),不能后退,如图 2.15 所示。

for 循环是指设计一个迭代变量并让其在可迭代对象序列中逐个遍历,根据迭代变量在可迭代对象序列中的逐个取值运行相应的代码段逻辑,如图 2.15 第 2 行代码中的 i 就是迭代变量,a 就是可迭代对象序列。

for 循环的基本流程图如图 2.16 所示,图 2.16 中的"遍历完系列中的所有元素"就是指依次遍历迭代得到可迭代对象序列中的各个元素。也就是说,for 循环是通过隐含的循环次数进行循环控制的,这个循环次数一般可通过迭代变量依次遍历可迭代对象序列中的各个元素实现。迭代变量在每一次循环中携带着从可迭代对象序列中得到的遍历结果执行一遍循环体语句,当可迭代对象序列中的所有元素都遍历完后,跳出 for 循环。

```
1  a = range(10)
2  for i in a:
3      print(i, end = " ")
4  print("\n*iter与next方法示例*")
5  it=iter(a)  #创建迭代器对象
6  print(next(it))  #输出迭代器下一项
7  print(next(it))
8  print(next(it))
9
0 1 2 3 4 5 6 7 8 9
*iter与next方法示例*
0
1
2
```

图 2.15　可迭代对象

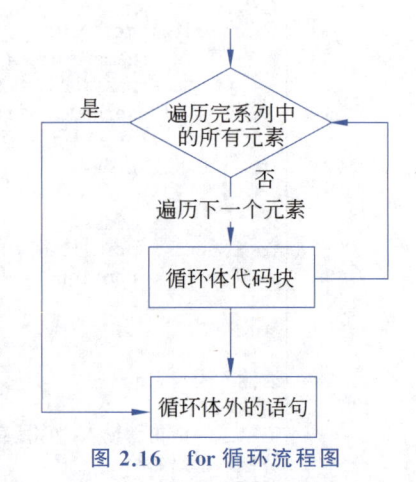

图 2.16　for 循环流程图

2.5　while 循环和 for 循环程序设计

既然 while 循环和 for 循环都是循环语句,那么它们的应用场合有什么区别呢?二者在很多情况下均可使用。一般来说,while 循环一般用于循环次数难以提前确定的情况(当然也可用于循环次数确定的情况);而for循环一般用于循环次数可提前确定的情况,尤其是用于遍历可迭代对象序列中的各个元素。下面通过一些实例看看while循环和for循环的设计。

例 2.8 分别求10以内(含)自然数中的奇数之和和偶数之和,并分别显示出来。请分别用while循环和for循环实现。

【提示与说明】 假定0是自然数。range()可以产生一组等差数列,可以作为此题的可迭代对象序列,但它有"惰性求值"特点,即表达式不会在它被绑定到变量之后就立即求值,而是等用到时再求值,因此图2.17中的第2行代码不能输出想象中的一组序列数据,只有执行了第3~5行的代码段后才能看到效果。首先要定义最终存储奇数和以及偶数和的两个变量。由于此题是对10以内(含)的自然数进行判断,因此可以设计相应的关系表达式,当关系表达式满足条件时执行循环体,注意,这个关系条件是随着循环的推进而逐步变化的,代码实现如图2.17所示。第13行代码是推动while循环前进的重要步骤,不可或缺;当关系表达式不满足条件时,跳出循环。第8条语句用于关系条件判断,确保只求10以内(含)的自然数。for循环的思想与while循环类似,详见第18~22行代码。请注意,这里不需要让迭代变量j自加的、类似第13行代码的语句出现,这是因为在每次for循环中,迭代变量都会自动"前进",这是for循环和while循环的一个区别。

```
1   a = range(11)
2   print(a)  #注意此输出信息显示range()的惰性求值特点
3   for k in a:  #逐一遍历range()对象
4       print(k, end = " ")
5   print("\n用while循环实现\n")
6   i = 1
7   sum_even, sum_odd = 0,0  #初始化奇数和、偶数和变量
8   while (i<=10):
9       if i % 2 == 0:
10          sum_even +=i
11      else:
12          sum_odd +=i
13      i +=1  #循环前进及退出的重要语句
14  print("10以内自然数中奇数和为:%d\t; 偶数和为:%d\n" %(sum_even, sum_odd))
15
16  print("用for循环实现\n")
17  sum_even, sum_odd = 0,0  #初始化奇数和、偶数和变量
18  for j in range(11):
19      if j % 2 == 0:
20          sum_even +=j
21      else:
22          sum_odd +=j
23  print("10以内自然数中奇数和为:%d\t; 偶数和为:%d\n" %(sum_even, sum_odd))
```

图 2.17 用while、for循环求奇数和、偶数和

上例中,第17行代码与第7行代码一样,它们有必要出现两次吗?为什么?删掉后会怎样?请你试试看。

参考上例,请计算从1到X的自然数序列中(X由键盘输入且X≥10),一共有多少个数是3或者是4的倍数,并输出这些数的累加和。

从图2.17所示的for循环例子可以看到,迭代变量是j,可迭代对象序列是range()。比较图2.17的这两种方法,最大的不同在于在for循环中"推动"循环往前走的步骤是隐藏在每一轮的循环中的。

其实，有多种可迭代对象序列可供 for 循环使用：可迭代对象序列可以是有序的序列化数据，如 range() 对象、字符串、列表、元组等，也可以是无序的序列化数据，如字典、集合等；可迭代对象序列可以被 next() 函数调用并不断返回序列中的下一个值。可见，for 循环就是通过不断自动调用可迭代序列对象的 next() 函数而"推动"循环前进的。

关于序列化数据，本书将在第 3 章详细介绍。下面通过几个例子看看 range() 对象、字符串对象、enumerate() 对象充当 for 循环中的可迭代对象序列的用法。希望同学们积极上机实践，加深对可迭代对象序列的理解和认识。

例 2.9 给定一个字符串。请通过 for 循环遍历这些字符并输出，要求分别用 range() 对象、字符串对象、enumerate() 作为 for 循环中的可迭代对象序列，完成输出各个字符的任务。

【提示与说明】 代码实现如图 2.18 所示。① 由于字符串是有序的，因此根据迭代变量在每一次循环的迭代位置，就能得到该字符（如第 4 行代码所示）。② range(start, stop[, step]) 返回从 start 开始到 stop 结束的以 step 为步长（它是一个可选的步长参数，当缺省时，默认步长为 1）的一组数据，是生成器数据类型。由于 range 也可以产生一组有序数，因此只要得到字符串长度，就能通过 range(len(字符串)) 得到这个可迭代序列对象的位置，再将其作为索引，就能得到各个字符，如第 7、8 行代码所示。③ enumerate() 函数有两个返回值，第一个返回值为从起始处开始的索引号，第二个参数为该索引号对应的值，因此第 11 行代码有两个迭代变量 index3 和 my，它们分别指向索引号和对应的字符值，第 12 行和第 15 行用两个不同的方法进行了字符输出，只不过第 15 行代码只用到了索引而未用到 my 迭代变量即完成了输出。

```
1   mystring = "China has mapped out an outline to increase high-quality development"
2   print("直接遍历字符串中的各个字符并输出：")
3   for index1 in mystring:
4       print(index1, end = "")
5
6   print("\n通过range()遍历字符串中的各个字符：")
7   for index2 in range(len(mystring)):
8       print(mystring[index2], end = "")
9
10  print("\n通过索引号遍历字符串中的各个字符的两种不同做法：")
11  for index3, my in enumerate(mystring):
12      print("第%d个字符是%s" %(index3,my), end = " ")
13  print("\n***********\n")
14  for index3, my in enumerate(mystring):
15      print("第%d个字符是%s" %(index3,mystring[index3]), end = " ")
```

直接遍历字符串中的各个字符并输出：
China has mapped out an outline to increase high-quality development

图 2.18 可迭代对象序列（1）

例 2.10 本书将在第 3 章详述的列表是用方括号引起来的一组数。和字符串类似，列表中的数据也是有序的。请给出用方括号定义的一组字符串列表（例如各个学科科目），使用 for 循环依次遍历并显示它们。

【提示与说明】 列表是非常重要的一类序列化数据。如果要在 for 循环中使用列表，可以用诸如 **for i in [0,1,2,3,4]** 实现。关于列表 list、元组 tuple、字典 dict、集合 set，本书会在第 3 章详述，这里只需了解用方括号引起来的一组数据就是列表类型的数据即可。代码实现如图 2.19 所示。其中，第 4 行代码是通过迭代遍历列表中的各个元素实现 for 循环的，第 5 行代码中的 each 分别代表每次迭代列表中的各元素；第 9、10 行代码也是类似方法，只不过迭代得到的是索引号，subject[each] 代表列表中的各个元素(这也说明列表元素是有序的);enumerate 返回具有两个元素的元组(i,value)(元组的概念将在第 3 章详细介绍),因此第 14 行代码中的迭代变量是 i 和 each,而不是一个变量。

```
1  subjects = ["数学","语文","外语","物理","化学","生物","地理","历史","政治"]  #列表
2
3  print("通过索引迭代列出列表中各项:")
4  for each in subjects:   #每次迭代,each会依次遍历给定的各个字符串
5      print(each, end = " ")
6  print("\n***********************************************")  #这里的\n为回车换行
7
8  print("通过索引项依次遍历列表中元素:")
9  for each in range(len(subjects)):
10     print(subjects[each], end = " ")
11 print("\n***********************************************")
12
13 print("通过enumerate依次枚举出各项:")
14 for i,each in enumerate(subjects):
15     print("第%d个科目是: %s" %(i+1, each))
16
17 print("\n***********************************************")
```

图 2.19 可迭代对象序列(2)

课堂练习

请你利用 for 循环将 10 以内的自然数序列倒序输出。

有的同学可能会问:怎么知道一个数据是什么类型的数据呢?类似于 type()方法,可以用 isinstance(object,classinfo)方法进行类型判断,其中第一个参数 object 为实例对象,第二个参数 classinfo 可以是直接或间接类名、基本类型或由它们组成的元组。如图 2.20 所示,分别定义了整型数、浮点数、字符串、列表、range 对象,第 6 行代码是通过使用 isinstance 方法分别判断上述类型的数据是什么类型,返回结果表明 a 是 int 型数据,b 不是 int 型数据,c 是 string 型数据,d 是列表型数据,e 是 range 型数据。但图 2.20 中的返回值为真值 True 并不代表它就是可用于 for 循环的可迭代序列,为真值只是表明它的类型与给出的第二个参数一致,只有是字符串、range()、列表等序列化数据时,它们才可用于 for 循环的可迭代对象序列。

```
1  a = 2        #整型
2  b = 3.14     #浮点型
3  c = "Hello"  #字符串型
4  d = ["Beijing","Shanghai","Tianjin"]  #列表型
5  e = range(1,10)   #range生成器型
6  print(isinstance(a, int), isinstance(b, int), isinstance(c, str), isinstance(d, list), isinstance(e, range))
```
True False True True True

图 2.20 isinstance()使用示例

图 2.21 中的代码分别演示了使用生成器数据对象类型 range()和字符串用于 for 循环的示例,它们都是可直接用于 for 循环的可迭代序列对象。请注意图 2.21 中最后一行,系统给出出错信息'int' object is not iterable,说明 int 不是可迭代对象,因此它不能用作 for 循环中的可迭代对象序列。

例 2.11 用 range()生成器对象的切片作为可迭代对象序列,设计 for 循环。

【提示与说明】 在如字符串、range()生成器对象以及列表、元组等序列化对象中,是可以截取其中的部分内容的,这就是所谓的切片操作。对于 range()对象 x 来说,x[start:end:step]是截取 x 中从 start 开始到 end 结束、以 step 为步长的一个子串;若 end 缺失,则截取从指定的开头到结尾的子串;

```
1  from collections import Iterable
2  x = range(1,3)
3  y = "Python"
4  z = 12
5  print(isinstance(x, Iterable), isinstance(y, Iterable), isinstance(z, Iterable))
6  for i in x:   #range()中的可迭代结果用于控制打印数量
7      print("Hello")
8  for j in y:   #字符串内容随着每次循环而自动向后移动一位
9      print("OK+"+j)
10 for k in z:   #本句会出错!
11     print("ERROR")
```

```
True True False
Hello
Hello
OK+P
OK+y
OK+t
OK+h
OK+o
OK+n
---------------------------------------------------------------
TypeError                                 Traceback (most recent call last)
<ipython-input-20-ad427c0533ff> in <module>()
      8 for j in y:   #字符串内容随着每次循环而自动向后移动一位
      9     print("OK+"+j)
---> 10 for k in z:   #本句会出错!
     11     print("ERROR")

TypeError: 'int' object is not iterable
```

图 2.21　可迭代对象用于控制 for 循环

若 start 缺失,则从开头截取到指定结尾的子串;若 start 和 end 均缺失,则从头到尾都要截取出来;若 step 为负数,则从右向左截取。图 2.22 给出 range 生成器对象的切片方法。需要注意的是,生成器 range() 对象具有"惰性求值"的特点,即表达式不会在它被绑定到变量之后就立即求值显示,而是等用到时再求值,此时可以用 for 循环迭代使用 range() 对象中的元素并依次显示。

```
1  nums = range(10)
2  for i in nums[3:]:      #range()有惰性求值特性,依次遍历时才可显示结果
3      print(i, end = " ")
4  print("\n")
5  for i in nums[:5]:
6      print(i, end = "@") # 从头到下标为5前的元素
7  print ("\n")
8  for i in nums[::]:
9      print(i, end = "*") # 全部
10 print("\n")
11 for i in nums[::-1]:
12     print(i, end ="/") # 直到倒数第一个元素
```

```
3 4 5 6 7 8 9

0@1@2@3@4@

0*1*2*3*4*5*6*7*8*9*

9/8/7/6/5/4/3/2/1/0/
```

图 2.22　for 循环中 range() 生成器对象的切片操作

2.6 break、continue、else 子句

我们在前面已经学习了 if 条件判断语句、while 循环和 for 循环等。其实,当满足某些"意外"条件时,也可以不按流程走完后面的代码而直接跳出当前代码段并转到后面的代码中。此时,就需要用到 break 子句、continue 子句、else 子句了,它们在 if 条件语句、while 循环和 for 循环中都可以使用。

(1) **break** 子句。作用是终止当前循环,忽略 break 之后的循环体语句,然后跳出循环,即不再循环。一旦 break 语句被执行,将使得整个循环体提前结束,即使 if 条件判断或 while 循环判断的条件表达式仍满足,或 for 循环还没有遍历完可迭代对象,也要退出循环。

(2) **continue** 子句。作用是终止当前循环,忽略 continue 之后的循环体语句,然后回到下一轮循环并开始执行下一轮的循环体语句块,即 continue 是提前结束本次循环并进入下一次循环的判断,若满足再次循环的条件,则开启下一轮循环。可见,break 和 continue 是不一样的:break 是终止当前循环并跳出循环体;continue 是终止当前循环但不跳出循环体,而是提前进入下一轮循环的判断。

> 当遇到 continue 时,会终止"本次"循环并忽略剩余语句,然后回到循环顶部,通过条件判断是否进行下一次循环,只有当条件判断为真时,才进行下一次循环。那种认为 continue 就是直接跳出本次循环并肯定开始下一轮循环的说法是不准确的。

课堂练习

下面这段代码的输出是什么?如果把第 3 行的 continue 换成 break,输出又是什么?请解释一下原因。

```
for i in range(10,19):
    if i ==15:
        continue
    print(i)
```

(3) **else** 子句。关于 if 语句带 else 的情况,我们已经在前面见过了,这里不再赘述。这里重点看看当 while、for 循环带有 else 子句时的情况:如果是 while 循环因为条件表达式不成立而退出循环或 for 循环中序列遍历结束而结束,则执行 else 结构中的语句;但如果 while 或 for 循环是因为执行了 break 语句而导致循环提前结束,则不执行 else 中的语句。

例 2.12 输入学生的考试成绩。如果输入的成绩为 0~100,则输出成绩;否则,认为是不合法的成绩并要求再次输入,直到输入的成绩是在 0~100 的正确数据区间时为止。

【提示与说明】 可以设计一个死循环,当满足条件时,用 break 跳出死循环。需要说明的是,这里只是一个 break 的示例,在实际设计程序时,死循环是要尽量避免的。图 2.23 中的第 1 行代码 while True 就是死循环。

例 2.13 找到 100 以内 17 的倍数中最大的两个数并输出。

【提示与说明】 注意是找出最大的两个 17 的倍数。首先通过 for 循环遍历从 100 开始递减的一组数,这样能找到两个最大的 17 的倍数,因此要通过 range 生成一组递减的数字序列。如果这里没有找到满足条件的数据,则应该给出提示信息,这时就可以使用 for 循环中的 else 子句实现,如图 2.24 所示。注意:此时 else 子句是 for 循环的子句,不是 if 语句的子句,因此缩进很重要。

```
1  while True:
2      number = float(input("请输入成绩："))
3      if number>=0 and number<=100:
4          break    #跳出死循环
5      else:
6          print("输入错误！")
7  print("你输入的成绩是%4.2f:" %number)
8
```

请输入成绩：479.4
输入错误！
请输入成绩：88
你输入的成绩是88.00：

图 2.23　break 的使用示例

```
1  k = 1    #计数器
2  for i in range(100,1,-1):  #确保从大数开始递减，步长为-1
3      if i%17==0:
4          print("第%d个17的倍数的数是：%d\t" %(k,i))
5          k+=1
6          if k>2:
7              break
8  else:  #缩进表明这个else是for循环的else而非if语句中的else。可见缩进的重要性
9      print("没找到这样的数")
```

第1个17的倍数的数是：85
第2个17的倍数的数是：68

图 2.24　for 循环中 else 子句的使用示例

课堂练习

如果把图 2.24 中第 8 行的 else 缩进改到与第 3 行的 if 语句对齐,将会是什么结果?你能解释这是为什么吗?

2.7　嵌套结构

for 循环、while 循环、if 语句等是可以互相嵌套在一起形成嵌套结构的。相同或不同的循环结构之间都可以互相嵌套,从而实现更复杂的逻辑。下面通过几个示例分析一下嵌套结构程序的编写思路。

例 2.14　range(1,5)能生成一组数字 1、2、3、4。请问：它们排列后能组成多少个 3 位数?若要求个位、十位、百位的数字互不相同且数字无重复,又能得到多少个这样的 3 位数?

【提示与说明】此例用到了嵌套结构,即在 for 循环中再嵌入一个 for 循环。4 个数字可以通过可迭代对象 range(1,5)得到;可填在百位、十位、个位的数字可以通过三重 for 循环得到;组成所有的排列后,再根据用户输入是否允许重复去掉不满足条件的排列即可。注意代码缩进,此例若缩进不正确,会导致错误的结果。代码实现如图 2.25 所示。

例 2.15　求 20 以内(含)自然数中的所有素数,打印输出,并求这些素数之和。

【提示与说明】素数(或称质数)是只能被 1 和自身整除的数。换一种说法,在大于 1 的整数中,如果只包含 1 和本身这两个约数,则该整数就被称为素数。和素数相对应的合数是指自然数中除了能

```
1   choice = input("能重复吗？（Y/N）")
2   sum1,sum2 = 0,0    #计数器
3   for i in range(1,5):
4       for j in range(1,5):
5           for k in range(1,5):
6               if choice.upper()=="N":
7                   if( i != k ) and (i != j) and (j != k):      输出不可重复的排列结果
8                       print (i, j, k)
9                       sum1 +=1
10                  else:
11                      print(i, j, k)                            输出可重复的排列结果
12                      sum2 +=1
13  if choice.upper()=="N":
14      print("不允许个、十、百位上重复的三位数共有：%d个，如上所示" %sum1)
15  else:
16      print("允许个、十、百位上重复的三位数共有：%d个，如上所示" %sum2)
```

图 2.25 输出个、十、百位可为重复/不重复的数字的实现

被 1 和本身整除外，还能被其他非零的数整除的数，它们是数学中数论范畴的概念。我国古代和西方都有对数论相关问题的探讨，有些基本问题我国研究得更早。

此例需要两层嵌套的 for 循环，代码实现如图 2.27 所示。外层 for 循环要逐次迭代 20 以内(含)的自然数，由于已知 1 不是素数，可用第 2 行代码 range(2,21) 实现对外层循环的变量迭代，而内层 for 循环用于测试是否存在能整除的 i 和 j，示意如图 2.26 所示，图中上层变量为外层 for 循环中迭代处理的变量，在每个数值的下面分别为各自内循环中需要迭代处理的变量，注意迭代变量从 2 开始，最大到外层变量时为止，这也是第 4 行代码中 range(2,i) 的由来。if 语句是判断若出现能整除 i 的 j，i 就不是素数，就终止内循环且不执行 else 子句，直接跳到下一层外循环并继续开始下一轮外循环的执行；如果没有出现能整除 i 的 j，则表明当前的 i 是素数，内循环执行结束后，才会执行 else。注意这里 else 子句的缩进，说明它是内层 for 循环的 else 子句，而不是 if 语句的 else 子句。

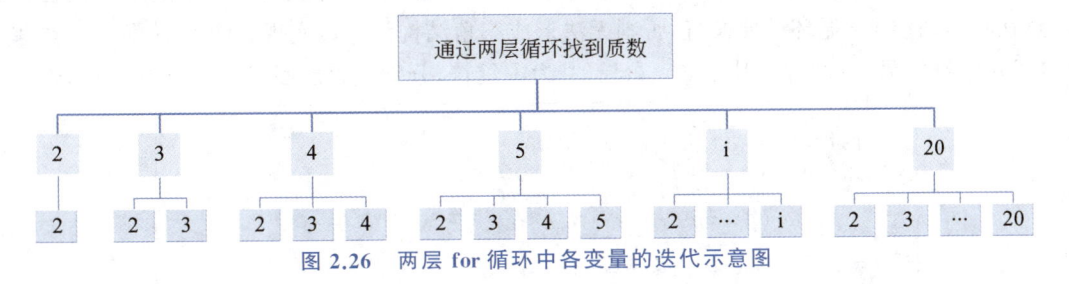

图 2.26 两层 for 循环中各变量的迭代示意图

课堂练习

如果图 2.27 中不使用双重 for 循环，则会出现什么情况？如果 else 子句增加缩进成为和 if 语句配套的 else 子句，又会是什么结果？你能解释为什么吗？

划重点！！！

当遇到比较复杂的嵌套多重循环时，若看不清它的循环处理逻辑，可以适当地在语句中增加对中间结果的输出，如图 2.27 所示，这样对于初学者来说更便于理解(当然，这些中间结果输出的部分应该在最终的项目工程中去除)。

```
1   sum = 0
2   for i in range(2,21):
3       print("外层正在处理的数是:", str(i))
4       for j in range(2,i): #测试是否存在能整除的i和j
5           print("内层j:", str(j))
6           if i % j == 0:
7               print("%d不是素数,退出内循环" %i)
8               break
9           else:
10              print("素数:", str(i))
11              sum+=i
12      print("**********")
13  print("总和", str(sum))
```

```
外层正在处理的数是:   2
素数:   2
**********
外层正在处理的数是:   3
内层j: 2
素数:   3
**********
```

图 2.27　求素数之和

例 2.16　用如下两种格式打印九九乘法表：①要求第一行有 9 组结果（1×1=1,…,1×9=9），第二行有 8 组结果,最后的第 9 行有 1 组结果,即形成上宽下窄的倒三角结构；②要求第一行有 1 组结果,第二行有 2 组结果,最后的第 9 行有 9 组结果（1×9=9,…,9×9=81）,即形成上窄下宽的上三角结构。

【提示与说明】　此例需要两层嵌套的 for 循环。外层 for 循环要迭代变量 9 次,可用 for i in range(1,10)实现,区别在内层嵌套的 for 循环的设计上。①上宽下窄的倒三角结构即第一行要有 9 列数据,第二行要有 8 列数据,最后一行有 1 列数据,内层 for 循环的设计要考虑这个因素,写为 for j in range(i,10),其中 i 取自每次外层循环的值。②上窄下宽的上三角结构即第一行要有 1 列数据,第二行要有 2 列数据,最后一行有 9 列数据,内层 for 循环可写为 for j in range(1,i+1),i 同样取自每次外层循环的值。内循环打印一行后,注意在跳出内层 for 循环后要换行,否则无法形成三角结构。代码实现如图 2.28 所示。这里出现了 print()格式化字符的另一种写法,其中{0}、{1}、{2}为占位符,分别代表后面 format()中的各个实际变量。

```
1   #第一行9列,最后一行1列
2   for i in range(1,10):    #外层循环
3       for j in range(i,10):    #内层循环
4           print("{0}×{1}={2}".format(i,j,i*j),end = "\t")
5       print("")  #用于打印完一行后换行进入下一轮循环
6
7   print("************************")
8   #第一行1列,最后一行9列
9   for i in range(1, 10):
10      for j in range(1, i+1):
11          print('{0}×{1}={2}\t'.format(j, i, i*j), end='')
12      print()
```

```
1×1=1   1×2=2   1×3=3   1×4=4   1×5=5   1×6=6   1×7=7   1×8=8   1×9=9
2×2=4   2×3=6   2×4=8   2×5=10  2×6=12  2×7=14  2×8=16  2×9=18
3×3=9   3×4=12  3×5=15  3×6=18  3×7=21  3×8=24  3×9=27
4×4=16  4×5=20  4×6=24  4×7=28  4×8=32  4×9=36
5×5=25  5×6=30  5×7=35  5×8=40  5×9=45
6×6=36  6×7=42  6×8=48  6×9=54
7×7=49  7×8=56  7×9=63
8×8=64  8×9=72
```

图 2.28　使用两层 for 循环嵌套打印九九乘法表

例 2.17 输出 1000 以内的(不含 0)、是 23 倍数的最小的 5 个自然数。

【提示与说明】 通过审题了解到是从 1000 以内的自然数(不含 0)中寻找,因此可能会在 for 循环中用到的可迭代变量序列是 range(1,1000),首先需要 for 循环才能遍历 1000 以内的整数;23 的倍数可以通过判断余数是否为 0 实现;当求得结果后,判断是否达到数量要求,输出 5 个数后要用 break 跳出循环,否则需要通过 continue 再次进入下一轮 for 循环。因此,此题需要 for 循环和 if 条件语句的嵌套合作,伪代码如下所示,代码实现如图 2.29 所示。

例 2.17 伪代码:

Steps:
1. 设定循环总次数
  1.1 当前循环得到的数据是否是 23 的倍数?
    1.1.1. 若是,则输出并将计数器加 1
      1.1.1.1 当达到数量要求后,退出循环
    1.1.2 若不是,则开始下一轮循环

```
1   k = 1           #计数器
2   for i in range(1,1000):
3       if (i%23 == 0):#能被整除
4           print(i)
5           k+=1           #计数器加1
6           if k>5:        #已够5个,跳出
7               break
8           else:          #不够5个,再次进入下一轮循环
9               continue
10
23
46
69
92
115
```

图 2.29 break 和 continue 的使用示例

课堂练习

如果例 2.17 要求输出 1000 以内的、是 23 倍数的最大的 n 个数(这个 n 由用户从键盘输入),该怎么修改?

例 2.18 求 $s=a+aa+aaa+\cdots+\overbrace{aa\cdots\cdots aa}^{n个a}$ 的值(最后一位有 n 个 a)。a 代表一个数字,a 和 n 均由键盘输入。例如,输入 a=3,n=3,则 S=3+33+333=369。

【提示与说明】 此题参考文献[1]中的一道例题。此题难点在于求得参加运算的各个加数是多少。首先要求得当前参加求和运算的各个加数是多少,如 a=3,n=4,则第一个加数 a=3;第二个加数 $33=30+3=(3\times10)^1+3$;第三个加数 $333=300+30+3=(3\times10)^2+(3\times10)^1+3$;第四个加数 $3333=3000+300+30+3=(3\times10)^3+(3\times10)^2+(3\times10)^1+3$。可见,求出每一个加数的值是关键。要设计一个 for 循环,其可迭代变量序列是 range(n),有几个加数就循环几次,每次求得一个加数,本次循环求得的那个加数和前面循环得到的加数累加,即可得到参加运算的各个加数是多少。最后,将各个加数

累加起来即可。代码实现如图 2.30 所示。

```
1  sum= 0        #总和
2  m = 0         #每一个加数
3  a = int(input("a是多少？"))
4  n = int(input("输入共有几项相加："))
5  for i in range(n):
6      m = m + a*10**i    #每次循环求得一个加数
7      sum += m           #各个加数累加求总和
8  print(sum)
```

```
a是多少？3
输入共有几项相加：3
369
```

图 2.30　通过 for 循环求得每次运算的加数

例 2.19　"水仙花数"是指一个 n 位数（n≥3），它的每个位上的数字的 n 次幂之和等于它本身，例如：$1^3+5^3+3^3=153$。假设 n=3，求水仙花数并显示。

【提示与说明】　由题设中的条件可知，这里的水仙花数是一个 3 位数 abc。使用 range(1000) 可以得到所有小于 1000 的数，但题目中只要求 3 位数，因此可通过 range(100,1000) 进行自变量的设定。首先要求得待处理的 3 位数的百位、十位、个位的数字是几。之后，在该程序中使用"//"算术符号计算整数除法。把百位、十位、个位的立方相加，如果等于原值，则为水仙花数。代码实现如图 2.31 所示。

```
1  for number in range(100, 1000):
2      bai = number//100
3      shi = (number-bai*100)//10
4      ge = number-bai*100-shi*10
5      if number == bai**3+shi**3+ge**3:
6          print(number)
```

```
153
370
371
407
```

图 2.31　求水仙花数

本章小结与复习

本章介绍了程序的控制结构，包括条件选择语句和循环语句的使用。首先，要掌握条件选择语句的用法，会设计具有多分支、嵌套条件的语句。其次，要理解 while 语句和 for 循环应用场合的不同。while 语句用于在某条件成立的前提下循环执行某段程序以处理需要重复处理的相同任务，例如当用户输入用户名和密码有错误时会提醒并要求重新输入，此时可能会用到 while 循环，要会使用 break 和 continue 调节控制流程。最后，要掌握可迭代对象序列的含义，掌握针对字符串、range() 对象等可迭代对象序列数据设计 for 循环的方法。for 可以通过迭代变量遍历一个可迭代对象序列中的各项，使迭代变量依次遍历可迭代对象序列中的各个元素，并分别执行循环体内的语句。要理解通过遍历可迭代对象序列"推动"for 循环前进的机制。

习 题

1. 给定如下流程图(图 2.31)。请根据流程图的要求设计代码,计算圆的面积并输出。
2. 不用上机编程,请说说图 2.33 所示内容执行后 sum 的结果是多少。

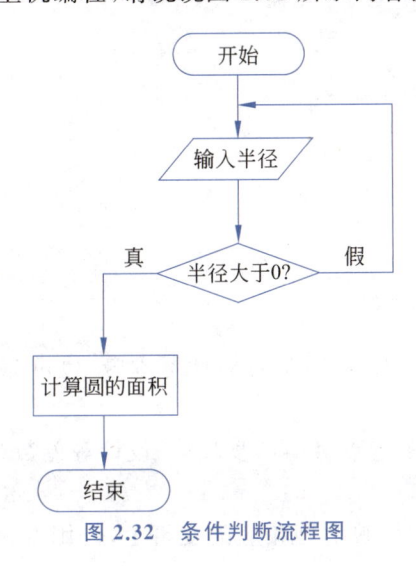

图 2.32　条件判断流程图

图 2.33　代码 1

3. 判断 15 这个数是否在 1~20 的以 5 为公差的等差数列中。

【提示与说明】　内置方法 range(start,end,step)产生指定区间的一组整数。此题是考查 in 操作符的用法。

4. 用户从键盘输入一个小于 100 的整数 n。如何使用 while 循环依次打印 1~n 以内的偶数序列?

【提示与说明】　使用 while 循环,当变量小于 n 时判断是否为偶数并打印输出结果,之后变量自增 1。注意:这个变量自增 1 的语句的缩进位置要正确,如果缩进不正确,则会导致错误的结果。

5. 用方括号(列表)给定几种水果的名称,如何依次在屏幕上显示这几种水果的名称?

【提示与说明】　可以使用列表实现,此时可以验证一下列表索引 index()的使用。

6. 说说图 2.34 所示内容执行后的结果是什么。

图 2.34　代码 2

7. 说说图 2.35 所示代码运行后 product 的值是多少。

图 2.35　代码 3

8. 请使用 for 循环计算 $1\times2\times3\times\cdots\times n$ 的结果。n 由用户从键盘输入。

【提示与说明】 可以使用 range() 实现。当然,这不是唯一的方法。

9. 求 10(含)以内的自然数中的奇数和、偶数和,并分别显示出来。

【提示与说明】 for 循环中嵌套 if 条件语句。

10. 给出分段函数如图 2.36 所示。请输入 x 的值,根据下面定义的分段函数计算对应的 y 并输出。

x	y
$x<0$	0
$0\leq x<20$	x
$20\leq x$	0

图 2.36 分段函数

【提示与说明】 此题看似需要使用多重 if 条件语句的嵌套,但针对此题本身,也可简单地用一条 if…else 语句实现,只不过需要用到逻辑"或"操作。

11. 请从键盘输入用逗号隔开的 3 个数字,分别表示起点、终点、步长,并设计等差数列。如输入:10,100,17,则输出:10 27 44 61 78 95。

【提示与说明】 需要使用 map() 将输入的内容分割后映射到相应的变量上,使用 for 循环遍历由 range() 产生的可迭代对象序列并输出。

12. 从键盘输入多个数据,完成对这些数据的累加,直到输入空格时退出。

【提示与说明】 注意需要对输入的数据进行类型转换。一种方法是设计一个 while 死循环。

13. 猜区间内的某个随机数字。从键盘分别输入数据区间的下限和上限,使用 random.randint,系统会自动生成位于这个区间内的一个随机数。现在,请你从键盘输入你猜的随机数。若你猜的数偏小或偏大,则系统会给出提示。以此循环,直到你猜对为止,显示总共猜测的次数。

【提示与说明】 此题也可以利用 while 的死循环实现。注意:语句块的不同缩进表示它从属于不同的语句块。可以使用 random.randint(下限,上限) 生成这个区间内的随机数(需要首先导入 random 包)。

第3章 Python序列化数据及推导式

Python中的序列化数据是一种重要的数据类型,主要包括前面章节中见到的字符串string数据,以及列表list数据、元组turple数据、字典dict数据、集合set数据等。本章将引导同学们了解上述几种常见的序列化数据类型的特点、常见的针对序列化数据的处理方法等,并简介推导式及其用法。

学习本章内容时,要求:
- 理解有序序列和无序序列;对于有序序列,掌握对其进行排序的相关方法;
- 理解可变序列(不可哈希)和不可变序列(可哈希)的概念;对于可变序列,掌握对其元素进行赋值等的相关方法;
- 掌握字符串类型数据的概念、特点及基本操作方法;
- 掌握列表类型数据的概念、特点及基本操作方法;掌握元组类型数据的概念、特点及基本操作方法;掌握列表和元组的异同点;
- 掌握字典类型数据的概念、特点及基本操作方法;掌握集合类型数据的概念、特点及基本操作方法;掌握字典和集合的异同点;
- 掌握列表推导式、元组推导式、字典推导式、集合推导式的用法。

3.1 概　　述

3.1.1 序列化数据

在程序设计中,除了常见的基本数值类型(如整型int、浮点型float、布尔型bool等)外,有时还要处理序列化数据。顾名思义,"序列"指按特定顺序依次排列的一组数据,它们可以占用一块连续的内存空间,也可分散到多块空间中。本章将讨论序列化数据中的字符串、列表、元组、字典、集合。

有的同学可能会有疑问:基本数据类型就能解决很多问题了,为什么还要学习使用序列化数据呢?这是因为在很多场合中,仅使用基本数据类型并不方便。很多时候,当需要保存一批数据时,使用序列化数据类型是十分方便的。例如,在如下几种情况中,单纯使用数值型数据是不合适的。

- 全班同学的姓名(如晓明、小红、小兵……)适合用序列化数据中的字符串类型数据表示,适合用序列化数据中的列表、元组等存储。例如定义一个列表a["晓明","小红","小兵"],可以通过类似于学号的索引号找到某个同学的姓名,如a[0]中存储"晓明",a[1]代表"小红",a[-1]代表"小兵"等;如果没有重名的同学且存储是无序的,则使用序列化数据中的集合类型也可以表示。
- 全班同学期末考试的平均分数,如"晓明"考了89分,"小红"考了92分,"小兵"考了90分,适合用键-值对(key-value)数据类型表示,其中姓名作为键(key),分数作为值(value),适合用序列化数据中的字典存储,例如:{"晓明":89,"小红":92,"小兵":90}。
- 期末考试的科目(如数学、物理、化学、语文)适合用序列化数据中的元组表示,因为科目名是不能被修改的;若要求有序,可以用元组表示;若要求无序、无重复科目,也可用集合存储这些科目。

序列化数据在日常生活中其实是很常见的,高中数学课上学到的各种数列(如等差数列、等比数列等)就是一种序列化数据。可见,对于上面的需求,无法用基本数据类型中的int、float、bool等表示。此时,就需要使用序列化数据中的字符串、列表、元组、字典、集合等序列化的数据类型了。

3.1.2 推导式

推导式(或称为生成式,本书后续不再区分这两种称呼)是指可以从一个数据序列构建另一个新的数据序列的高效的结构体,推导式的使用也是Python这门语言的一大特色,Python能用简洁的推导式完成其他语言需要很多行代码才能实现的功能。

Python有几种常用的推导式,如生成器推导式(生成结果是生成器对象)、列表推导式(生成结果是列表对象)、元组推导式(生成结果是元组对象)、字典推导式(生成结果是字典对象)、集合推导式(生成结果是集合对象)。例如,列表推导式是形如"[expr for val in collection if condition]"的形式简洁、内涵复杂的具有Python特色的表达式。由于其定界符是方括号,因此这是一个列表推导式,它表达的含义是可构造这样一个列表:用变量val依次遍历可迭代对象collection,找出满足条件condition的元素后,经expr表达式或相关函数的变化后,输出以列表表示的结果。例如,从键盘输入一句英文句子,将单词长度大于3的所有单词转换为大写字符输出,可以非常简洁地用图3.1所示的一条语句(第2行代码)完成任务。这里的expr是upper()方法,collection是输入的英文句子中的各个单词,condition是len()>3。

```
1  mystring = input("请输入用一句英文句子").split()
2  [x.upper() for x in mystring if len(x) >3]
```
请输入用一句英文句子China launches two space experiment satellites
['CHINA', 'LAUNCHES', 'SPACE', 'EXPERIMENT', 'SATELLITES']

图3.1 列表推导式示例

3.2 序列化数据的主要特点和常用内置函数

3.2.1 主要特点

除字符串外,序列化数据中的列表、元组、字典、集合的相同之处是其中的各个元素之间都是用逗号隔开的。不同之处有不少,最直观的是它们的定界符是不一样的:列表用方括号[]作为定界符,元组用圆括号()作为定界符,字典和集合均用大括号{}作为定界符;字典中的元素是用冒号:隔开的键-值对,其中键(key)可以理解为类别(如一个人的姓名或一个科目名称),而值(value)可以理解为这个类别的一个取值(如某人的身高为180cm)或一组取值(如某科目的全班同学的考试成绩[90,80,88,92])等。

> **课堂练习**
>
> 请你分别定义一个列表 x 和一个元组 y(注意列表元素是用中括号括起来的,而元组元素是用圆括号括起来的)。用 type(x)和 type(y)方法分别显示它们的类型。

序列化数据分为**有序**(如字符串"你吃"和"吃你"是不一样的)和**无序**(如集合中的诸多元素之间就是无序的)数据。对于诸如字符串、列表、元组等有序数据来说,其数据存储是一个接一个地有序排列,每个元素都拥有一个对应的值,代表它存储在序列中的某个位置,可以用**索引**定位其中的某个元素,而对无序数据(如集合中的数据)是不能用索引号访问的。打个比方来说,钢琴一共有88个有序排列的琴键(琴键相当于数据),这88个有序的琴键能在五线谱上找到它们一一对应的确切位置,五线谱中的高低位置就相当于索引号。因此,当看到五线谱某个位置上(索引)的符号后,就能够准确找到对应的琴键(数据)。对于**有序**数据来说,它们大多支持**双向索引**(如字符串、列表、元组等都支持双向索引),即它的第一个元素的索引(下标)为 0,第二个元素的索引(下标)为 1,最后一个元素的索引(下标)为 −1,倒数第二个元素的索引(下标)为 −2,以此类推。

图 3.2 所示的例子显示了字符串的**有序性**,其中 len()可获取字符串的长度,其索引从 0 开始;也可使用 enumerate()方法,它用于将一个可遍历的数据对象(如列表、元组或字符串)组合为一个索引序列,同时列出数据下标和数据本身,因此图 3.2 中的第 4 行代码的迭代变量是 idx 和 u 两个变量。

```
1  data = "Python"
2  for index1 in range(len(data)):
3      print(index1, data[index1])
4  for idx, u in enumerate(data):
5      print ('#%d: %s' % (idx+1, data[idx]))
```

图 3.2 字符串的索引与有序性示例

可以用方括号、圆括号、花括号分别定义列表、元组、字典、集合;使用 list()、tuple()、dict()、set()也可将数据转换为列表、元组、字典(需要键-值对数据)、集合,但此时使用圆括号。请注意:①没有 list[ ]、dict{ }、set{ }的用法;②在进行索引(切片)时,列表、元组、集合元素都使用方括号,不使用圆括号和花括号。

按序列中的元素是否可变,又分为**可变序列**和**不可变序列**两类。如字符串就是一个不可变序列,一旦定义后,其内容是不可改变的。请注意,字符串也是有替换方法 replace()可以使用的,只不过完成替换操作后,要记得将其赋予另外一个新的字符串变量,原始字符串即使使用了 replace(),它也是不变的,如图 3.3 所示。列表中的元素是可以修改的,所以它是可变序列。

表 3.1 给出了对常见序列化数据的说明。其中的"可哈希"是指可以使用 Python 内置函数 hash()得出其哈希值,即对于一个对象 a,如果 hash()返回一个整型值(哈希值),则 a 就是可哈希的。限于本书的科普性质,这里先不介绍哈希函数,只需要知道列表、字典、集合这些可以增加元素、删除元素、修改元素的可变对象属于不可哈希对象;元组、字符串这些不可变对象属于可哈希的对象。可以使用内置函数 hash()计算一个对象的哈希值,如图 3.4 所示。

```
1  mystring = "Schools can establish positions for sports coaches"
2  newstring = mystring.replace("Schools", "Universities")
3  print("原始字符串:%s\n替换后的新字符串:%s" %(mystring, newstring))
```

原始字符串:Schools can establish positions for sports coaches
替换后的新字符串:Universities can establish positions for sports coaches

图 3.3　字符串的不可替换性

```
hash('string')
9887441907319951637

hash((1, 2, (2, 3)))
-9209053662355515447

hash(1, 2, [2, 3])  # 失败,因为list是可变的
```

图 3.4　使用 hash()判断是否可哈希

表 3.1　字符串、列表、元组、字典、集合数据的主要特点

	字符串 str	列表 list	元组 tuple	字典 dict	集合 set
定界与分隔符	单引号如 a = 'x y z' 双引号如 a = "x y z" 三引号如 a = '''x y''' 元素间无分隔符	中括号如[x, y, z] 元素间用逗号隔开	小括号如(x, y, z) 元素间用逗号隔开	大括号,如{x: v1, y: v2, z: v3} 元素间用逗号隔开	大括号,如{x, y, z} 元素间用逗号隔开
有序?	有序 a[0]　a[-1]	有序 l[0]　l[-1]	有序 t[0]　t[-1]	无序	无序
可变?	不可变 (可哈希)	可变 (不可哈希)	不可变 (可哈希)	不可变 (可哈希)	可变 (不可哈希)
可重复?	是	是	是	键不可重复 值可以重复	否

• 根据表3.1,序列化数据的特点分类如图3.5所示。列表和元组都按顺序保存元素,所有元素占用一块连续的内存空间,因此每个元素都有自己的索引,可以通过索引访问;列表和元组的区别在于列表元素是可以修改的,而元组是不可修改的。字典和集合存储的数据都是无序的,其中字典元素以键-值对的形式保存。

例 3.1　分别定义列表、元组、字典、集合类型数据。使用 type()方法显示序列化数据的类型;使用索引访问有序序列的某些元素;对于可变对象,修改或增加其元素值;对于不可变象,通过 hash()显示其哈希值。

【提示与说明】　图3.6所示为代码实现。请注意以下几点:①定义列表时可以直接用方括号定义,列表中的元素类型可以混杂存在,可以在列表中再嵌套列表、元组等,如第 1 行代码是在列表中又嵌套的列表、元组;第 2 行代码定义元组时也是在内部嵌套了列表、元组、字符串,这四种序列化数据的类型可通过 type()方法得到;②有序序列(如列表、元组等)可通过索引访问其中的有序元素,如第 8、9 行代码所示;③对于可变序列,可以增加新的元素、修改已有的元素,请注意在列表、集合、字典中增加

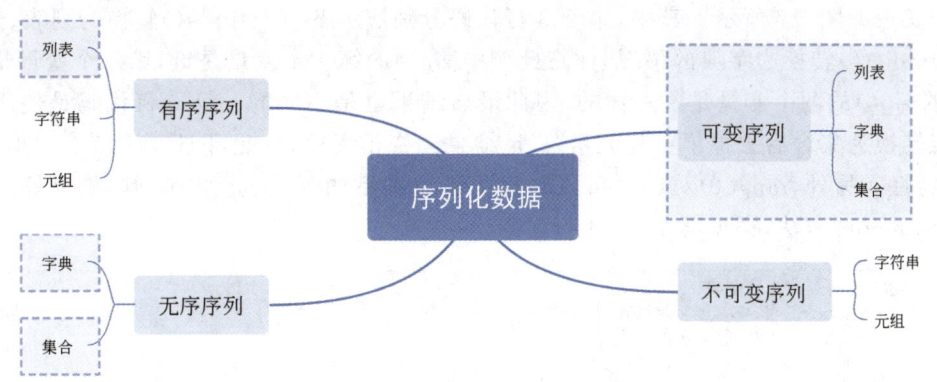

图 3.5　序列化数据的特点分类

新元素的方法——列表用 append()方法、集合用 add()方法,如第 12、13 行代码所示;④对字典中的元素可以直接增加新值(如第 14 行代码所示),也可以修改键-值对结果;⑤列表、集合这些可以增、删、改元素的对象,属于不可哈希对象;元组、字符串这些不可变对象属于可哈希对象,可以使用内置函数 hash()计算一个对象的哈希值,但如果试图计算不可哈希对象的哈希值,则会抛出异常。

```
 1  a= [1,2,[3,4,"my"],(5,6,"hello"),"music","sport"]  #定义整数和字符串的混合列表
 2  b = (3.14,[5.68,"world"],("piano","football"),"OK")  #定义嵌套的元组
 3  mydict = {"a":1,"b":2,"c":3,"d":4}  #字典
 4  myset = {"数学","语文",1,2}  #集合
 5  #下面显示各自的类型
 6  print(str(type(a))+str(type(b))+str(type(mydict))+str(type(myset)))
 7  #对于有序序列,是可以用索引访问的
 8  print("列表的首元素是:"+str(a[0])) #str()用于将结果转换为字符串显示
 9  print("元组的末元素是:"+str(b[-1]))
10  #对于可变序列,是可以增加、修改其原始值的
11  a[0] = 5  #修改列表中首元素值
12  a.append(100)  #在列表追加新元素
13  myset.add(5)  #在集合中追加新元素
14  mydict["e"]=5  #字典新增加键(用引号括起来),等号右侧为其值
15  mydict["a"]=100 #字典修改键(用引号括起来),等号右侧为其新值
16  #分别显示。看看上述操作的结果
17  print(a)
18  print(mydict)
19  #对于不可变对象,是可以显示其哈希值的
20  print(hash("Hello, world"))
```

<class 'list'><class 'tuple'><class 'dict'><class 'set'>
列表的首元素是: 1
元组的末元素是: OK
[5, 2, [3, 4, 'my'], (5, 6, 'hello'), 'music', 'sport', 100]   列表和字典值发生变化
{'a': 100, 'b': 2, 'c': 3, 'd': 4, 'e': 5}
2729330529633989697 哈希值

图 3.6　4 种序列化数据的比较

另外,序列化数据之间是可以相互转换的。例如一个字符串可以方便地转换为列表、元组、字典、集合——可以用 list()、tuple()、dict()、set()实现相应数据类型的转换。需要注意的是,字典元素是键-值对,单纯的"键"是不能成为字典元素的,因此需要"值"和它匹配,此时可以使用 zip()函数,相关示例详见例 3.2。

例 3.2　对于给定的字符串以及由 range()产生的一系列数字,分别将其分别转换为列表、元组、字典、集合数据类型。

【提示与说明】　本题是使用 list、tuple、dict、set 等方法将相应数据转换为列表、元组、字典、集合等

的示例,代码实现如图 3.7 所示。其中,第 2、3 行代码分别演示 list()、tuple()转换为列表、元组;第 4、5 行代码是使用 dict()转换为字典的情况,注意此例中 zip()的第一个变量是键,第二个变量是值,由于第 4、5 行代码的 zip()的两个变量是不一样的,因此最后结果也是不同的。第 6 行代码是使用 set()转换为集合,注意转换为集合后去掉了重复元素"l"且结果已变得无序,这也印证了表 3.1 中集合的不可重复且无序的特性。另外,range()对象也可以转换为特定类型的列表、元组、字典、集合等,进行类型转换时可以使用 map()方法,详见第 11~14 行代码。

```
1  mystr = "Hello"  #定义字符串
2  mylist = list(mystr) #字符串转换为列表
3  mytuple = tuple(mystr) #字符串转换为元组
4  mydict1 = dict(zip(mystr,range(5))) #通过zip()组合键值对生成字典
5  mydict2 = dict(zip(range(5), 'cdefgab'))  #同时,zip第一个参数是键,第二个参数是值
6  myset = set(mystr) #字符串转换为集合
7  print("字符串转换为列表:",mylist)
8  print("字符串转换为元组:",mytuple)
9  print("字典结果1:",mydict,"字典结果2:",mydict2)
10 print("字符串转换为集合:",myset)
11 print("range结果转换为整数列表:",list(map(int, range(5)))) #生成器range()结果转为整型列表的元素
12 print("range结果转换为整数元组:",tuple(map(int, range(5)))) #生成器range()结果转为整型元组的元素
13 print("range结果转换为字符串元组:",tuple(map(str, range(5)))) #生成器range()结果转为字符串型元组的元素
14 print("range结果转换为字符串集合:",set(map(str, range(5)))) #生成器range()结果转为字符串型集合的元素
```

```
字符串转换为列表:   ['H', 'e', 'l', 'l', 'o']
字符串转换为元组:   ('H', 'e', 'l', 'l', 'o')
字典结果1: {'H': 0, 'e': 1, 'l': 3, 'o': 4} 字典结果2: {0: 'c', 1: 'd', 2: 'e', 3: 'f', 4: 'g'}
字符串转换为集合:   {'l', 'e', 'H', 'o'}
range结果转换为整数列表:  [0, 1, 2, 3, 4]
range结果转换为整数元组:  (0, 1, 2, 3, 4)
range结果转换为字符串元组: ('0', '1', '2', '3', '4')
range结果转换为字符串集合: {'0', '3', '4', '1', '2'}
```

集合的无序性

图 3.7 字符串向其他序列化数据类型的转换

课堂练习

请仿照上面的例子,使用 tuple()、str()将一个列表中的内容转换为元组、字符串。

例 3.3 列表中的元素可以是各种不同类型的数据。请利用 list[ ]方法定义一个含有多个不同类型数据的列表;利用 for 循环分别显示这个列表中的各项内容。

【提示与说明】 此题是为下面将要介绍的列表进行预习,目的是了解列表中的元素可以是异构型的。for 循环的可迭代变量序列可以由 list 承担,代码实现如图 3.8 所示。从图中可看到,列表中可以嵌套由方括号表示的列表、由圆括号表示的元组、由花括号表示的集合等各种类型的数据。通过 for 循环遍历时,会将其中的各种数据元素分别列出,请注意最后一行输出的集合元素与原始定义时的不同,说明集合中的元素是无序的。

```
1  univs = ['Hebei', 3.14, [1,2,"OK"], ("Hello", 34.65, [4,5,6,7]), {"北京","上海"}]
2  for x in univs:
3      print (x)
```

```
Hebei
3.14
[1, 2, 'OK']
('Hello', 34.65, [4, 5, 6, 7])
{'上海', '北京'}
```

图 3.8 使用 for 循环遍历列表中的各个元素

例 3.4　定义一个内容为字符串的列表并修改其中的某个字符内容。类似地,试着定义一项内容为字符串的元组,看看能修改它的值吗?再定义一个字符串,看看能修改它的某个值吗?

【提示与说明】　分别定义一个列表和一个元组。由于它们都是有序的,因此按照其中某个元素的索引,可以对列表中某个元素的值进行修改操作,实际运行效果如图 3.9 所示。可见,我们可以随意更改列表中的元素,但无法对元组中的内容进行修改,这也印证了表 3.1 中元组不可变的特性。

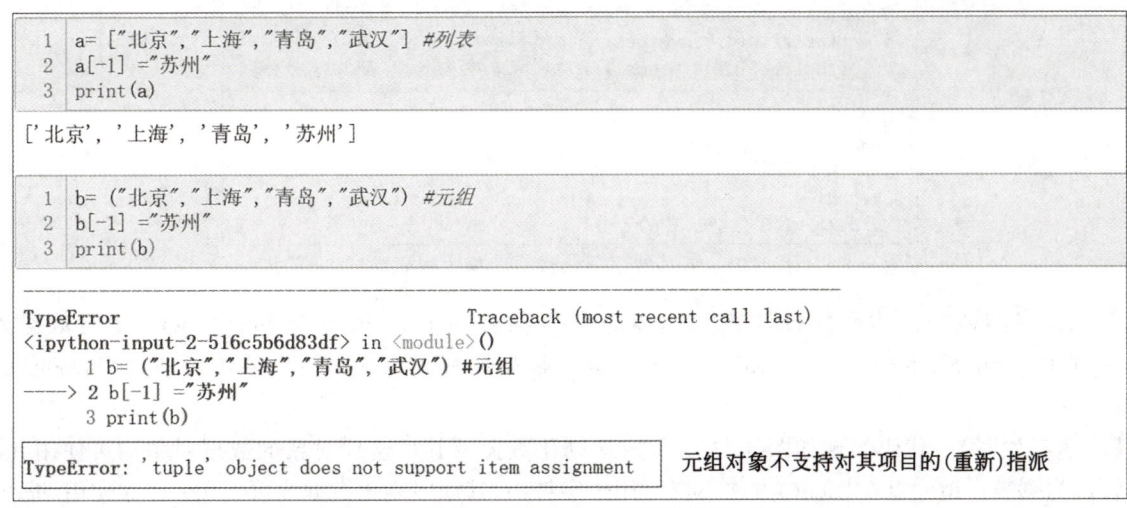

```
1  a=["北京","上海","青岛","武汉"] #列表
2  a[-1] ="苏州"
3  print(a)
```

['北京', '上海', '青岛', '苏州']

```
1  b=("北京","上海","青岛","武汉") #元组
2  b[-1] ="苏州"
3  print(b)
```

```
TypeError                          Traceback (most recent call last)
<ipython-input-2-516c5b6d83df> in <module>()
    1 b=("北京","上海","青岛","武汉") #元组
----> 2 b[-1] ="苏州"
    3 print(b)

TypeError: 'tuple' object does not support item assignment
```
元组对象不支持对其项目的(重新)指派

图 3.9　可变序列(列表)和不可变序列(元组)

3.2.2　常用内置函数

综上所述,序列化数据是一组存于连续内存或不连续内存区域的一组序列化的数据,一些内置函数可应用于这些不同的序列化数据。表 3.2 给出了一些常用的内置函数。

表 3.2　序列化数据的部分常用内置函数

函　　数	说　　明
range(start, end, step)	返回从 start(含)开始到 end(不含)为止的一组以 step 为步长的序列化数
str(seq)	将数据 seq 转换为字符串
list(seq)	将数据 seq 转换为列表
tuple(seq)	将数据 seq 转换为元组
dict(seq)	将以键-值对表示的数据 seq 转换为字典
set(seq)	将数据 seq 转换为集合
sorted(seq)	对数据 seq 进行顺序排序
reversed(seq)	对数据 seq 进行逆序排序
len(seq)	求数据 seq 的长度
enumerate(seq)	迭代显示数据 seq 的索引号及其内容

例如,表 3.2 中的 list() 是将其他类型的数据转换为列表数据的方法,使用示例如图 3.10 所示。请注意由于字典是键-值对数据,因此在转换为列表时,直接将字典变量作为 list() 的参数是将键-值对中

的键转换为列表元素；字典变量的 values() 方法是将键-值对中的值转换为列表元素，items() 方法是完整的键-值对数据。关于字典序列化数据的特点，本章后续会介绍。

```
1  list(range(1,10,2))  #将range()结果转换为列表元素
2  print(list('Hello'))  #将字符串转换为列表元素
3  print(list({1,3,5}))  #将集合元素转换为列表元素
4  dict={"a":3,"b":4,"c":0}
5  print(list(dict))  #将字典中的键转换为列表元素
6  print(list(dict.values()))  #将字典中的值转换为列表元素
7  print(list(dict.items()))  #将字典的键值对转换为列表元素
```
```
['H', 'e', 'l', 'l', 'o']
[1, 3, 5]
['a', 'b', 'c']
[3, 4, 0]
[('a', 3), ('b', 4), ('c', 0)]
```

图 3.10　将其他序列化数据转换为列表数据

例 3.5　针对表 3.2 中函数的使用方法，验证使用 str()、list()、tuple()、dict()、set() 进行数据类型转化的方法；使用 sorted()、reversed() 排序并迭代输出排序后的效果；针对列表和元组，完成切片操作。

【提示与说明】　代码实现如图 3.11 所示。序列化数据及其可迭代对象的数据对象均可使用 list() 函数转换为列表。请注意：①len() 方法不仅可用于字符串，其他序列化数据均可使用；②在使用 dict() 函数将序列化数据转换为字典类型数据时，数据要以键-值对的形式出现，此时使用 zip() 函数是常用方法，但要注意"键"不能重复，且无法被匹配上的数据将会舍弃，注意字符串 a 的长度是 11，去重后的键只有 8 个（空格也算一个），因此 mydict 的长度是 8；若调用 zip() 时将两个变量的顺序调换（参见第 5

```
1   a = "Hello World"
2   mylist = list(a)
3   mytuple = tuple(a)
4   mydict = dict(zip(a,range(30)))
5   mydict2 = dict(zip(range(30),a))
6   myset = set(a)
7   mystring = str(myset)
8   a_sorted = sorted(a)
9   a_reversed = reversed(mytuple)
10  print("列表：",mylist,"切片：",mylist[-1],"长度：",len(mylist))
11  print("元组：",mytuple,"切片：", mytuple[0],"长度：",len(mytuple))  #注意元组的切片也是方括号
12  print("字典1：",mydict,"长度：",len(mydict))  #注意键的不重复性，无法通过zip配对的键-值对，将含掉
13  print("字典2：",mydict2,"长度：",len(mydict2))
14  print("集合：",myset,"长度：",len(myset))  #注意结果的无序、不重复性
15  print("排序后的结果：",a_sorted)
16  for i,j in enumerate(a_reversed):
17      print("索引：",i,"　字符：",j,end = " ")
18  print("\n原始字符串：",a)
19  print("gbk编码最大值：",max(a.encode("gbk")),"原始最大值：", max(a))
20  print("去重和无序后的字符串：", mystring,"类型是：", type(mystring))
```
```
列表： ['H', 'e', 'l', 'l', 'o', ' ', 'W', 'o', 'r', 'l', 'd'] 切片： d 长度： 11
元组： ('H', 'e', 'l', 'l', 'o', ' ', 'W', 'o', 'r', 'l', 'd') 切片： H 长度 11
字典1： {'H': 0, 'e': 1, 'l': 9, 'o': 7, ' ': 5, 'W': 6, 'r': 8, 'd': 10} 长度： 8
字典2： {0: 'H', 1: 'e', 2: 'l', 3: 'l', 4: 'o', 5: ' ', 6: 'W', 7: 'o', 8: 'r', 9: 'l', 10: 'd'} 长度：
集合： {'d', ' ', 'H', 'o', 'e', 'W', 'l', 'r'} 长度： 8
排序后的结果： [' ', 'H', 'W', 'd', 'e', 'l', 'l', 'l', 'o', 'o', 'r']
索引： 0 字符： d 索引： 1 字符： l 索引： 2 字符： r 索引： 3 字符： o 索引： 4 字符： W
字符： 5 索引： 6 字符： 7 索引： 7 字符： o 索引： 8 字符： l 索引： 9 字符： e 索引： 10 字符： H
原始字符串： Hello World
gbk编码最大值： 114 原始最大值： r
去重和无序后的字符串： {'d', ' ', 'H', 'o', 'e', 'W', 'l', 'r'} 类型是： <class 'str'>
```

图 3.11　针对序列化数据的部分常用内置函数使用示例

行代码),则键-值对就完成了互换,mydict2 的长度是 11,此时键已经变成 0、1、2 等数字了,也就不再有重复的键了;③集合元素是不能重复且无序的,参见集合处理后的输出结果;④第 9 行代码的 reversed() 可完成对原始字符串的逆序排序,但这并不影响原始字符串本身,注意第 15 行代码的输出结果是排序后的结果,而第 18 行代码则是原始结果;⑤enumerate()函数返回两个结果,分别是索引号及其对应的内容,因此在第 16 行代码的 for 循环中需要两个循环变量;⑥使用 max()、min()函数计算最大值和最小值时,若自变量是字符串等非数值型数据,则按字符本身的编码值进行计算,不同编码方式,结果可能不同。

例 3.6 分别将给定的 range 对象,字符串,集合,字典中的键、值、键-值对转换为对应的列表。定义一个列表,使用 del 删除它。

【提示与说明】 可以使用内置方法 list() 完成其他数据向列表的转换;可以使用 del() 删除列表。注意:list()没有返回值,可用 print()语句将其显示出来。实际运行效果如图 3.12 所示。列表被删除后不能再继续使用了,参见图 3.12 中最后的出错信息。

```
1  print(list((3,5,7,9,11)))              #将元组转换为列表
2  print(list(range(1, 10, 2)))           #将range对象转换为列表
3  print(list('hello world'))             #将字符串转换为列表
4  print(list({3,7,5}))                   #将集合转换为列表
5  print(list({'北大':1, '清华':2, '交大':3}))#将字典中的key转换为列表
6  print(list({'北大':1, '清华':2, '交大':3}.values()))##将字典中的values转换为列表
7  print(list({'北大':1, '清华':2, '交大':3}.items())) #将字典中的键值对 转换为列表
8  x = list()                             #产生一个新的空列表
9  x = [1, 2, 3]                          #赋值
10 del x                                  #删除该列表x
11 print(x)
```

```
[3, 5, 7, 9, 11]
[1, 3, 5, 7, 9]
['h', 'e', 'l', 'l', 'o', ' ', 'w', 'o', 'r', 'l', 'd']
[3, 5, 7]
['北大', '清华', '交大']
[1, 2, 3]
[('北大', 1), ('清华', 2), ('交大', 3)]
----------------------------------------------------
NameError                                 Traceback (most recent call last)
Input In [1], in <cell line: 11>()
     9 x = [1, 2, 3]                      #赋值
    10 del x                              #删除该列表x
---> 11 print(x)

NameError: name 'x' is not defined
```

图 3.12 使用 list()完成对其他序列化数据的列表转换示例

3.3 字 符 串

3.3.1 基本特性

我们已经在第 1、2 章见过很多有关字符串的操作。除了支持序列化数据的通用操作(如双向索

引、比较大小、计算长度、元素访问、切片、成员测试等）外，字符串类型数据还支持一些特有的操作方法，如在 print()、format() 中使用过的字符串格式化、字符串的查找和替换操作等。字符串属于不可变（可哈希）序列，所以不能直接对字符串对象进行修改操作。字符串支持切片操作，切片操作也只能访问其中的元素而无法修改其中的字符，即使字符串对象提供了更新方法如 replace()，但这也不是对原字符串直接进行"原地"修改和替换（因为它是不能修改原值的），而是返回一个新字符串作为替换后的结果，原来的字符串保持不变。

下面通过一些例题和实际操作介绍字符串的特性。

例 3.7 对于给定的字符串，将其转换为列表后看看能否修改其值，再看看能否直接修改原字符串中的某个字符。

【提示与说明】 字符串可通过 list() 方法转换为列表，之后可以对列表内容进行修改，但字符串本身的内容是不能修改的。图 3.13 给出了针对上述要求的结果。第 2 行代码计算其哈希值，说明它是不可变的数据类型，因此第 9 行代码会出错（请参见图 3.13 中最后一行的出错提示，这也是表 3.1 体现的字符串不可变特性的一个示例）；但用第 3 行代码将其转换为列表后，就可以用第 5 行代码的方法修改其中的某个值了。

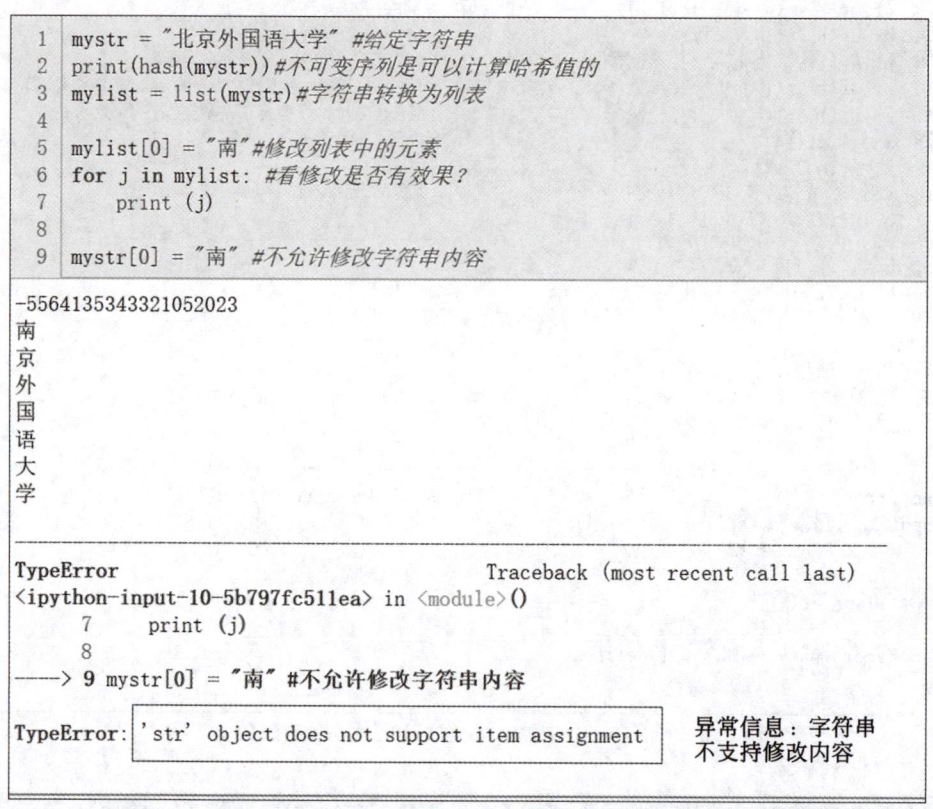

```
1  mystr = "北京外国语大学" #给定字符串
2  print(hash(mystr))#不可变序列是可以计算哈希值的
3  mylist = list(mystr)#字符串转换为列表
4
5  mylist[0] = "南"#修改列表中的元素
6  for j in mylist: #看修改是否有效果？
7      print (j)
8
9  mystr[0] = "南" #不允许修改字符串内容
```

```
-5564135343321052023
南
京
外
国
语
大
学
---------------------------------------------------------------------------
TypeError                                 Traceback (most recent call last)
<ipython-input-10-5b797fc511ea> in <module>()
      7      print (j)
      8
----> 9 mystr[0] = "南" #不允许修改字符串内容

TypeError: 'str' object does not support item assignment
```
异常信息：字符串不支持修改内容

图 3.13 字符串的内容不可变、不可修改特性

例 3.8 字符串是有序序列，因此它支持双向索引、切片、计算长度、元素访问、成员测试等。请设计一个字符串，通过切片显示子串；通过 for 循环有序地显示各位置上的字符；判断某个字符是否在字符串中。

【提示与说明】 代码实现如图 3.14 所示。注意第 2~8 行的切片方法，它也支持双向索引。可以

利用字符串的有序性,通过 for 循环顺序显示各个字符,可以使用 in 操作符进行成员测试。详见图 3.14 中的代码注释。

> **课堂练习**
>
> 你能仿照图 3.14 中的例子,把给定的字符串通过 for 循环反向显示出来吗?

```
1   # 1 切片操作
2   name = "北京外国语大学"
3   print(name[0:])  #从头开始至字符串结尾
4   print(name[0:1])  #只要头一个字符
5   print(name[0:2])
6   print(name[:len(name)])  #从头开始至字符串结尾
7   print(name[-3:])  #从倒数第三个字符开始至结尾
8   print(name[::-1], end ='&')  #直接通过逆向索引不间断地完成倒置输出
9   print("\n")
10  # 2 有序性
11  mystr = "附属石家庄外国语学校"  #给定字符串
12  for i in mystr:  #迭代显示字符串中各个位置上的内容
13      print(i, end = "/")
14  print("\n")
15  for j in range(0, len(mystr)):
16      print(mystr[j], end ="@")  #通过字符串的正向索引显示其内容
17  print("\n")
18
19  for m in list(mystr):  #转换为列表后显示
20      print(m, end ="*")
21  print("\n")
22
23  # 3 成员测试
24  if name[-1] in mystr:
25      print("含")
26  else:
27      print("不含")
```

```
北京外国语大学
北
北京
北京外国语大学
语大学
学大语国外京北&

附/属/石/家/庄/外/国/语/学/校/

附@属@石@家@庄@外@国@语@学@校@

附*属*石*家*庄*外*国*语*学*校*

含
```

图 3.14 字符串的有序、双向索引等特性

3.3.2 常用的字符串内置方法

下面介绍字符串常用内置方法的使用。假设给定字符串变量 mystr,表 3.3 中的各个内置方法可以完成相应的操作。

表 3.3 字符串的查找、索引、计数、编码、解码等方法

方 法	说 明
mystr.find(givenstr,beg=0,end=len(string)) 以及 mystr.rfind(givenstr,beg=0,end=len(string))	find：从 mystr 左侧开始检测指定的字符串 givenstr 是否包含在其中，如果包含，则返回其开始时的索引位置，否则返回－1；如果指定了从 beg 开始到 end 结束的范围，则在这个范围内进行检测 rfind：从 mystr 右侧开始检测，方法同 find
mystr.index(givenstr,beg=0,end=len(string)) 以及 mystr.rindex(givenstr,beg=0,end=len(string))	index：从 mystr 左侧开始检测指定的字符串 givenstr 是否包含在其中 rindex：与 index 用法类似，只不过是从尾部（右侧）开始检测
mystr.count(givenstr,beg=0,end=len(string))	返回指定的字符串 givenstr 在给定的 mystr 中出现的次数。如果有 beg 或者 end 区间参数，则返回在指定区间内出现的次数
mystr.encode(encoding='UTF-8',errors='strict')	以 encoding 参数指定的编码格式编码 mystr 字符串；errors 是设置不同错误的处理方案，默认为 'strict'
mystr.decode(encoding='UTF-8',errors='strict')	以 encoding 参数指定的编码格式解码 mystr 字符串；errors 是设置不同错误的处理方案，默认为 'strict'

例 3.9 针对表 3.3 中的字符串方法设计字符串，对某个字符进行查找、统计某个字符在特定范围内出现的次数；分别将其按 UTF-8、GBK 进行编码和解码，观察一下按不同编码方式进行编码后的效果。

【提示与说明】 可以先通过 sys 包中的 getdefaultencoding()方法显示系统默认的字符编码方式（注意：某个方法是在对象后使用点操作符调用的）。图 3.15 展示了上面几种方法的示例。第 5、6 行

```
1  import sys
2  print(sys.getdefaultencoding())#显示系统默认编码
3  term = input("请输入要查询的文字：")
4  mystr = '北京外国语大学附属石家庄外国语学校' #给定字符串
5  print("该字符%s首次出现的位置%d: "%(term,mystr.find(term))) #返回它首次出现的位置
6  print("该字符%s最末次出现的位置%d: "%(term,mystr.rfind(term)))
7  print("该字符%s一共出现%d次: " %(term,mystr.count(term))#显示出现的次数
8  print("在指定范围内出现的次数",mystr.count(term,8,len(mystr)))#在指定范围出现次数
9  mystr_utf8 = mystr.encode("UTF-8")#按UTF-8对给定字符串进行编码
10 mystr_gbk = mystr.encode("GBK")#按GBK对给定字符串进行编码
11 print("按UTF-8进行编码为：", mystr_utf8)
12 print("按GBK进行编码为：", mystr_gbk)
13 print("UTF-8 解码：", mystr_utf8.decode('UTF-8','strict'))#解码
14 print("GBK 解码：", mystr_gbk.decode('GBK','strict'))
```

```
utf-8
请输入要查询的文字：学
该字符学首次出现的位置6:
该字符学最末次出现的位置15:
该字符学一共出现2次:
在指定范围内出现的次数 1
按UTF-8进行编码为： b'\xe5\x8c\x97\xe4\xba\xac\xe5\xa4\x96\xe5\x9b\xbd\xe8\xaf\xad\xe5\xa4\xa7\xe5\xad\xa6\xe9\x99\x84\xe5\xb1\x9e\xe7\x9f\xb3\xe5\xae\xb6\xe5\xba\x84\xe5\xa4\x96\xe5\x9b\xbd\xe8\xaf\xad\xe5\xad\xa6\xe6\xa0\xa1'
按GBK进行编码为： b'\xb1\xb1\xbe\xa9\xcd\xe2\xb9\xfa\xd3\xef\xb4\xf3\xd1\xa7\xb8\xbd\xc xf4\xca\xaf\xbc\xd2\xd7\xaf\xcd\xe2\xb9\xfa\xd3\xef\xd1\xa7\xd0\xa3'
UTF-8 解码： 北京外国语大学附属石家庄外国语学校
GBK 解码： 北京外国语大学附属石家庄外国语学校
```

图 3.15 字符串编码、查找、计数等方法的使用

代码是关于 find()、rfind() 的用法,即分别从左侧和右侧查找指定的字符;在 count() 计数方法中,是可以指定计数范围的(第 8 行代码,终点即字符串长度,可以使用求字符串的长度 len() 方法实现);第 9、10 行代码是字符串编码的方法。

表 3.4 字符串的大小写、拼接等方法

方　法	说　明
mystr.islower() 以及 mystr.isupper()	islower 返回字符串是否为小写。如果字符串中包含至少一个区分大小写的字符且所有区分大小写的字符都是小写,则返回逻辑真值 True,否则返回逻辑假值 False isupper 返回字符串是否为大写。如果字符串中包含至少一个区分大小写的字符且所有区分大小写的字符都是大写,则返回逻辑真值 True,否则返回逻辑假值 False
lower() 以及 upper()	转换字符串中所有字符为小写 转换字符串中所有字符为大写
mystr.join(seq)	该方法接收一个序列参数 seq,seq 是要连接的元素序列、字符串等,即指定字符串 mystr 作为分隔符,将其散播到 seq 所有的元素间

例 3.10　针对表 3.4 中的字符串方法,设计字符串判断它是否均为小写字符;若不是小写字符,则将其转换为小写字符。以指定字符串作为分隔符,将它散播到另一个字符串中并显示这个新构成的字符串。统计某个字符中的最大值、最小值、长度等。

【提示与说明】　在字符串后面跟一个点运算符再接相应的方法即可使用。图 3.16 展示了上面几个字符串常用内置方法的结果。islower()、isuper() 的用法参见图 3.16 中的第 4、7 行代码;join() 方法可用于散播指定的字符到原始字符串中,用法参见图 3.16 中的第 9 行代码;max()、min()、len() 方法不是用点操作符,而是在其后的参数括号中填写字符串,用法参见第 11 行、第 13 行代码。注意此例显示出的字符串的不可变性。

```
1  mystr1 = "AbCdEfG"
2  mystr2 = "6712345"
3  mystr3 = "&"
4  if mystr1.islower():
5      print("都是小写字符")
6  else:
7      print("不都是小写字符,字符串mystr1小写后的结果的:"+mystr1.lower())
8
9  mystr4 = mystr3.join(mystr2)    #用mystr3中内容作为分隔符依次插入(连接)到mystr2中
10 print("字符串mytr2是:"+mystr2+"。可见它没有被join改变本身内容哦。")
11 print("mystr2中最大的字符是:"+max(mystr2)+"。最小的字符是:"+min(mystr2))
12
13 print("字符串mystr3:"+mystr3+",长度:"+str(len(mystr3))+"。没被join改变本身内容")
14
15 print("通过join新生成的字符串是:"+mystr4)
```

```
不都是小写字符,字符串mystr1小写后的结果的:abcdefg
字符串mytr2是:6712345。可见它没有被join改变本身内容
mystr2中最大的字符是:7。最小的字符是:1
字符串mystr3:&,长度:1。没被join改变本身内容
通过join新生成的字符串是:6&7&1&2&3&4&5
```

图 3.16 字符串部分内置方法使用示例

表 3.5　字符串的替换、分隔、开始或结束字符、字符串清洗等方法说明

方　　法	说　　明
str.replace(old, new[, max])	把字符串 str 中的 old 子串替换成新串 new。如果指定了替换次数 max,则替换次数最大不超过 max 次
str.split(s1="", num)	以子串 s1 为分隔符分割字符串 str(此例中 s1 是空格);如果给定了 num 值,则仅截取 num+1 个子串
str.startswith(substr, beg=0,end=?) 以及 str.endwith(substr, beg=0,end=?))	startwith()检查字符串 str 是否以指定子串 substr 开头:若是则返回 True,否则返回 False;如果指定了区间范围 beg 和 end 的值,则在指定区间范围内进行检查 endwith()的用法与 startwith 的用法类似,只不过它是检测 str 是否以指定的子串 substr 结尾
strip() lstrip() rstrip()	字符串清洗方法,即删除字符串头尾指定字符(默认删除头尾空格、回车符、换行符、Tab 制表符等,也可指定删除特定字符)。strip 方法去掉原字符串左右两边的空白字符后返回新的字符串;rstrip 和 lstrip 分别去掉字符串右边和左边的空白字符后返回新的字符串

例 3.11　给定一个字符串。针对表 3.5 中的字符串方法,完成如下任务:①将其中某些字符替换为新的设定字符,并比较一下"指定次数的替换"和"不限次数的全替换"有什么区别;②分别以空格和指定的某个字符为分隔符分隔原始的字符串;③判断某个字符串是否以某个特定字符开头;④完成数据清洗。

【提示与说明】　上述方法均使用点操作符,代码实现如图 3.17 所示,主要代码后有说明文字,可以参考。使用 replace()方法替换时可以指定次数,也可不指定;使用 split()方法时,若不写分隔的参数,则默认以空格作为分隔符;将字符串迭代遍历并追加到列表的方法如第 18～20 行代码所示。需要注意的是,strip()、lstrip()、rstrip()方法均不对原字符串进行改变,而只是返回清洗后的结果,若需要保留清洗后的结果,往往需要将其赋值给其他变量。

```
1   #replace()的用法示例
2   oldstr = "basic php javascript python c c++ c# object-c"  #原始字符串
3   new_with_time = oldstr.replace("c", "@", 2)  #只更新指定次数
4   new_without_time = oldstr.replace("c", "@")  #不限更新次数
5   print("指定更新次数后的结果是:"+new_with_time)
6   print("不指定次数后的更新结果是:"+new_without_time)
7   #字符串分割
8   print("以空格为分隔符返回列表",oldstr.split())
9   print("以空格为分隔符分隔成2+1=3个子串返回列表",oldstr.split(" ",2))
10  print("以字符p为分隔符分隔并返回列表",oldstr.split("p"))
11  #判断某个字符串是否以某个特定字符开头
12  if oldstr.startswith("b") or oldstr.endswith("c"):
13      print("OK")
14  else:
15      print("NO")
16  #数据清洗与通过迭代方式依次替换
17  new = []
18  for i in oldstr.lstrip():
19      i = i.replace('c', 'C')  #小写c替换成大写字符C
20      new.append(i)
21  print(new)
```

图 3.17　替换、分割、开始或结束字符、字符串清洗等方法的使用示例

例 3.12　从键盘输入一个英文句子,统计这句话中有多少英文单词,并计算这句话中每个单词的平均长度。例如,输入"this is an example",需要输出单词数为 4,这 4 个单词的平均字母数是 3.75。

【提示与说明】 由于英文单词都是以空格分隔的,因此可以使用 split()方法完成单词分隔并统计数量(分隔字符就是空格);通过 len()方法能迭代计算出每个单词的长度,通过计算,就能得到每个单词的平均字母数。代码实现如图 3.18 所示。

```
1  sentence = input("请输入一个英文句子：")
2  listofwords = sentence.split()#以空格为分隔符
3  print("共有：%d个单词" %len(listofwords))
4  sum = 0
5  for word in listofwords:
6      sum +=len(word)  #累加每个单词的长度
7  print("每个单词中平均含有：%4.2f" %(sum/len(listofwords))+"个字母")
```

```
请输入一个英文句子：this is an example
共有：4个单词
每个单词中平均含有：3.75个字母
```

图 3.18 split()方法使用示例

3.4 列表和元组

3.4.1 列表和元组的主要异同点

列表的使用非常广泛,它是升级版的"数组";元组可以看成"轻量级"列表,虽然它有和列表不一样的特点(如元素的不可变性等),但从表面看,列表、元组内的各个元素都是以逗号隔开的。元组除了定界符是圆括号外,好像与列表很相似。其实,元组与列表还是有区别的,主要区别是列表是动态的,可增、删、改其元素;但元组是静态的,内容不可变。因此,如果定义了一系列常量值且仅是对它们进行遍历而不能对其元素进行任何修改,可以使用元组而不用列表存储。在某些情况下(如在要求不能改变数据本身等应用场合下)使用元组更合适、更安全。由于列表和元组有一些异同点,为方便同学们更好地理解和区分二者的操作,这里将列表和元组放在一起介绍。

首先看看相同点:列表和元组都是 Python 内置的用来存储一连串元素的序列化容器,相同点如下。

(1) 都属于有序序列,从最左边第一个元素开始往右排序,序号分别是 0,1,2,…;从最右边第一个开始往左排序,序号分别是-1,-2,-3,…,详见图 3.11 的切片操作。但对于无序的集合来说是无法进行切片操作的,这是因为集合的所有元素均没有索引,切片也就无从谈起。

(2) 使用内置函数 len()统计元素个数,max()求最大值,min()求最小值,sum()求数字元素和,运算符 in 测试是否包含某个元素(返回一个逻辑值),count()统计指定元素的出现次数,index()获取指定元素首次出现的位置;元组也可以像列表那样作为 map()、filter()、zip()、reduce()等函数的参数。

(3) 列表和元组中的元素可重复(这点与集合元素不同);元素可以是同一类型的,也可以是不同类型的,例如可分别为整数、实数、字符串等基本类型,甚至可以是列表、元组、字典、集合以及其他自定义类型的混合对象;可以在列表及元组中再嵌套列表、元组、字典、集合等序列化数据;可以分别使用 list()和 tuple()方法分别将其他类型的数据转换为列表和元组,请参考图 3.6 和图 3.11 中的代码。

下面介绍列表和元组的切片方法。切片会返回列表或元组的某个元素"子集"。假设有一个名为 x 的列表(或元组),x[start：end【：step】]会返回从 start 开始到 end 结束的、以 step 为步长的一个列表"子集"。x[start：end【：step】]外层的中括号表示切片符,即使是元组,切片也用方括号而不用圆括号;而其内部的 step 步长的中括号【 】是可选项,表示 step 这个参数可省略不写,当步长 step 为空时,默认 step 为 1;其实,这里的起始 start、终止 end 和步长 step 参数也都可以为空:当起始参数 start 为空时,默认从列表(或元组)头开始(首位置的索引为 0),但当起始位置 start 大于列表(或元组)总长度时会返回空;当终止参数 end 为空时,默认到列表(或元组)的尾部,但当终止参数 end 大于原列表(或元组)的总长度时,会返回列表的全部数据。可见,基于 x[start:end【:step】]的列表(或元组)切片操作可以方便地对列表(或元组)x 中的数据进行各种抽取、反转等切片操作。

例 3.13 给定一个含有一组自然数的列表或元组。请完成如下操作:
① 显示列表或元组的长度;
② 分别只返回奇数位置和偶数位置的列表或元组的子元素;
③ 使用列表或元组的切片操作,分别显示列表或元组的总长度、全部原始数据、倒序的原始数据、奇数位置的数据、偶数位置的数据、指定范围内的数据、切片列表前 n−1 个元素后的结果。

【提示与说明】 ①使用 len(x)方法可以显示列表或元组 x 的长度。②若返回奇数位置和偶数位置的数据,只需分别把首位置变更一下即可。③若在 print()中将说明性的字符和列表或元组拼接在一起显示,则需要将列表或元组 x 通过 str(x)方法完成其由列表或元组类型到字符串类型的转换。切片列表结果如图 3.19 所示。

```
1  myList = [3, 4, 5, 6, 7, 9, 11, 13, 15, 17]
2  mytuple = ("hello", "ok", 3.14, ["a","b","c"], 7.68, "world")
3  print("该列表总长度是: "+str(len(myList)))
4  print("该元组总长度是: "+str(len(mytuple)))
5  print("列表全部数据是: "+str(myList[::])+"元组全部数据是: "+str(mytuple[::]))
6  print("列表倒排结果是: "+str(myList[::-1])+"元组倒排结果是: "+str(mytuple[::-1]))
7  print("列表奇数位置的数据是: "+str(myList[::2])#起始位置为0, 返回奇数位置的数据
8  print("元组偶数位置的数据是: "+str(mytuple[1::2])))#起始位置为1, 返回偶数位置的数据
9  print("列表指定范围结果是: "+str(myList[3:6])+"元组指定范围结果是: "+str(mytuple[0:3]))
10 print("列表删除了最后一位后的结果是: ",myList[:-1])
11 print(myList[0:100]) #当终止位置大于总长度时, 返回全部
12 print(mytuple[100:]) #当起始位置大于总长度时, 返回空
```

该列表总长度是: 10
该元组总长度是: 6
列表全部数据是: [3, 4, 5, 6, 7, 9, 11, 13, 15, 17]元组全部数据是: ('hello', 'ok', 3.14, ['a', 'b', 'c'], 7.68, 'world')
列表倒排结果是: [17, 15, 13, 11, 9, 7, 6, 5, 4, 3]元组倒排结果是: ('world', 7.68, ['a', 'b', 'c'], 3.14, 'ok', 'hello')
列表奇数位置的数据是: [3, 5, 7, 11, 15]
元组偶数位置的数据是: ('ok', ['a', 'b', 'c'], 'world')
列表指定范围内的结果是: [6, 7, 9]元组指定范围内的结果是: ('hello', 'ok', 3.14)
列表删除了最后一位后的结果是: [3, 4, 5, 6, 7, 9, 11, 13, 15]
[3, 4, 5, 6, 7, 9, 11, 13, 15, 17]
()

图 3.19 列表(元组)的切片操作使用示例

【课堂练习】
你试一试,看如何能把 range()对象转换为一个列表并分别显示倒数第一个、倒数第三个元素?

列表和元组的主要不同点如下。
(1) 列表定界符是一对方括号[ ],使用[ ]表示一个空列表;元组定界符是一对圆括号( ),使用( )表示一个空列表。虽然元组的元素访问和列表一样都是使用方括号,但元组返回的仍然是元组对象。

(2) 列表是**可变的**序列,当列表的元素增加或删除时,列表对象会自动进行扩展或收缩;列表中的元素值可以**修改**,也可以在其尾部追加新元素。但元组是不可变的,因此没有增加元素、修改元素、删除元素的方法,如果要对元组进行排序,可使用内置函数 sorted(元组对象)并生成新的列表对象(这是因为原始元组是不可变的)。

(3) 列表、元组均支持切片操作;对于元组而言,只能通过切片访问元组中的元素,不允许使用切片修改元组中元素的值。

(4) 元组、列表都支持运算符+。对于元组来说,如果只有一个元素,也要加一个逗号,如(3,),仅有一个整型或实数元素后无逗号的元组相当于直接定义为非元组的整型或实数,因此,若定义为元组,即使只有一个元素,后面也要加上逗号。但对于列表来说则没有这种特性。如图 3.20 所示,注意第 2 行代码和第 5 行代码的区别。另外,请注意出错信息。

```
1  x=(3.14) #仅有一个整型或实数元素后无逗号的元组,相当于直接定义为非元组的整型或实数
2  y=(12,)  #若定义为元组,即使只有一个元素,后面也要加上逗号
3  print(type(x),type(y))
4  a = [3.14]
5  b = [12]
6  print(type(a), type(b))
7  merge_tuple = x+y
8  merge_list = a+b
9  print(merge_tuple, merge_list)
```

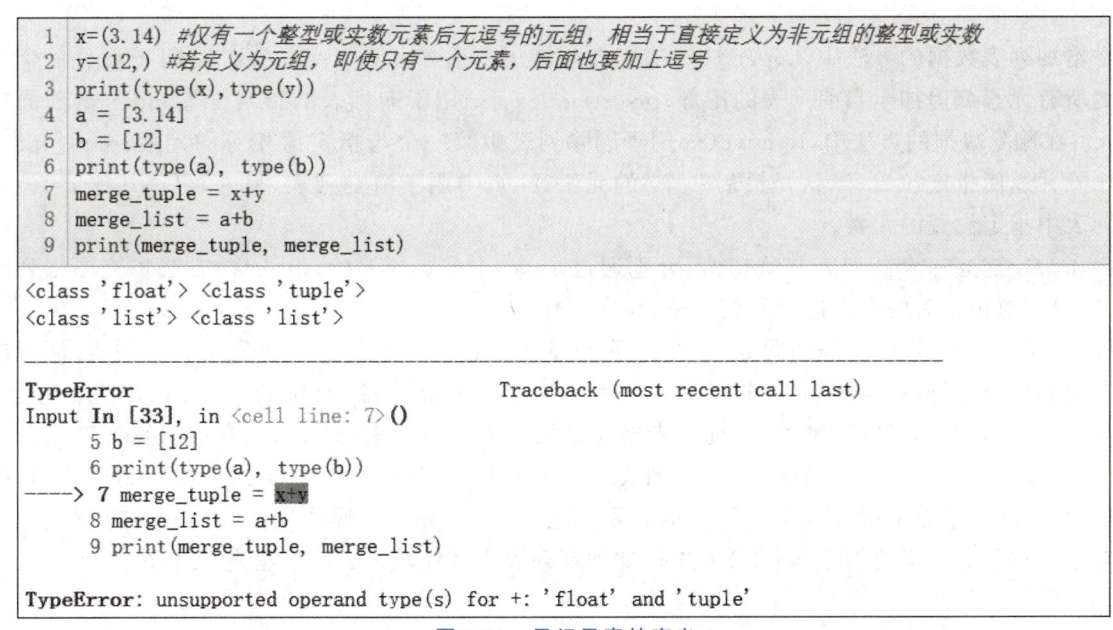

```
<class 'float'> <class 'tuple'>
<class 'list'> <class 'list'>
---------------------------------------------------------------------------
TypeError                                 Traceback (most recent call last)
Input In [33], in <cell line: 7>()
      5 b = [12]
      6 print(type(a), type(b))
----> 7 merge_tuple = x+y
      8 merge_list = a+b
      9 print(merge_tuple, merge_list)

TypeError: unsupported operand type(s) for +: 'float' and 'tuple'
```

图 3.20 元组元素的定义

课堂练习

1. 请你把 range()对象转换的列表元素的倒数第二个元素赋予一个新值,再使用列表的 append()方法在末尾追加一个新元素。

2. 由 range()对象结果生成一个列表。要求:(1)生成其中从第 3 个元素到最后的切片序列;(2)生成其中从头到第 3 个元素的切片序列;(3)生成最后三个子字符串。

3.4.2 列表和元组的常用方法

列表和元组有一些方法是可以共用的。可以通过 Python 提供的一些方法完成对列表中元素的增、删、改、弹出、返回索引、逆序、排序等操作。当然,有些方法元组是无法使用的,如增、删、改操作等,表 3.6 中列出的方法对于元组而言均不可用。

1. 增、删、改列表数据的部分常用方法

增、删、改列表数据的部分常用方法如表 3.6 所示。

表 3.6 增、删、改列表数据的部分常用方法说明

方法	说明
append(x)	将某个元素 x 添加至列表的尾部
extend(A)	将列表 A 中的所有元素添加至当前列表的尾部
insert(index，x)	在列表指定位置 index 的前面添加元素 x，从这个 index 位置往后的所有元素均后移(索引号增加)
remove(x)	在列表中删除首次出现的 x 元素，删除后该元素之后的所有元素前移一个位置，若同一值在序列中多次出现，只移除第一个
pop([index])	弹出(删除并返回)列表中下标为 index 的元素，如果缺省 index 参数，则默认其为 -1，即弹出列表的最后一个元素
clear()	删除列表中的所有元素，但保留列表对象(原列表成为空列表)

在增加列表数据的方法中，append(x)用于向列表尾部追加元素 x；extend(A)用于将另一个列表 A 中的所有元素都追加至当前列表的尾部；insert(index, x)用于向列表的指定位置 index 的前面插入元素 x。在删除数据的方法中，remove(x)用于删除列表中第一个与指定值相等的元素；pop([index])用于删除并返回指定位置(默认是最后一个)的元素；clear()用于清空列表，另外，可以使用 del()方法删除列表中指定位置的元素。

例 3.14 建立一个新列表并赋初值；分别通过 append()、extend()、insert()方法扩充原来列表的内容。之后，对扩充后的列表进行元素去重、排序操作。

【提示与说明】 代码实现如图 3.21 所示，可以从键盘输入一些数据以自定义一个列表，注意这些数据之间要用分隔符隔开，图 3.21 中所示是采用空格作为分隔符，因此用到了 split()方法；通过 x1.append()增加新的内容后，原来的 x1 列表末尾就追加了这些新元素；x1.extend(x2)是将 x2 列表中的内容全部顺序追加到 x1 列表的尾部，注意列表中的元素是可以重复的；由于列表内容是可变的，因此可以使用 insert()方法在特定位置追加新的元素。之后，利用 not in 操作判断重复元素以完成去重操作。对于不重复的元素使用 append()方法追加到新列表中并使用 sort()方法进行排序。

```
1  list1= list(map(int, input("请输入列表中的各个数值，用空格隔开").split()))
2  list2 = [3,4,5,6,7,8,9]
3  list1.append(45)
4  list1.extend(list2)
5  list1.insert(-1, 100)   #在最后元素的前面插入新的元素
6  print("扩充后的列表：", list1)
7  result = []
8  for item in list1:
9      if item not in result:
10         result.append(item)
11         result.sort()
12 print("排序去重后的列表：", result)
```

请输入列表中的各个数值，用空格隔开 3 4 5 6 7 8 9
扩充后的列表： [3, 4, 5, 6, 7, 8, 9, 45, 3, 4, 5, 6, 7, 8, 100, 9]
排序去重后的列表： [3, 4, 5, 6, 7, 8, 9, 45, 100]

图 3.21 列表中插入元素、去重元素、排序元素使用示例

课堂练习

利用 range(20)方法生成 20 以内的数；通过 list()方法将其转换为列表并赋予变量 x；再通过 y = [ ]定义另一个列表 y；利用 for 循环依次遍历 x 中的各个元素，并对每次遍历到的元素加 5 后，追加到列表 y 中。

例 3.15　对于一个已经定义好的列表,逐次弹出排在队尾的元素。

【提示与说明】　可通过 len()方法求得原列表的长度;通过 for 循环,依次使用 pop()方法弹出队尾的元素,如图 3.22 所示(x1 列表中已经提前存储了字符串、浮点数、表达式、嵌套列表等多种元素)。从图 3.22 中可以看出,弹出所有元素后,原列表长度为 1;执行 clear()方法后,该列表长度才清零。

```
1  x1 = ["排球","手球","篮球","北京大学","清华大学", 3.14, 12*2, [1,2,"OK"]]
2  print("原始队列的长度是%d" %len(x1))    #len()为求其长度
3  for i in range(1,len(x1)):
4      x = x1.pop()                    #弹出（删除）排在列表最尾部的元素
5      print("弹出的第%d个元素是: %s" %(i,x))
6  print("弹完后队列的长度是%d" %len(x1))
7  x1.clear()
8  print("清空队列后的长度是%d" %len(x1))
```

```
原始队列的长度是8
弹出的第1个元素是：[1, 2, 'OK']
弹出的第2个元素是：24
弹出的第3个元素是：3.14
弹出的第4个元素是：清华大学
弹出的第5个元素是：北京大学
弹出的第6个元素是：篮球
弹出的第7个元素是：手球
弹完后队列的长度是1
清空队列后的长度是0
```

图 3.22　依次弹出列表末尾元素

例 3.16　从键盘输入一些数字组成一个列表,再从键盘输入部分数字,将原列表中和这部分数据重复的数据删除(删除输入部分的数据)。

【提示与说明】　此题是练习 remove()的用法,代码实现如图 3.23 所示。

```
1  list1= list(map(int, input("请依次输入列表中的各个数值，用空格隔开").split()))
2  list2= list(map(int, input("请再输入你想删除的那几个数值，用空格隔开").split()))
3  for item in list2:
4      list1.remove(item)
5  print(list1)
```

```
请依次输入列表中的各个数值，用空格隔开4 6 7 8 9 12
请再输入你想删除的那几个数值，用空格隔开7 9
[4, 6, 8, 12]
```

图 3.23　remove()方法使用示例

2. 和元素计数、排序、复制有关的部分常用方法

和元素计数、排序、复制有关的部分常用方法如表 3.7 所示。

表 3.7　和元素计数、排序、复制有关的方法说明

方　　法	说　　明
index(x)	返回列表或元组中第一个值为 x 的元素的下标;若不存在值为 x 的元素,则抛出异常信息
count(x)	返回指定元素 x 在列表或元组中出现的次数
x.reverse()	对列表 x 中的所有元素逆序排序(元组无此方法)

方　法	说　明
x.sort(key = None, reverse=False)	对列表 x 中的元素进行排序,这里的 key 是一个关于排序策略的函数;reverse=False 为升序,reverse=True 为降序 (元组无此方法)
copy()	返回复制的列表(元组无此方法)

对表 3.7 中部分方法的解释如下。

(1) index() 和 count() 两个方法都是和列表或元组的索引和位置有关的:index(x) 用于返回指定元素 x 在列表或元组中首次出现的位置,如果该元素不在列表或元组中,则抛出异常;count(x) 用于返回列表或元组中指定元素 x 出现的总次数。

(2) reverse() 和 sort() 方法都是和列表排序有关的:reverse() 方法用于将列表所有元素逆序排序;sort() 方法用于**按照指定排序函数 key** 对所有元素进行排序;reverse() 和 sort() 方法都是用处理后的数据替换原来的数据,原列表或元组地址不变且没有返回值。

例 3.17　不使用 reverse() 方法,对输入的列表数据进行逆序输出,即第 0 个和第 n−1 个互换,第 2 个和第 n−2 个互换,以此类推,一直到中间的那个数据为止。

【提示与说明】　需要用到 for 循环,循环次数为元素个数的一半,循环体所做的事情就是对找到的首尾两个数据进行交换,为此需要找到中间的那个数据的索引。如图 3.24 所示,"//"为向下取整操作符。

```
1  mylist= list(map(int, input("请输入列表中的各个数值,用空格隔开").split()))
2  for i in range(0, (len(mylist)-1)//2+1):
3      temp =  mylist[i]
4      mylist[i] = mylist[len(mylist)-i-1]
5      mylist[len(mylist)-i-1] = temp
6  print(mylist)
7
8
请输入列表中的各个数值,用空格隔开 3 5 1 5 8 9 2
[2, 9, 8, 5, 1, 5, 3]
```

图 3.24　数据排序与交换使用示例

请思考一下,图 3.24 中第 2 行代码 range() 的上限为什么是 (len(mylist)−1)// 2 +1? 如果不加 1,会出现什么情况?

例 3.18　首先生成一个具有不同长度元素的列表(元组),并按数"位"的长度分别进行逆序(位数多的排在前面,位数少的排在后面)排序;其次将其逆序排序,即位数少的排在前面,位数多的排在后面;最后统计指定的某个元素首次出现的索引位置及其出现的总次数。

【提示与说明】　代码实现如图 3.25 所示。这里需要用到 index()、count()、sort() 等方法。列表元素排序时需要得到每个元素的长度,因此可将其作为排序的 key 值,第 5 行代码使用了 lambda 匿名函数(将在第 4 章介绍);第 6 行代码显示的是重新排序后的列表,说明原始列表中元素的顺序已经发生了变化,执行第 7 行代码的结果是对这个新顺序的逆序排序,这印证了 reverse() 和 sort() 方法都是用处理后的数据替换原来的数据,这也验证了方法 sort() 的"原地"操作特性,即用处理后的数据替换原来的数据,列表首地址不变且列表中元素原来的顺序丢失。copy()方法完成内容的复制。

```
1  x = [314, 123, 90, 1, "A", "Beijing", "cdef", 3.14159265, "A"]   # 原始列表
2  import random
3  random.shuffle(x)        #将原始列表元素乱序
4  print("原始列表乱序结果是: "+str(x))
5  x.sort(key=lambda item:len(str(item)), reverse=True) #按数位长度逆序
6  print("按长度逆序排序后的结果是: ",x)
7  x.reverse() #再逆序
8  print("再逆序后的结果是: ",x)
9  print("元素Beijing首次出现的索引是: ",x.index("Beijing"))
10 print("元素Beijing出现的总次数: ",x.count("Beijing"))
11
12 y = x.copy()
13 print("复制后的结果: ",y)
14 z = tuple(y) #转换为元组
15 print("字母A首次出现的位置: "+str(z.index("A"))+"\t总的出现次数: "+str(z.count("A")))
```

```
原始列表乱序结果是: [314, 3.14159265, 1, 'Beijing', 123, 'A', 'cdef', 'A', 90]
按长度逆序排序后的结果是: [3.14159265, 'Beijing', 'cdef', 314, 123, 90, 1, 'A', 'A']
再逆序后的结果是: ['A', 'A', 1, 90, 123, 314, 'cdef', 'Beijing', 3.14159265]
元素Beijing首次出现的索引是: 7
元素Beijing出现的总次数: 1
复制后的结果: ['A', 'A', 1, 90, 123, 314, 'cdef', 'Beijing', 3.14159265]
字母A首次出现的位置: 0    总的出现次数: 2
```

图 3.25   列表排序及索引等方法的使用示例

例 3.19   列表的有些方法,如 append()、insert()、extend()、remove()、clear()、sort()、reverse() 没有返回值(或者说返回空值 None),而 index()、count()、pop() 等是有返回值的。请设计相应的方法验证上述结论。

【提示与说明】   代码实现如图 3.26 所示。第 1～5 行代码是定义列表并向列表末尾追加元素、在特定位置增加元素、扩展列表等,第 6 行代码是对变化后的列表进行 sort() 排序,均无返回值。注意 count()、pop() 方法有返回值,可赋值给变量。

```
1  x = [31400, 123, 90, 1]        # 原始列表
2  x.append(1208)
3  x.insert(0, 0)
4  xxx = (1, 3, 5, 7, 9)
5  x.extend(xxx)
6  print(x.sort())   #排序的原地操作。没有返回值,显示None
7  print("排序后的各个元素如下: ")
8  for i in x:
9      print(i, end = " ")
10 y = x.copy()      #复制
11 print("\n复制后的列表: ",y)
12 b = y.count(1)
13 print("元素1出现的次数是: ",b)
14 a = y.pop(0) #弹出第一个元素
15 y.remove(1) #删除指定元素
16 print("弹出的首个元素是: ",a,"\t目前列表是: ", str(y), "总长度是: ", len(y))
```

```
None
排序后的各个元素如下:
0 1 1 3 5 7 9 90 123 1208 31400
复制后的列表: [0, 1, 1, 3, 5, 7, 9, 90, 123, 1208, 31400]
元素1出现的次数是: 2
弹出的首个元素是: 0     目前列表是: [1, 3, 5, 7, 9, 90, 123, 1208, 31400] 总长度是: 9
```

图 3.26   验证方法是否是原地操作以及是否有返回值

例 3.20 从键盘输入一个英文字符串,将其中长度大于 4 的单词取出来并追加到另一个列表中。

【提示与说明】 append()方法可向一个列表追加新元素,代码实现如图 3.27 所示。

```
1  string = input("请输入一句话: ")
2  mylist = string.split()#把各个单词取出来放到列表中
3  temp = [] #另一个列表
4  for each in mylist:#遍历每一个单词
5      if len(each)>=4:
6          temp.append(each)
7  print(temp)
```

请输入一句话: Last week I went to the theater. I had a good seat
['Last', 'week', 'went', 'theater.', 'good', 'seat']

图 3.27 列表追加操作

例 3.21 输入杨辉三角形的行数,打印杨辉三角形。

【提示与说明】 杨辉三角形由多行组成,示意图如图 3.28 所示,它有如下特性:①假如它有 n 行,则第 0 行有 1 个元素,第 1 行有 2 个元素,最后的 n-1 行中有 n 个元素;②这是一个需要双层 for 循环解决的问题,假设需要生成 n 行数据,外层 for 循环产生每一行数据,使用 range(n) 即可迭代生成第 0,1,…,n-1 行的数据;内层 for 循环生成该行的各个元素,即在生成第 i 行数据的第 i∈[1…n]次迭代时,依次会有第 1,2,…,i 个元素,并且每行的第一个元素和最后一个元素为 1,即第 1 列的元素和第 i 列的元素值为 1,除了首尾外,中间元素值是它上一行同一列与前一列的数据之和;③每一行的数字适合用列表存储,因为元素值是有重复的,不能使用元组、字典、集合。代码实现如图 3.29 所示。假设当前行为第 i 行,则该行最左端的第 0 列和最右端的第 i 列为 1;处理其他中间数据时,假设需要处理第 i 行第 j 列的数据,它的值是上一行(第 i-1 行)的第 j 列和第 j-1 列数据之和。注意第 6 行分别表示头、尾两个元素。

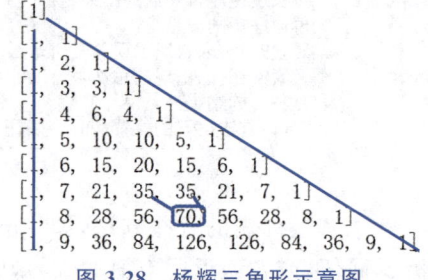

图 3.28 杨辉三角形示意图

3.4.3 列表和元组的推导(生成)式

列表推导式(或称为生成式)如下所示,定界符依旧是方括号,其计算结果为一个列表。这里用粗方括号【】表示的条件部分不是列表,而是表示这部分有可能有,也有可能没有。

    [表达式 for 变量 in 可迭代对象 1【if 条件】]

推导式也可以有复杂形式,即一组推导式,如下所示。

    [表达式 for 变量 1 in 可迭代对象 1【if 条件 1】
            for 变量 2 in 可迭代对象 2【if 条件 2】
                    …
            for 变量 n in 可迭代对象 n【if 条件 n】]

使用推导式能大幅缩短代码的长度。例如,当我们求某个数的公约数时,可以不用推导式而使用常规的 for 循环并显示输出。图 3.30 所示为求 12 的公约数,第 3~7 行代码为传统方法;若使用列表推导式,只需一行代码即可,如图 3.30 中第 10 行代码所示。适当使用推导式,代码可以更加简洁。

```
1   a = []
2   n = int(input("输入杨辉三角形的总行数："))
3   for i in range(n):
4       a.append([])  #每行对应一个列表，下面的for循环是填充第i行的i个数据
5       for j in range(i+1):#第0行有1个元素，第1行有两个元素，第n-1行列表有n个元素
6           if j == 0 or j == i:#每行的头（j=0）和尾（j=i）
7               a[i].append(1)
8           else:
9               a[i].append(a[i-1][j]+a[i-1][j-1])
10          print ("第%d行的元素为 %s"%(j+1,a[i]))
11  print("杨辉三角形如下：")
12  for i in a:
13      print(i)
```

输入杨辉三角形的总行数：8
第0行的元素为 [1]
第1行的元素为 [1, 1]
第2行的元素为 [1, 2, 1]
第3行的元素为 [1, 3, 3, 1]
第4行的元素为 [1, 4, 6, 4, 1]
第5行的元素为 [1, 5, 10, 10, 5, 1]
第6行的元素为 [1, 6, 15, 20, 15, 6, 1]
第7行的元素为 [1, 7, 21, 35, 35, 21, 7, 1]
杨辉三角形如下：
[1]
[1, 1]
[1, 2, 1]
[1, 3, 3, 1]
[1, 4, 6, 4, 1]
[1, 5, 10, 10, 5, 1]
[1, 6, 15, 20, 15, 6, 1]
[1, 7, 21, 35, 35, 21, 7, 1]

图 3.29　杨辉三角形

```
2   num = 12
3   mylist = list()
4   for n in range(1,num+1):
5       if num%n==0:
6           mylist.append(n)
7   print(mylist)
8
9   #方法2：用列表推导式
10  print([m for m in range(1, num+1) if num%m==0])
```

[1, 2, 3, 4, 6, 12]
[1, 2, 3, 4, 6, 12]

图 3.30　求 12 的公约数

元组推导式的定界符是圆括号，如下所示。和列表一样，这里的可迭代对象可以是 range 对象、列表、元组、字典和集合等，这里用粗方括号【】表示的条件部分不是列表，而是表示这部分有可能有，也有可能没有。

(表达式 for 变量 in 可迭代对象【if 条件】)

和列表推导式不同，使用元组推导式生成的结果并不是一个元组，而是一个**生成器对象（generator object）**，它具有 3 个特点：①**惰性求值**，即它仅在迭代至其中的某个具体元素时才计算或显示该元素；

②生成器对象的结果不支持下标、切片，只能从前向后逐个访问其中的元素，但列表生成器结果是可以用切片访问的；③其中的每个元素只能使用一次，可使用 next()方法向后移动当前指针。如图 3.31 所示，第 1 行和第 3 行代码分别是元组推导式和列表推导式。同样是 print()语句，第 2 行没有显示具体值，只是说它是一个 generator object，可见其惰性求值的特点，而第 4 行则显示出列表推导式的结果。

```
1  a = (x for x in range(1, 10, 2))    #元组推导式具有惰性求值特点
2  print(a)
3  b = [y for y in range(1, 10, 2)]    #列表推导式，无惰性求值特点
4  print(b)
```
<generator object <genexpr> at 0x000001F77ED9CF68>
[1, 3, 5, 7, 9]

图 3.31　元组推导式的惰性求值特点

元组推导式的结果是一个生成器对象（generator object），如果想要使用元组推导式获得新元组或新元组中的元素，一般可以使用以下 3 种方式实现。

方法 1：使用 tuple()函数将生成器对象转换成元组，将返回的生成器对象的结果一一显示出来，如图 3.32 中第 3 行代码所示。

方法 2：直接使用 for 循环遍历生成器对象，获得各个元素。

方法 3：使用生成器对象 _ _next_ _()方法遍历生成器对象也可获得各个元素，如图 3.32 中第 6 行代码所示。

```
1  s1 = (x*2 for x in range(5))    #乘2
2  print(s1)
3  print(tuple(s1))
4
5  s2 = (x**2 for x in range(5))   #乘方
6  print(s2.__next__(), s2.__next__(), s2.__next__(), s2.__next__(), s2.__next__())
```
<generator object <genexpr> at 0x000002480DA41C10>
(0, 2, 4, 6, 8)
0 1 4 9 16

图 3.32　生成器对象的 _ _next_ _()方法遍历生成器对象

注意，无论是使用 for 循环还是使用 _ _next_ _()方法遍历生成器对象，遍历后原生成器对象都将被改变，原来的生成器对象将不复存在，这就是遍历后转换原生成器对象却得到空元组的原因。元素访问结束后，如果需要重新访问其中的元素，则必须重新创建该生成器对象。

例 3.22　分别用 3 种不同的方法遍历并显示由元组推导式生成的结果。

【提示与说明】　元组推导式返回的结果不是元组，而是生成器对象，具有惰性求值的特点，只在需要时才计算其中的元素，并且其中的每个元素只能使用一次。如图 3.33 所示，第 3 行代码是使用 tuple()方法将生成器对象转换为元组后显示，第 7、8 行代码是使用 for 循环迭代遍历生成器对象，注意第 9 行代码显示的结果是空值，这印证了返回的生成器对象中的每个元素只能使用一次。第 13～15 行代码使用 _ _next_ _()方法输出每一个元素，但输出后该元素就不存在了，因此第 16 行代码通过 tuple()方法转换后的结果就只有剩下未被遍历过的两个元素了。

课堂练习　请使用 for 循环与 _ _next_ _()方法，将图 3.33 中方法三的生成器对象逐一输出显示。

例 3.23　①分别使用列表推导式和元组推导式显示 100 以内 5 的倍数的正整数。②用字符串列

```
1  print("****方法一：使用tuple()****")
2  a = (x*x for x in range(1,10,2))
3  print(tuple(a))   #利用tuple()方法，可以将具有惰性求值特点的生成器对象转换成元组，即可显示出其具体值
4  #直接使用 for 循环遍历生成器对象，可以获得各个元素
5  print("\n****方法二：使用for循环****")
6  a = (x*x for x in range(1,10,2))
7  for i in a:
8      print(i,end=' ')
9  print(tuple(a))
10 #使用 __next__() 方法遍历生成器对象获得各个元素
11 print("\n****方法三：使用__next__****")
12 a = (x*x for x in range(1,10,2))
13 print(a.__next__())
14 print(a.__next__())
15 print(a.__next__())
16 a = tuple(a)
17 print("转换后的元组变为：",a)
```

```
****方法一：使用tuple()****
(1, 9, 25, 49, 81)

****方法二：使用for循环****
1 9 25 49 81 ()

****方法三：使用__next()__****
1
9
25
转换后的元组变为： (49, 81)
```

图 3.33　元组（推导式）对象不同遍历数据的使用示例

表存储一系列英文单词，使用列表推导式筛选出字符串列表中单词长度大于某个设定值的单词。

【提示与说明】　100 以内的正整数序列可以用 range(100)实现；5 的倍数可以用被 5 整除后的余数进行判断，如图 3.34 所示。第 4 行代码说明列表推导式的结果是可以用切片访问的，但第 11 行代码说明不能对元组生成器对象进行切片操作。注意第 12 行代码的惰性求值特点。第 13 行代码将返回的元组推导式结果通过 tuple()方法转换为元组并赋值新变量后才可以显示内容。

```
1  #使用列表推导式，列出100以内所有的5的倍数
2  multiples = [i for i in range(1,100) if i % 5 == 0]  #变量是i
3  print(multiples)
4  print("可使用下标访问结果，例如："+str(multiples[3]))
5  #表达式或方法在列表推导式中的使用
6  cities = ['Beijing','Shanghai','Shijiazhuang','Qingdao']
7  new = [cities.upper() for cities in cities if len(cities)>=8]  #变量是cities，注意变量的大写方法
8  print(new)
9  #使用元组推导式，列出100以内5的倍数的所有数
10 a = (x for x in range(1,100) if x % 5 ==0)    #返回的是生成器对象
11 # print(a[3])   #此句错误，因为生成器对象不支持下标或切片操作
12 print(a)
13 b= tuple(a)  #由于a返回的是生成器对象，使用tuple()将结果转换为元组显示
14 print(b)
```

```
[5, 10, 15, 20, 25, 30, 35, 40, 45, 50, 55, 60, 65, 70, 75, 80, 85, 90, 95]
可使用下标访问结果，例如：20
['SHANGHAI', 'SHIJIAZHUANG']
<generator object <genexpr> at 0x000002480B4152E0>
(5, 10, 15, 20, 25, 30, 35, 40, 45, 50, 55, 60, 65, 70, 75, 80, 85, 90, 95)
```

图 3.34　列表与元组推导式使用示例

例 3.24　使用元组推导式求 $y=(x+5)^2, x\in[1,2,3,4,5]$。之后，依次通过 tuple()、list()方法将结果转换为元组、列表，观察输出结果。使用内置的 next()方法遍历结果中的部分元素。使用 for 循环

遍历生成结果。

【提示与说明】 代码实现如图 3.35 所示。不管使用哪种方法访问元组生成器对象的元素,只能从前向后正向访问每个元素,不可再次访问已访问过的元素。当所有元素访问结束后,若需要重新访问其中的元素,则必须重新创建该生成器对象。

```
1  #元组生成器示例
2  mygen = ((i+5)**2 for i in range(1,6))    # 创建生成器对象
3  print(mygen) #惰性求值
4  print("转换为元组:"+str(tuple(mygen)))
5  print("请注意转换为列表后的结果!"+str(list(mygen)))  # 生成器对象已遍历结束,不再有元素
6  mygen = ((i+5)**2 for i in range(1,6))    # 重新创建生成器对象
7  print("使用内置函数next()获取生成器对象中的元素:"+str(next(mygen)))
8  print(next(mygen)) #往后再显示一个
9  print(next(mygen)) #往后再显示一个
10 mygen = ((i+5)**2 for i in range(1,6))
11 for item in mygen:                         # 使用循环直接遍历生成器对象中的元素
12     print(item, end='***')
```

```
<generator object <genexpr> at 0x000002459A100C10>
转换为元组: (36, 49, 64, 81, 100)
请注意转换为列表后的结果! []
使用内置函数next()获取生成器对象中的元素: 36
49
64
36***49***64***81***100***
```

图 3.35 元组推导式使用示例

3.5 字典和集合

3.5.1 字典和集合的主要异同点

字典和集合的元素是无序的、不重复的(对字典来说,键不能重复,但值是可以重复的,可参见图 3.7 中的示例)、没有切片操作的、可以用花括号定义的序列化数据类型,元素之间使用逗号分隔,字典元素键-值对的键(key)和值(value)用冒号分隔。

列表、元组、字典、集合的元素分隔符都是逗号。

在建立数据方面,既可以使用花括号建立一个字典或集合类的序列化结构,也可以使用 dict()、set() 分别定义字典和集合类的数据结构(参见图 3.7 中的示例),还可以使用 dict.fromkeys(seq[, value]) 函数创建一个新字典,并以序列 seq 中的元素作为字典的键、value 作为字典所有键对应的初始值(value 是可选参数,设置键序列(seq)的值,默认为 None)。建立字典后,如果需要向字典中的键-值对元素赋值,可通过中括号向字典中增加一个新的键-值对数据,如**字典变量[键]=赋值**,注意这里的中括号跟在字典变量后面,因此它不是定义了一个独立的列表,而是对字典变量指向的字典元素赋值。使用操作符[ ]也可以替换某个键对应的值。

例 3.25 分别定义元组、字符串、列表 3 个序列化数据类型。使用字典的 fromkeys() 方法,用上述元组、字符串、列表值生成字典的键。观察用列表元素作为字典的键的情况,分析其特点;为字典变量

的各个键赋值(内容可自定义)。

【提示与说明】 dict.fromkeys()创造一个新的字典。fromkeys 会接收两个参数,第一个参数为从外部传入的可迭代对象,即系统会循环取出其中的元素作为字典的 key 值,另一个参数是字典的 value 值;若不写,则所有的 key 值对应的 value 值均为 None。代码实现如图 3.36 所示。请注意代码第 1、2、7 行分别定义了元组、字符串、列表类型数据,它们都是可以作为字典键的值,但由于字典键的不重复特性以及列表元素可以重复的特点,如果列表中的元素有重复,则在通过 fromkeys()产生字典的键时,会将重复的部分去掉,详见第 9 行代码输出的结果。通过**字典变量[键]=赋值**的方法,可以为字典中的键赋值。

```
1  seq = ('乐器','年代','代表人物') #元组
2  mystring = "hello"
3  dict_fromseq = dict.fromkeys(seq) #将元组元素作为字典的"键",对应的"值"为空
4  print('由元组生成字典的键: ',dict_fromseq)
5  dict_fromstring = dict.fromkeys(mystring,"x")
6  print('由字符串生成字典的键: ', dict_fromstring)
7  mylist = ['汽车','产地']
8  dict_fromlist = dict.fromkeys(mylist)
9  print('由列表生成字典的键: ',dict_fromlist)
10
11 dict_fromseq["乐器"] = "钢琴"
12 dict_fromseq["年代"] = "17世纪"
13 dict_fromseq["代表人物"] = "巴赫"
14 print(dict_fromseq)
```

由元组生成字典的键: {'乐器': None, '年代': None, '代表人物': None}
由字符串生成字典的键: {'h': 'x', 'e': 'x', 'l': 'x', 'o': 'x'}
由列表生成字典的键: {'汽车': None, '产地': None}
{'乐器': '钢琴', '年代': '17世纪', '代表人物': '巴赫'}

图 3.36 dict.fromkeys()方法使用示例

集合元素可以是数字、字符串、元组等数据。如果集合元素是元组,则该元组中也不能包含列表、字典、集合等可变类型。就字典与集合的不同点来说,字典的元素是键-值对数据,而集合的元素是普通的数据。

3.5.2 字典和集合的常用方法

由于表 3.2 已经介绍了相关方法的使用,因此对一些方法不再赘述,只通过具体实例说明字典和集合的常用方法。

例 3.26 建立一个空字典并设定键-值对数据(例如,对同学们熟悉的钢琴音乐来说,键为"风格""乐器""代表人物",你可以根据自己对钢琴音乐的理解为这三个键赋值);通过在字典变量后加方括号的方法为相应的键赋值;修改某个键对应的值并显示该新值;尝试删除其中的"风格"键-值对数据;分别通过 for 循环依次显示键、键-值对;清空该字典。

【提示与说明】 图 3.37 给出了对字典进行操作的相关方法。这里的字典变量是 music,其中:①music[key]是在字典中增加一个新的键;若后面有等号,则用等号右侧的值替换该键对应的值,如第 5 行代码所示;若后面没有等号,则返回该键的值,如第 10 行代码所示;②music.get(key,[,default]),如果键 key 存在,则返回其对应的值,如第 11 行代码所示;③music.pop(key{,defalut}),若键 key 存在,则删除这个键并返回该键对应的值,如第 12 行代码所示;④list(music.keys()),返回以列表形式表示的一组键,如第 15 行代码所示;list(music.values())返回以列表形式表示的一组值,如第 16 行代码

所示；⑤music.items()返回一组键-值对元素，可以作为for循环的可迭代变量，如第21、22行代码所示。

> 利用字典变量的 **keys()** 方法可得到字典中的各个键；利用字典的 **values()** 方法可得到字典中的各个值；利用**字典变量[键]**的方式可以得到字典中某个键对应的值（可赋予某个变量）。

```
1  music = {}   #z建立一个空字典
2  print("原始字典长度：",len(music))  #显示字典中元素的个数
3  music["风格"]="古典"   #用方括号定义新的"键"，等号右侧是对这个"键"对应的"值"
4  music["乐器"] = "钢琴"
5  music["代表人物"] = "莫扎特"
6  print("***原始字典中的内容***", music)
7  music["代表人物"]="贝多芬"  #若字典中已有该键则用等号右侧值更新该"键"对应的"值"
8  print("***修改后的字典***", music)
9  print("******************")
10 print(music["代表人物"])  #若没有用等号，则返回该"键"对应的"值"
11 music.get("代表人物")
12 music.pop("风格")  #删掉这个键值对
13 print("****删掉内容后的字典***",music)
14 print("***返回以列表形式表示的一组"键"和"值"***")
15 print(list(music.keys()))  #返回以列表形式表示的一组"键"
16 print(list(music.values()))  #返回以列表形式表示的一组"值"
17 print("***通过for循环显示字典中的各键***")
18 for key in music:
19     print(key)
20 print("***通过for循环显示字典中的键值对信息***")
21 for key1, value1 in music.items():
22     print(key1, value1)
23 music.clear()  #清除字典中所有的键值
24 print("***清除后的字典***")
25 print(music)
```

```
原始字典长度：0
***原始字典中的内容*** {'风格':'古典','乐器':'钢琴','代表人物':'莫扎特'}
***修改后的字典*** {'风格':'古典','乐器':'钢琴','代表人物':'贝多芬'}
******************
贝多芬
****删掉内容后的字典*** {'乐器':'钢琴','代表人物':'贝多芬'}
***返回以列表形式表示的一组"键"和"值"***
['乐器','代表人物']
['钢琴','贝多芬']
***通过for循环显示字典中的各键***
乐器
代表人物
***通过for循环显示字典中的键值对信息***
乐器 钢琴
代表人物 贝多芬
***清除后的字典***
{}
```

图 3.37　字典中相关方法的使用示例

对于集合而言，它支持传统的集合运算，如求交集、并集、差集等，图 3.38 所示是求交集、并集、差集的方法示例。

```
1  a = set("abcdddeffffg")  #定义集合
2  b = set("abcd")
3  x = a&b    #求交集
4  y = a|b    #求并集
5  z = a-b    #求差集
6  print("交集是: %s\n" %x)
7  print("并集是: %s\n" %y)
8  print("差集是: %s\n" %z)
9
10 #上例中的a其实是指定了字符串的集合
11 #若将其指定给一个新的集合,则会删掉其中的重复元素
12 newset = set(a)
13 print(newset)
14 c = set(range(5))
15 c.add("my")
16 print(c)
17 len(c)
```

```
交集是: {'a', 'b', 'c', 'd'}

并集是: {'g', 'd', 'c', 'f', 'a', 'b', 'e'}

差集是: {'f', 'g', 'e'}

{'a', 'b', 'g', 'd', 'e', 'c', 'f'}
{0, 1, 2, 3, 4, 'my'}
6
```

图 3.38 使用 set()构建集合及完成集合运算的使用示例

例 3.27 一个袋子中有多于 50 个的红、黄、白三色乒乓球若干,已知红球 18 个、黄球 15 个。请利用字典结构(键为颜色,值为个数)完成如下操作:①根据用户输入的袋子中球的总数量,算算白球是多少个;②若随机摸一个球,请统计它分别是红、黄、白球的概率。

【提示与说明】 首先要得到从键盘输入的球的总数;根据已知的红、黄两种球的数量,可利用字典特性求对应键-值对的值,再推算出白球的数量;在字典中添加白球(键)及其对应的数量(值);在 for 循环中,利用字典的 items()方法依次得到各个键-值对数据,通过计算即可得到每种球的出现概率。代码实现如图 3.39 所示。

```
1  num = int(input("请输入袋子中球的总数量(大于50个)"))
2  pingpang = {'红':18, '黄':15}  #定义字典
3  red = pingpang['红']  #得到红球的values
4  yellow = pingpang['黄']
5
6  total = num-red-yellow
7
8  pingpang['白']=total
9  print(pingpang)
10 for a,b in pingpang.items():
11     print(a, b/num)
12
```

```
请输入袋子中球的总数量(大于50个)200
{'红': 18, '黄': 15, '白': 167}
红 0.09
黄 0.075
白 0.835
```

图 3.39 计算 3 种球出现的概率

例 3.28 定义一个集合。输出集合中的各个元素及其索引号,验证集合元素的无序性;通过向集合中增加元素以及删除元素,了解增、删集合元素的 add()方法和 remove()方法。

【提示与说明】 集合中的元素可以是各种类型的元素,但不能是可变数据类型;集合元素本身的值是可改变的,支持使用 add()、len()、remove()、update()等方法添加新元素、求长度、删除元素、更新某个元素等;可以通过 for 循环迭代显示集合中的各个元素,如图 3.40 所示。

```
1  animals = {'cat', 'dog', 'fish',3.14,(1,"hello",3)} #定义含有各种元素类型的集合
2  animals.update("?????")  #更新即追加新元素,注意这里给的原始值是重复值
3  for idx, x in enumerate(animals):
4      print ('#%d: %s' % (idx, x))  #显示集合中的各个元素,从结果可见其无序性
5  print ('elephant' in animals)  #返回逻辑值
6  animals.add('elephant')        # 增加新元素
7  if ('elephant' in animals):
8      print("Yes, it is in the set")
9  else:
10     print("No.Not in the set")
11 print (len(animals))    # 计数
12 animals.add('cat')      # 若集合中已有拟添加的元素,则无变化
13 animals.remove('cat')   # 删掉某个元素
14 for idx, x in enumerate(animals):
15     print ('#%d: %s' % (idx, x)) #显示集合中的各个元素,从结果可见其无序性
```

```
#0: 3.14
#1: fish
#2: dog
#3: ?
#4: cat
#5: (1, 'hello', 3)
False
Yes, it is in the set
7
#0: 3.14
#1: fish
#2: dog
#3: elephant
#4: ?
#5: (1, 'hello', 3)
```

图 3.40 集合方法使用示例

例 3.29 给定由列表表示的部分学生的基本信息,每个学生的学号 sno、姓名 student、成绩 grade 等具体信息由字典表述,键是字段名称(sno、student、grade),值是具体学生的相关信息。按每个学生的成绩,由大到小排序学生基本信息。

【提示与说明】 将字典元素存储在列表 students 中。使用 sorted()方法对列表 students 排序时,按字典键 grade 的值逆序排序,注意这里可能会用到匿名函数 lambda 表达式(后文会详述其用法)。代码实现如图 3.41 所示。

```
1  students = [
2      {"sno":101, "student":"smith", "grade": 70},
3      {"sno":102, "student":"asmith", "grade": 40},
4      {"sno":103, "student":"dfdfsmith", "grade": 90}
5  ]
6  #下面使用sorted()对students排序时,是按字典键grade的值逆序排序
7  student_sorted = sorted(students,key = lambda x:x["grade"],reverse=True)
8
9  print(student_sorted)
```

[{'sno': 103, 'student': 'dfdfsmith', 'grade': 90}, {'sno': 101, 'student': 'smith', 'grade': 70}, {'sno': 102, 'student': 'asmith', 'grade': 40}]

图 3.41 对字典中的特定键进行排序

例 3.30 使用集合,求 100 以内的正整数中能同时被 3、4、5 整除的数的集合,以及能同时被 3、4 整除但不能被 5 整除的数的集合。

【提示与说明】 这道题有多种做法,这里用集合实现。既然是同时被 3、4、5 三个数整除,就可以设定 3 个分别存放能被 3、4、5 整除的结果的集合,再求其交集、差集即可,如图 3.42 所示。首先定义 3 个集合变量,通过 for 循环,向各自集合中添加能被 3、4、5 整除的数据元素,通过交集、差集操作完成题目要求。

```
1   x = set()
2   y = set()
3   z = set()
4   for i in range(1,100):
5       if i%3==0:
6           x.add(i)
7       if i%4== 0:
8           y.add(i)
9       if i%5 == 0:
10          z.add(i)
11  print("能同时被3、4、5整除的结果是:")
12  a = (x&y&z)      #交集
13  print(a)
14  print("能被3、4整除但不能被5整除的结果是:")
15  b =(x&y-z)       #交集和差集
16  print(b)
17
```

能同时被3、4、5整除的结果是:
{60}
能被3、4整除但不能被5整除的结果是:
{96, 36, 72, 12, 48, 84, 24}

图 3.42 集合运算使用示例

3.5.3 字典和集合的推导(生成)式

字典推导式与集合推导式的定界符都是花括号{ }。字典推导式中,可迭代对象中的每个元素是包含两个元素的元组,其中第一个元素键值 key 不重复;字典推导式的结果也是一个字典。集合推导式的结果也是一个集合,如下所示。

字典推导式:{ **key1: function(value1)** for **key1, value1** in 可迭代对象【if 条件】}
集合推导式:{ **function(set1)** for **set1** in 可迭代对象【if 条件】}

例 3.31 请分别使用字典推导式和集合推导式计算 10 以内(不含)自然数的平方;将给定的小写单词"hello"中包含的字母去重后,转换为大写输出。

【提示与说明】 求平方这道题可以用多种方法来解,如果需要将结果一一对应地显示出来,即"键"(原数据值)与"值"(其平方)一一对应,代码如图 3.43 所示,使用字典推导式最方便;如果使用集合推导式,则结果肯定不能一一对应了,是不符合本题要求的(为便于比较,第 3 行代码中也给出了集合计算的结果)。集合不能有重复元素,要想得到某个单词字母去重后的结果,使用集合推导式是最方便的。第 1 行代码是定义字典的键值对("值"为对应"键"的平方),第 5 行是完成字符的大写转换。

你能解释一下为什么图 3.43 使用集合推导式以后,结果变得杂乱无序了吗?

例 3.32 利用 enumerate()方法可同时为字典的键-值对赋值。从键盘输入一个英文句子,用字典结构显示各个单词及其在句子中出现的位置(某个单词为键,其在句子中所在的位置为值),再将上述

```
1  mydict = {x:x**2 for x in range(10)}
2  print(mydict)
3  myset = {x**2 for x in range(10)}
4  print(myset)
5  mystring = {x.upper() for x in "hello"}
6  print(mystring)

{0: 0, 1: 1, 2: 4, 3: 9, 4: 16, 5: 25, 6: 36, 7: 49, 8: 64, 9: 81}
{0, 1, 64, 4, 36, 9, 16, 49, 81, 25}
{'H', 'L', 'E', 'O'}
```

图 3.43 字典与集合的推导式使用示例

字典中的键-值对对调,即原来的键作为对应键的值,而原来的值作为对应值的键。

【提示与说明】 代码实现如图 3.44 所示。enumerate()方法用于将一个可遍历数据对象(如 range()对象、列表对象、元组或字符串对象等)组合为一个索引序列,同时列出数据及其索引下标,可利用 enumerate()方法的这个特性同时为字典的键-值对赋值。字典 items()方法可返回可遍历的(键,值)元组,请注意第 8 行代码中实现键-值对互换的方法。另外,请注意重复元素在字典键中的处理(如对重复键的处理)及其索引位置的变换操作方法。

```
1  mylist = input("请输入一句话: ").split()#把各个单词取出来放到列表中
2  for val, key in enumerate(mylist):
3      print(val, key, end = "/ ")
4  print("\n")
5  mydict = {key: val+1 for val, key in enumerate(mylist)}
6  print(mydict)
7
8  myreverse = {v:k for k,v in mydict.items()}
9  print(myreverse)

请输入一句话: I am a student and I am a boy
0 I/ 1 am/ 2 a/ 3 student/ 4 and/ 5 I/ 6 am/ 7 a/ 8 boy/

{'I': 6, 'am': 7, 'a': 8, 'student': 4, 'and': 5, 'boy': 9}
{6: 'I', 7: 'am', 8: 'a', 4: 'student', 5: 'and', 9: 'boy'}
```

图 3.44 将字典中的键-值对对调

课堂练习

针对上面的例题,哪里的变换使得单词的位置从我们习惯的"1"而不是"0"开始?

本章小结与复习

本章介绍了常见的序列化类型的数据,重点对字符串、列表、元组、字典、集合等序列化类型的数据进行了介绍,介绍了它们对应的推导(生成)式的使用方法。

字符串是一种常见的序列化的内置数据类型,使用单引号、双引号、三单引号、三双引号作为定界符,不同定界符之间可以嵌套。字符串内容是不可变(可哈希)的。字符串是有序的,支持使用索引、下标访问其中的某个字符(注意第一个元素的下标是 0,第二个元素的下标是 1,如果使用负整数作为下标,最后一个元素的下标为-1,倒数第二个元素的下标为-2,以此类推)。要掌握对字符串的分割、结合、替换、检索、长度获取、拼接等常用方法的使用。

列表是一种常见的序列化的内置数据类型,有些标准库函数、内置类型方法以及扩展库函数或方法也会返回列表类型的数据,因此掌握对列表数据的操作是非常重要的。列表是可包含 0 个或多个元素的任意类型的可嵌套使用的序列数据,使用方括号作为定界符,也可直接使用 list() 把其他类型的可迭代对象转换为列表类型的数据。列表元素是可变(不可哈希)的,可使用下标和切片访问其中的某个或某些元素,支持切片、排序、索引等操作,要掌握对列表的追加、插入、移除元素的操作。

　　元组是另一种常见的序列化的内置数据类型。和列表类似,有些标准库函数、内置类型方法以及扩展库函数或方法也会返回元组类型的数据,因此掌握对元组数据的操作也是非常重要的。可通过圆括号、tuple() 方法构建元组数据或将其他合法的序列化数据转换为元组数据。元组的基本用法及操作与列表有很多相似之处,例如它们都是有序序列,均可使用双向索引或下标、切片访问元素等。但元组中的元素是不可变(可哈希)的,一旦创建,就不允许修改元组中元素的值,无法为元组增加或删除元素,不允许使用切片修改元素值。

　　字典元素形式为"键-值"对,常用于表示特定的映射关系或对应关系。字典定界符是花括号,可通过{ key：value}、dict() 方法构建字典。键不能重复,如果创建字典时指定的键有重复,则只保留最后一个,可以使用键作为下标访问字典数据。

　　集合是另一种常见的序列化的内置数据类型。可通过{key}、set() 方法构建,其元素可被更新,但元素是不重复、无序的,不能使用下标访问指定位置或序号的元素。

　　除了上述 6 种序列化数据类型外,range() 对象也是一种不可变(可哈希)的序列化数据。

　　使用推导式(生成式)能大幅精简代码,提高编码效率。要掌握相应的生成式的用法。

习　　题

　　1. 给定一个有 5 个自然数的列表。计算其中偶数的平方,并将计算结果放到一个**字典**中,其键为对应的偶数,其值为该偶数对应的平方。

　　【提示与说明】　可以利用字典推导式进行求解。对**偶数**进行判断可通过在推导式中设定的条件(该数除以 2 的余数为 0)实现。

　　2. 利用 range() 方法生成一组 20 以内的序列化数列。①验证 range() 对象的惰性求值特性;②将其转换为列表数据并显示其值;③修改其原始值,对每个元素加 5,之后将其复制到另一个空列表中。

　　【提示与说明】　理解 range() 方法的惰性求值特点;可以使用 list() 和[ ]方法将 range() 对象转换为列表数据。掌握 append() 方法的使用。

　　3. 从键盘输入一组以空格隔开的自然数,并以 int 形式存放于某个列表中,分别求其立方以及平方根,并将结果用 append() 方法和推导式方法分别放到另外两个列表中(一个列表放立方值,另一个列表放平方根)。

　　【提示与说明】　平方根可以使用 math 标准库中的 sqrt() 方法完成。

　　4. 针对上题给定的列表中的一组自然数,只对偶数求其立方,奇数则略过不求,将结果放到另一个列表中。

　　【提示与说明】　利用列表推导式,即[表达式 for 变量 in 可迭代对象【if 条件】],通过设定条件,只对偶数求立方,奇数略过。该数是否为偶数,可通过其除以 2 后的余数进行判定。

　　5. 计算 10(不含)以内自然数的平方：①一一对应地将各个数及其平方值显示出来;②不要求一一对应,只需把平方结果无序列出。

【提示与说明】 利用推导式完成。若一一对应地有序输出,可使用字典推导式;若无序输出,可使用集合推导式。

6. 用户从键盘输入了一些敏感词汇,之后给定一段文字,对该段文字中可能存在的敏感词进行加密处理,用＊＊＊代替敏感词,这样就能实现一定程度的脱敏处理。请设计一段程序,完成上述功能。

【提示与说明】 如果直接用字符串的 replace()方法,可在给定字符串中完成对一个敏感字符串的替换;如果给定的是一组多个敏感词呢?一种比较"笨"的方法是多用几次 replace()方法,逐一完成替换。但如果敏感词是由用户从键盘输入的多个内容,这种"笨"方法也不能奏效,因为你也不知道用户会输入几个敏感词、输入的敏感词是什么。

7. 生成斐波那契数列的前 20 项,并将结果放到一个列表中。

【提示与说明】 斐波那契数列的首项是 1,第二项是 1。从第三项开始,每一项的值都是前面两个数之和,即 1,1,2,3,5,8,…。可以使用列表存储生成的各个项,首项和第二项都是 1。在追加内容时,要利用已有的最后一项(其索引号为-1)和倒数第二项(其索引号为-2)计算要追加的新内容的值。

8. 使用 range()方法生成一组数列,用 tuple()方法将其转换为元组。①求该元组元素的长度、最大值、最小值、总和;②验证 count()、index()方法的使用;③对元组的前 5 个数据进行切片操作;④判断某个字符是否是元组中的元素;⑤对元组进行排序;⑥将 3 个长度不等的列表对象通过 zip()方法进行配对,拼接后转换为元组并显示。

【提示与说明】 此题是元组相应方法的练习。

9. 给定列表 cities = [["北京","上海","天津"],['广州','深圳','重庆','成都']],使用 for 循环可以把这两个子列表分别显示出来,如何依次显示所有这些城市的名称呢?要求不能以列表的形式出现,而是以元素的形式依次显示。

【提示与说明】 使用两层嵌套的 for 循环语句实现。

10. 我们知道,给定一个英文字符串,可以用 upper()方法将其转换为大写字母。现在请通过其他方式实现这个功能:给定一个由一句英文组成的字符串,首先取出所有的单词并放到一个列表中;之后将该列表中的各个单词转换为对应大写字母;最后使用 join()方法,以@为连接符,将各个大写的单词连接在一起形成一个"长"的字符串后输出。

【提示与说明】 首先使用 split()方法取出该字符串中的所有单词;其次,利用循环语句分别得到列表中的各个元素,再将其转换为大写单词;最后,使用" ".join(list_name)方法将列表 list_name 转换为字符串,前面引号中的字符即是分隔符。

第 4 章 函数与面向对象程序设计入门

在实际应用中,为了更好地复用部分已有的代码或模块,提高代码的整体可读性,经常将部分常用功能或模块用函数实现。使用函数不仅能提高代码的复用率,还能降低不合理的代码耦合。本章重点介绍 Python 函数的定义、函数的调用与返回值、函数的形式参数与实际参数、函数变量的作用域、函数的递归调用、lambda 匿名函数表达式等相关知识,并简介面向对象程序设计的基本概念。

学习本章内容时,要求:
- 掌握函数的定义方法;
- 掌握函数的调用与返回值的使用方法;
- 掌握形式参数和实际参数的用法;
- 理解局部变量和全局变量,理解变量的作用域;
- 掌握函数的递归调用方法,会使用函数的递归调用解决实际问题;
- 掌握 lambda 匿名函数表达式的用法;
- 了解面向对象程序设计的基本思想。

4.1 概　　述

在任何一种高级编程语言中,函数都是十分重要的概念。通过对函数的使用,不仅能实现代码的复用,将程序分解成更小的块以降低不合理的耦合,还能增强代码的可读性,降低软件开发和维护的成本。

Python 的很多功能是用函数(Function)实现的。这里所说的"函数"与初等数学中的一次函数、二次函数等数学函数是不一样的。计算机语言中的"函数"一般是有函数名字、有调用参数、有返回值的一段代码模块(注:调用参数和返回值也可能为空;甚至函数名字也可能是匿名的 lambda 表达式),可以用其名字标识这段代码的功能,它能被其他模块调用。可见,函数是一段封装好的、可以重复使用的代码模块。因为功能重复的代码可以由相应的函数实现,因此通过使用函数,不仅可以使程序更加模块化和简洁,增加程序的可读性,更能降低代码之间不合理的耦合。

> 代码耦合是指一个软件结构内不同模块之间互连程度的度量,反映模块之间的联系程度。简单来说,低耦合是指让每个模块尽可能独立地完成某个特定的子功能。

Python 中的函数是实现单一功能的、可重复使用的、封装好的一个代码段或一个模块,它可在函数体的外部被调用并返回运算后的值。Python 中函数的主要特点如下。

(1) 函数必须要有名字(lambda 匿名函数除外)。函数名字是在函数定义时就指出来的。只要知道函数的名字,就能在该函数的外部调用这个函数。Python 使用 **def** 关键字定义函数(注:**def** 取自于英文单词 define 的词头)。

(2) 定义函数时,函数名后的小括号中放置的内容是函数的参数(称为形式参数,简称**形参**),它是用来帮助定义函数功能、逻辑方法的非实际值的参数。当从函数外部调用这个函数时,函数名后的参数称为实际参数(简称**实参**),实参是调用该函数的实际值而非形式化的变量。函数也可以没有参数,但此时函数名称后仍需一组空的圆括号。

(3) 可以在函数体内由 return 语句带回函数的返回值,当然也可以无返回值(注意 return 语句的缩进,它要在函数体内部且不能和 def 并列缩进)。return 语句在同一函数中可以出现多次,但只要有一个得到执行,就会直接结束函数的执行,这一点类似于跳出循环体的 break 语句(图 4.4)。

(4) lambda 匿名函数是一种简化的函数(也称为 lambda 表达式,本书不再区分这两种叫法)。当需要在表达式中临时使用函数实现某种简单功能而无须在其他地方多次调用它时,可用一种"匿名的"和"无参的"方式临时定义这个函数。本书已经在第 3 章对列表和字典元素进行排序时使用过这种匿名函数,如例 3.18。显而易见,这种 lambda 函数无须使用 def 关键字进行定义。

(5) 除使用 def 自定义有名称的常规函数或直接在表达式中使用 lambda 定义匿名函数外,Python 中也预先提供了很多预定义函数——可以是内置函数如 print(),也可以是标准库中的函数如 math.sqrt(),也可以是第三方库中的某个函数如 jieba.cut()——中的某个方法。如果函数方法是在某个包中,则需要在导入相应的包后,通过在函数方法后面加点的方式调用该函数中的某个方法,如 math.pi、math.sqrt(2)分别得到标准库函数 math 中的圆周率 π 和 $\sqrt{2}$。这部分内容不是本章要介绍的,不再赘述。

4.2 定义函数

如果需要自定义一个函数,则应通过如下方法进行定义:

```
def 函数名(形参1, 形参2, ...):
    函数体语句 1
    ...
    函数体语句 n
    return([变量,],...)
```

这里的"函数名"用来标识该函数的名称,将来需要用这个函数名从该函数体的外部调用它;函数名后面的圆括号和冒号是必需的(此行称为函数的头部),即使该函数不需要接收任何参数,也必须保留一对空的圆括号；冒号后缩进的内容是函数体，函数体相对于 def 关键字必须保持一定的空格缩进；函数可以接收外部数据参数（调用该函数的实际参数），并根据函数的处理逻辑做出不同的操作，最后把处理结果通过函数名或 return 语句反馈给调用者；函数可以有返回值，也可以没有返回值，甚至可以有多个返回值。如图 4.1 所示，第 1 行代码圆括号内的 x 是形参，第 3 行代码在 return 语句中返回函数值（此例是求平方），第 4 行代码的"16"是从该函数外部调用此函数的实际参数。从缩进来看，第 4 行已经不再是函数内部定义了，最后输出的"256"为调用函数后实际返回的函数值（$16^2=256$）。

```
1  def mysquare(x):
2      '''返回函数形参x的平方'''
3      return x*x
4  mysquare(16)    #用实际值调用函数
```
256

图 4.1　求平方函数的实现

在 Python 中，允许定义多个函数。图 4.2 所示是计算平方的方法，它定义了两个函数：在 main() 函数中调用了 square() 函数，这两个函数是并列的，也就是说，square() 函数不是在 main() 函数内部嵌套定义的。最后一行的 main() 函数为调用这个函数的方法，同时 main() 函数也是一个无参调用的函数。注意：在调用函数时，其后的圆括号不能少，即使没有调用参数，也要写上圆括号。

```
1  def main():
2      number = float(input("输入一个数："))
3      result = square(number)    #调用函数
4      print("输入的这个", number, "的平方值是：", result)
5  def square(x):
6      "计算平方的函数体"
7      return x*x
8
9  main()  #在函数体外调用这个函数
```
输入一个数：3
输入的这个 3.0 的平方值是： 9.0

图 4.2　一个函数可调用另一个函数

在函数体中一般可以用 return 语句指定应该返回的值。函数返回值参数可以指定为任何类型，也可以省略不写，即返回空值。如图 4.2 中的 main() 函数就没有返回值。又例如，图 4.3 中函数体的最后（第 4 行代码）是有返回值的，可以在函数体外将该函数的返回值赋予其他变量（参见第 5 行代码）。注意：函数体外就不能再用函数体内部定义的变量（图 4.2 中的变量 z）作为函数返回值使用了；也可作为其他函数的实际参数（第 6、7 行代码），但第 8 行代码不对，因为变量 z 是在 times 函数体内定义的局部变量（第 3 行代码），局部变量是无法在函数体外调用的，局部变量和全局变量的说明详见本章后续内容。

```
1  import math
2  def times(x, y):
3      z = x * y
4      return z    #注意缩进
5  c = times(1, 4)    #函数赋值给变量
6  print(math.sqrt(times(1,4)))#函数返回值作为其他函数的实际参数
7  print(math.sqrt(c))
8  #print(math.sqrt(z))   #出错。不能在函数外部调用内部定义的局部变量
```
2.0
2.0

图 4.3　函数返回值及其调用

例 4.1 定义一个函数。当给定形式参数值为大于 0 的正数时,该函数返回值为字符串"正数";当给定值为小于 0 的负数时,该函数返回值为字符串"负数";当给定值为 0 时,该函数返回值为字符串"零"。在外部调用这个函数时,用列表给出不同的数据。

【提示与说明】 上述问题需要在函数定义语句中使用 if 语句块分清不同的处理逻辑,函数实现方法如图 4.4 所示,注意 return 语句的缩进以及 return 中对字符串常量的表述。

例 4.2 Python 内置的 filter(function,iterable)函数用于过滤不符合条件的元素,返回由符合条件的元素组成的新列表。其中,第 1 个参数 function 为用于判断过滤条件的函数;第 2 个参数 iterable 是可迭代对象序列,序列的每个元素作为参数依次传递给第一个参数 function 进行判断,并返回 True 或 False 结果,最后将返回 True 的元素放到结果新列表中。假设由 range()方法给定 0~30(不含)的一组正整数,可以使用 filter(function,iterable)函数过滤其中的偶数数据(只留下奇数)。

【提示与说明】 根据题目要求,需要设计一个过滤偶数、留下奇数的函数 is_odd,并将其作为 filter()函数的第一个参数。注意:filter()函数完成过滤后的结果亦为可迭代序列且有惰性求值的特点,需要用 for 循环显示其中的内容。代码实现如图 4.5 所示。请注意 return 返回 True 或 False 结果。

```
1  def myfunction(x):
2      if x > 0:
3          return '正数'
4      elif x < 0:
5          return '负数'
6      else:
7          return '零'
8
9  for x in [-3, 0, 4.12]:
10     print (myfunction(x))
```
负数
零
正数

图 4.4 定义函数及调用方法

```
1  def is_odd(n):
2      return n%2 == 1
3  myresult = filter(is_odd, range(30))
4  for i in myresult:
5      print(i, end=" ")
```
1 3 5 7 9 11 13 15 17 19 21 23 25 27 29

图 4.5 定义 filter()函数中的函数参数

需要注意的是,Python 是一种解释型脚本语言,Python 程序运行时从模块顶行开始逐行翻译执行,不需要像 C 语言那样用一个统一的 main()函数作为程序入口。若需要定义程序入口,可以使用"if __name__ == '__main__':"语句,因为 Python 源码 py 文件在创建之初会自动加载一些内建变量, __name__ 就是其中之一,Python 程序会根据 __name__ 属性确定 Python 程序的运行方式, __name__ 可标识函数模块的名字。

4.3 函数的调用及其返回值

定义函数后,要在外部调用它,才可以使用函数的返回值,图 4.5 定义的 is_odd()函数的返回值是 True 或 False,也可将函数返回值赋予某个变量(当然也可以不安排某个变量接收它,如图 4.5 中的返回值)。下面看几个有关函数调用及其返回值的例子。

例 4.3 从键盘输入一组由空格隔开的自然数并存放于列表中。用该列表中的自然数作为实际参数调用一个函数,该函数会计算这个列表中数据的累乘积 $\prod_{i=1}^{n} i$,并返回乘积结果。请设计这样的函数。

【提示与说明】 使用列表数据类型调用函数的伪代码如下，代码实现如图 4.6 所示。注意：调用 multi() 函数的实际参数为输入的一组数据。作为初学者，一定要注意变量的作用域。累乘积的结果 total 为函数的局部变量，它只能在函数体内部使用，外部调用结果累乘积时需要用函数名，而不是这个局部变量 total。

例 4.3：multi(n)

Input：列表中的各个数字 i

Output：$\prod_{i=1}^{n} i$

Steps：
1. 初始化存放最终结果的变量 total
2. 循环遍历可迭代列表中的各个数据，完成乘积，结果存放到 total 中
3. 返回累乘结果

```
1  def multi(numbers):
2      total = 1
3      for x in numbers:  #迭代得到元组中个各个数据
4          total *= x
5      return total
6
7  input_numbers = list(map(int, input("请输入一组以空格分开的自然数，回车结束").split()))
8  print(multi(input_numbers))
9  #print(total)此句错误！

请输入一组以空格分开的自然数，回车结束2 3 4
24
```

图 4.6 函数计算列表中数据的乘积并输出

例 4.4 设计一个函数，将给定的一句英文句子中的各个单词逆序输出（最后出现的单词先输出，首次出现的单词最后输出）。要求不用字符串切片（如 str[::-1]）的方法。

【提示与说明】 让字符串逆序的方法有很多：假设字符串变量为 str，则可以用切片操作 str[::-1] 实现，但此题要求不能用 str[::-1] 实现。如何让单词整体逆序而非单词中的各个字母逆序是关键。可以使用 split() 方法先得到输入的英文句子包括的各个单词，再求得单词总长度，这样就能得到末尾的单词，再通过循环操作依次将索引减 1，即可得到逆序的各个单词。伪代码如下所示，代码实现如图 4.7 所示。这里也要注意局部变量 rstr1 的作用域只限于函数体内部。

例 4.4：string_reverse(str1)

Input：英文句子字符串 str1

Output：逆序字符串中各个单词出现的顺序，并输出 rstr1

Steps：
1. 初始化一个用于存放最终逆序单词结果的变量 rstr1
2. 得到原始单词总长度并赋值给变量 index
3. 循环：依次将 index 减 1 后的字符追加到 rstr1 中
4. 返回 rstr1

例 4.5 给定一个由大小写字符组成的字符串 s。设计一个函数，计算 s 中大写字符和小写字符的数量，将结果存放到一个列表中并返回结果值。

```
1  def string_reverse(str1):
2      rstr1 = ''
3      index = len(str1)
4      while index > 0:
5          rstr1 += str1[ index - 1 ] + " "    #得到逆序的各个单词
6          index = index - 1
7      return rstr1
8  input_string = list(input("请输入一句英文句子").split())
9  print("逆序结果是：", string_reverse(input_string))
```

请输入一句英文句子this is an example
逆序结果是： example an is this

图 4.7　设计函数将给定字符串逆序返回

【提示与说明】　设计一个函数（函数伪代码如下所示），使用循环语句依次迭代遍历字符串中的各个字符并依次判断该字符是大写还是小写，可用 isupper() 和 islower() 的返回值判断并分别将结果存储在对应的列表元素中，返回的函数结果是一个有两个元素的元组。代码实现如图 4.8 所示（为简化起见，示例在调用该函数时提前设定了字符串 s 的内容）。第 2 行代码定义列表并初始化为 0，后续根据处理的字符而修改其中的值。

例 4.5：stringNumber_Upper_Lower(s)

Input：字符串 s
Output：s 中的大写字符数量；s 中的小写字符数量
Steps：
1. 初始化一个含有两个数字的列表
2. 循环遍历 s，并根据其 islower() 及 isupper() 的结果更新对应的列表元素
3. 返回结果

```
1   def stringNumber_Upper_Lower(s):
2       result = [0,0]    #存放结果
3       for ch in s:
4           if ch.isupper():
5               result[0] +=1
6           elif ch.islower():
7               result[1] +=1
8       return (tuple(result))
9
10  stringNumber_Upper_Lower("ASEAN keeps to the course of centrality")
```

图 4.8　统计大小写字符

第 2 行代码能直接定义为元组吗？为什么？

4.4 函数参数

定义函数时,函数名后的小括号中的变量为形式参数(简称形参,可理解为方程中的未知数 x),它用于对函数相关功能进行定义、运算和操作。一个函数可以有一个或多个形式变量,也可以没有形式变量(无参函数)。调用函数时,函数名后的小括号中的变量为实际参数(简称实参,可理解为实际代入该方程中的某个具体值),即用实际的对象值调用该函数。需要注意的是,创建函数时有多少个形参,调用函数时就需要传入对应数量的实参。也就是说,将来在调用这个函数时,需要用实际的参数值替换这里的形式参数。

与其他编程语言(如 C、Java 等)不同的是,Python 定义函数时不需要声明参数类型,也不需要指定函数返回值的类型(因为 Python 解释器会根据实参的类型自动推断形参类型)。调用函数时,从外部向这个函数按顺序传递实参的值,并将该实参的值逐一传递给对应的形参;调用函数时,实参和形参的顺序须保持一致且实参和形参的数量须相同。

例 4.6 给出一个区间的下限数和上限数,计算这组数的累加和,例如给出[50,100],需要计算 $\sum_{i=50}^{100} i$。设计一个函数实现该功能。

【提示与说明】 定义函数,其两个形参分别代表下限和上限,让下限逐步执行+1 操作并计算累加和,直到下限逐步达到上限为止。这里要用到循环终止的判定条件,即下限大于上限时循环终止。代码实现如图 4.9 所示。注意:这里的 result 变量是仅在函数内部使用的局部变量,在函数体外是不能直接使用的。

```
1  def sum(lower, upper):
2      result = 0
3      while lower <= upper:
4          result += lower
5          lower += 1
6      return (result)
7
8  mylower, myupper = map(int, input("请输入用空格隔开的下限和上限,按回车结束").split())
9  sum(mylower, myupper)
请输入用空格隔开的下限和上限,按回车结束1 6
21
```

图 4.9 计算区间累加和

课堂练习

如果让上题中的上限逐渐逼近下限,该怎么修改图 4.9 中的代码?若题目不用 while 循环而改用 for 循环,该怎么修改代码?

调用函数的实参要与定义函数的形参对应,若参数数量不符,则会出错,如图 4.10 所示,第 5、6 行代码均有错误,请注意第 6 行中的出错提示信息。

在定义函数时,可以给定一些形参的默认值,即在定义时就直接给定其默认值。可以用等号直接赋值,这个值就是默认值。例如:

```
1  def demo(a, b, c):
2      print(a, b, c)
3  demo(3, 4, 5)           #调用定义的函数
4  demo("hello", "world", "gaokai")
5  #demo(1, 2, 3, 4)   #demo函数共有3个参数,但调用时出现了4个,不对
6  demo(1, 2)              #错误同上
```

```
3 4 5
hello world gaokai
```

```
TypeError                                 Traceback (most recent call last)
Input In [7], in <cell line: 6>()
      4 demo("hello", "world", "gaokai")
      5 #demo(1, 2, 3, 4)   #demo函数共有3个参数,但调用时出现了4个,不对
----> 6 demo(1, 2)

TypeError: demo() missing 1 required positional argument: 'c'
```

图 4.10　调用函数的实参要与定义函数的形参对应

```
def 函数名(形参1, 形参2,…,形参n=默认值):
    语句1
    …
    语句n
    return
```

在调用带有默认值参数(有时称为关键参数)的函数时,可以不用为已设置默认值的形参传入实参值,这是因为此时函数将会直接使用函数定义时设置的默认值。当然,也可以通过赋值的方式用"新值"替换给定的默认值。需要注意的是,在定义带有默认值参数的函数时,默认值参数右边不能再出现没有默认值的普通位置参数,否则会提示语法错误,即在形参列表中,只有最后一个出现的形参才有可能被赋予初始化默认值,如图 4.11 所示。

```
1  def myhello(upper=False, name):       ← 错误!
2      if upper:
3          print('HELLO, %s' % name.upper())
4      else:
5          print('Hello, %s!' % name)
6
7
8  myhello('Smith')                #指定一个实参
9  myhello(upper=True,'Tom')       #指定全部实参
```

```
Input In [1]
    def myhello(upper=False, name):

SyntaxError: non-default argument follows default argument
```

图 4.11　错误的赋初值方法

> 在函数的形参列表中,可以为最后一个形参赋予初值。

如图 4.12 所示,此时第二个形参已经给定了默认值。当调用该函数时,若只给出一个参数,则第二个参数默认采用给定的缺省值,据此可以转到相应的 if 语句块;若给定了第二个参数的值,则该缺省值

不再起作用。从图 4.12 可见,第 9 行代码的 upper 值重新设置为 True,因此它将执行的是 if 子句块。

```
1  def myhello(name, upper=False):
2      if upper:
3          print('HELLO, %s' % name.upper())
4      else:
5          print('Hello, %s!' % name)
6
7
8  myhello('Smith')  #指定一个实参
9  myhello('Tom', upper=True)  #指定全部实参
Hello, Smith!
HELLO, TOM
```

图 4.12 函数形式参数可以有缺省值

例 4.7 设计一个具有两个参数的函数 hello,其第一个参数是调用该函数的字符串,第二个参数用于控制将字符串转换为大写字符。从函数外部调用这个函数,根据是否修改形参缺省值,完成对指定文字的大写转换。

【提示与说明】 可以在定义时设置缺省的参数值。调用时,可根据需要改变参数的初值,实现相应的功能。如图 4.13 所示,第 7 行代码为采用缺省值的方式调用函数,不会转换为大写;第 8 行代码为在调用时改变缺省函数的值,会将给定的实际字符串转换为大写字符。

```
1  def hello(name, loud = False):
2      if loud:
3          print("Hello, %s" % name.upper())
4      else:
5          print("Hello, %s" %name)
6
7  hello("Tips for COVID-19 prevention in winter")
8  hello("Internal affairs and diplomacy", loud = True)
Hello, Tips for COVID-19 prevention in winter
Hello, INTERNAL AFFAIRS AND DIPLOMACY
```

图 4.13 为其中一个参数赋予初值

如果函数的参数有缺省值,则在函数体外可用"函数名.__defaults__"观察函数中的默认值,它会返回一个元组,如图 4.14 所示,第 1 行定义的函数 myfunc()有两个参数,其中第二个参数 times 的默认值是 2,函数的功能是将 message 变量代表的实际字符串内容显示 2 次(如第 4 行代码的结果所示,第 5 行代码执行的结果不是采用的缺省值 2,而是修改后的值 3)。图 4.14 中第 3 行代码的结果是一个元组,显示该函数中的默认值(参见代码输出的第 1 行结果,请注意元组元素后的逗号,第 3 章已介绍过这种情况,可参见 3.4.1 节的最后部分)。

```
1  def myfunc( message, times = 2 ):
2      print((message+' ') * times)
3  print(myfunc.__defaults__)  #输出该函数中给定的缺省参数的值
4  myfunc("The New York Times!")  #只给一个参数,第二个采用缺省值
5  myfunc("majority",3)  #可以改变缺省参数值
(2,)
The New York Times! The New York Times!
majority majority majority
```

图 4.14 缺省函数值

> 想一想,"函数名.＿＿defaults＿＿"的返回值为什么用元组而不是列表?

在函数的定义中,也允许"嵌套"定义函数,即在定义一个函数的函数体内再定义另一个函数(这两个函数不是并列的关系,而是内部函数嵌入外部函数)。图 4.15 所示的例子就是嵌套定义函数,即在外部函数 outfunction()的内部定义了函数 infunction()。注意:外部函数是有返回值的(第 7 行代码),它返回的是内部函数 infunction()的运行结果,内部函数 infunction()的作用是显示今天的日期,请注意第 7 行代码已经跳出内部函数 infunction()了,因此这里可以用 infunction()函数作为其返回值使用,以便能在外部函数中调用在内部嵌套函数中执行的结果(得到今天的日期结果)。请注意第 6 行、第 7 行代码的缩进,说明它是外部函数的返回语句。注意:即使这个函数无须形参、实参,但在函数体外调用它时,函数名后的圆括号也是不能少的。

```
1  import datetime
2  def outfunction():   #外部函数
3      def infunction():   #嵌套内部函数
4          now_day=datetime.datetime.now().day
5          print("这里是内部函数,今天是:%s" % now_day + "号")
6      print("外部函数!!")
7      return(infunction)   #外部函数的返回值,返回的是内部函数执行结果
8
9  demo1 = outfunction()
10 demo1()
```
外部函数!!
这里是内部函数,今天是:23号

图 4.15 嵌套定义函数

课堂练习

如果将图 4.15 中的第 6 行与第 7 行互换,会有什么情况出现?为什么?请解释原因。

再看一个例子。图 4.16 所示是求 $2x^2$ 的方法,如果把求 x^2 定义为一个内嵌函数 inner(x),则在外部函数 outer(x)的返回值中再乘以 2,最后返回的结果就是 $2x^2$。需要注意的是,内嵌函数是不能从外部直接调用的(如图 4.16 中的第 7 行代码有误),它仅能被定义函数 outer()在自己内部(参见第 4 行代码,这是 outer()函数的返回值语句,也属于这个函数体)调用执行。

```
1  def outer(x):
2      def inner(x):
3          return x**2
4      return 2*inner(x)
5
6  print(outer(3))
7  inner(3)    #不能从外部访问内部定义的函数
```
18
```
NameError                                 Traceback (most recent call last)
<ipython-input-17-62890d786f8b> in <module>()
      5
      6 print(outer(3))
----> 7 inner(3)    #不能从外部访问内部定义的函数

NameError: name 'inner' is not defined
```

图 4.16 函数嵌套定义

前面已经提到,在实际调用函数时,给出的实参的顺序应该与形参的顺序一致。但若不影响形参值传递的结果且不存在二义性,也允许部分顺序不一致。如图 4.17 所示,第 6 行代码是按 c→a→b 的顺序给出实参值,则实际调用代码时就按 a=9→b=0→c=8 的顺序调用。在实际调用函数时,括号中的变量必须与形参变量一致,即只能用 a→b→c 的顺序调用函数,第 6 行代码改为 demo(x=8,b=9,c=5)是不行的。

```
1  def demo(a, b, c=5):  #定义带缺省参数的函数
2      print(a, b, c)
3  #调用函数
4  demo(3, 7) #没给对应的形参名称,按顺序赋予a b c;没给第三个参数,则采用缺省值5
5  demo(a=7, b=3, c=6) #重新给出了第三个参数的值
6  demo(c=8, a=9, b=0) #三个参数的顺序发生改变,用形参变量标识
7
3 7 5
7 3 6
9 0 8
```

图 4.17　缺省(关键)参数

另外,在实际中,有时不能确定调用函数需要多少个变量,即自变量数目不确定。例如,给定一组数目不定的自然数,要求函数返回这组自然数的平均数以及大于平均数的自然数。由于不清楚这组自然数有多少个数据,因此,可以在定义函数的形参前添加一个星号,表明调用该函数的自变量数目不确定,即函数可接收多个参数,代码实现如图 4.18 所示,第 4~8 行代码调用该函数时,可以用不同数量、种类的实参调用它。

```
1  def demo(*p):  #参数前带有一个星号
2      print(p)
3
4  demo(1, 2, 3)
5  demo(1, 2)
6  demo(1, 2, 3, 4, 5, 6, 7)
7  demo("12", "23", "34")
8  demo("abcd", 3.14, 12)
9
(1, 2, 3)
(1, 2)
(1, 2, 3, 4, 5, 6, 7)
('12', '23', '34')
('abcd', 3.14, 12)
```

图 4.18　可改变数量的函数参数

例 4.8　设计一个可以接收任意数量的实数的函数,它返回一个元组,其中第一个元素是所有参数的平均值,其他元素是大于平均值的数。

【提示与说明】　由于要求的自变量数目不确定,因此在定义函数时,要使用带一个星号的自变量。在求均值时,由于自变量数目不确定,因此可以使用 len() 或 sum() 方法得到自变量数目和总和。在求函数返回值时,可以使用生成式实现。伪代码如下,代码实现如图 4.19 所示,注意第 4 行代码返回值的表述方法,由于 avg 是一个浮点数,g 是一个列表,因此二者不能直接拼接,需要将二者都转换为元组。注意,return(avg,)中的逗号是不可少的,它将均值这个浮点数转换为一个元组,后面的 tuple(g) 当然也是把那些大于均值的、数量不确定的一组数据转换为元组类型,二者才能拼接为最终的结果。由于自变量是数目不确定的参数,因此在函数体外调用函数时要加上星号。

例 4.8：demo1(＊para)

Input：列表
Output：诸多数据的平均值，以及大于该平均值的一组数据
Steps：
1. 求平均值
2. 定义一个列表存放大于平均值的一组数据
3. 返回均值和列表

```
1  def demo1(*para):    #由于调用该函数的自变量数目不确定,这里要使用一个星号
2      avg = sum(para) / len(para)        #求平均值
3      g = [i for i in para if i>avg]     #使用生成式来定义列表
4      return (avg,) + tuple(g)           #返回值由平均值和大于该平均值的元组组成
5
6  mynumbers = list(map(float, input("请输入一组用空格隔开的数字").split()))
7  demo1(*mynumbers)
```
请输入一组用空格隔开的数字3.14 45.67 67.23 890
(251.51, 890.0)

图 4.19 使用带有一个星号的自变量标识不确定数量的自变量集合

4.5 变量的作用域

前面已经在一些例题中见到了有些变量的作用范围是在函数体内部而不是函数体外部，这就涉及变量的作用域问题。顾名思义，函数变量的作用域就是变量能起作用的范围，因为有些变量可以在整段代码(而不仅仅在函数内部)的任意位置使用，这样的变量称为**全局变量**；有些变量只能在函数内部使用(就像有些变量只能在 for 循环内部使用一样)，函数定义块之外是无法使用的，这样的变量称为**局部变量**。打个比方，函数运行的机制其实是系统为该函数开辟一个"特区"，相关的变量、算术、逻辑等只能在这个"特区"内使用；一旦函数运行结束，该"特区"即被撤销，相关的变量也不再有效了，也就无法再被使用了。

> 当函数被执行时，Python 会为其分配一块临时存储空间，局部变量会存储在这块空间中，所以在函数内部是可以调用这个局部变量的。函数执行完毕后，这块临时存储空间随即会被释放并回收，所以局部变量无法再被使用。

除了在函数内部定义的局部变量外，Python 还允许在所有函数的外部定义变量(全局变量)。全局变量的默认作用域是整个程序而非函数内部，可见全局变量是既可以在各个函数的外部使用，也可以在各个函数的内部使用。在函数体外定义的变量是全局变量；在函数体内，若定义变量使用 global 关键字对变量进行了修饰，则该变量也是全局变量。

下面看一个例子，如图 4.20(a)所示，虽然在函数 demo1 中的 print(count)语句(第 5 行)和第 8 行的 print(count)语句一样，但其结果是不同的：第 5 行代码是在函数体 demo1 中，即从外部调用 demo1()函数后执行 print(count)语句并打印出结果"1"，因为它执行的是函数内部"特区"的数据，此时变量

count 的值是 1；而第 8 行代码执行 print(count)语句会打印出结果"10"，因为它执行的是函数外部的数据（在第 1 行代码中定义），不理会函数内部的定义。那么，如何让内、外变量联动呢？如果需要在函数内部修改函数外部定义的变量，则需要在函数内部对该同名变量前添加 global（修饰符 global 添加在函数内部的同名变量前），意为该变量为全局变量，内外相通，这样就可以在函数内部修改该变量的值了。当跳出该函数时，会将变化的值永久保留（因为它是全局变量），并因此影响最终结果，如图 4.20(b)所示。另外，在调用函数时，要确保其要使用的变量都已经定义。

```
1   count = 10    #函数外的变量
2
3   def demo1():
4       count = 1
5       print(count)
6
7   demo1()    #打印函数内部定义的变量
8   print(count)    #与函数无关，打印的是外部变量
9
```
(a)

```
1   count = 10    # 函数外的变量
2
3   def demo1():
4       global count
5       count += 1
6       print(count)
7
8   demo1()
9   print(count)
```
(b)

图 4.20　变量的作用域

【课堂练习】不运行代码，你能猜猜图 4.20(b)和(a)各输出什么结果吗？

【对重点!!!】局部变量是在函数内部定义的变量，其作用域仅限于函数内部，出了该函数，该变量就不可再使用了。

例 4.9　在例 2.15 中，我们已经学习了求素数的方法。请使用函数定义的方法，在用户输入一个区间的上下界后，找出这个区间内的所有素数。要求定义两个函数：①函数 is_premenumber(number)判断待处理的变量 number 是否为素数；②函数 print_primenumber(begin, end)定义从 begin 开始到 end 结束的待处理的数据区间并打印。在主程序中调用 print_primenumber()函数，实现对指定区间内素数的输出。

【提示与说明】　素数是指只能被 1 和本身整除的数。代码实现如图 4.21 所示。按题目要求，首先定义两个函数，分别进行素数判断和素数输出。由于 2 这个自然数是素数，故不必判断，直接给出结果，跳出函数并返回逻辑值 True；对于其他的数字，则需要判断它能不能依次被 2、3、4 等一系列自然数整除，若其中有任何一个可整除该数，则跳出函数并返回 False。

【对重点!!!】请对比上面求素数的方法与例 2.15 中求素数的方法的不同之处。由于这里使用两个函数完成相应功能，且在 print_primenumber 中又调用了 is_primenumber，因此相当于"变相"执行了例 2.15 中的双重 for 循环。

【课堂练习】你能将例 4.9 的功能改为找出这个区间内的所有素数之和吗？

```
1   def is_primenumber(number):
2       if number == 2:
3           return True
4       for idx in range(2,number):
5           if number % idx == 0:  #从最小的2开始依次测试一下是否能被整除
6               return False  #若该数不是素数，则跳出函数
7       return True
8
9   def print_primenumber(begin, end):
10      for mynumber in range(begin, end+1):
11          if mynumber == 1:
12              print("1 既不是素数也不是合数\t")
13          elif is_primenumber(mynumber):
14              print("%d 是素数\t" %mynumber)
15
16  if __name__ == '__main__':
17      mybegin, myend = map(int,input("请用空格隔开输入区间下限和上限").split())
18      print_primenumber(mybegin, myend)
```

```
请用空格隔开输入区间下限和上限1 10
1 既不是素数也不是合数
2 是素数
3 是素数
5 是素数
7 是素数
```

图 4.21　素数判断

4.6　函数的递归调用

函数的递归调用是指一个函数在它的函数体内调用它自身。请注意，这里的函数又返回头来调用它"自身"，而不是其他函数，因此，图 4.21 所示不是函数的递归调用。递归调用一般是指重复一定的次数调用函数"自身"，每调用一次，就嵌入新的一层，这样便于把一个大型的复杂问题层层转化为一个比原自变量规模更小但逻辑处理方法一样的子问题进行求解，直到子问题无须进一步递归就可以得到结果(要有递归的终止条件)。

从上面的叙述中可见，函数的递归调用有 3 个特点：①要有递归终止条件；②要有递推关系，即可将复杂情况拆分到基本的案例，而且可能递归调用函数的参数有递减或递增的变化；③递归调用它"自身"。

下面通过几个例子看看函数的递归调用是如何实现的。

例 4.10　给出一个区间的下限数和上限数。使用递归调用函数的方法依次显示公差为 3 的等差数列，并尝试求这个数列的前 n 项的和。

【提示与说明】　如果单纯地实现显示这组等差数列的功能是比较简单的，同学们可自己用 range()函数实践一下。但如果需要用函数递归调用的方式，就要考虑在哪里更改参数变量、怎样设置递归终止条件、怎样实现递推关系等。显然，原始函数肯定有两个形式参数：下限和上限。在下限逐次逼近上限的过程中，就是递归函数发挥作用的时刻。据此，就可以设计出递归函数以实现上述功能了，代码实现如图 4.22 所示。注意：①函数递归调用时，参数一般会有递增或递减的变化，如第 4 行代码中的函数参数有变化；②第 4 行代码不能写 else 语句，这是因为那样就只能执行一次函数，无法达到函数递归调用的目的。

```
1  def listrangenumbers(lower, upper):
2      if lower <= upper:
3          print(lower, end=" ")
4          listrangenumbers(lower+3, upper)
5
6  listrangenumbers(1, 10)
```
1 4 7 10

图 4.22　函数的递归调用(1)

课堂练习

你能把例 4.10 的等差数列的公差改为 −1 吗？

再进一步,如果例 4.10 要求这个区间的等差数列的总和或这些数据的均值,该如何修改代码呢?此时,不仅需要在递归调用该函数时对形参执行下限逐次 +3 的操作,使其逐次逼近上限,当下限达到上限时停止递归调用,还需要在 else 子句中递归调用函数,而 if 子句的判定条件应该是当下限大于上限时函数返回 0(终止)。图 4.23 所示为求总和的一种方法。

```
2  lower = 0
3  def sumrangenumbers(lower, upper):
4      if (lower >= upper+3):
5          return 0
6      else:
7          return lower + sumrangenumbers(lower+3, upper)
8
9  sumrangenumbers(1, 10)
```
22

图 4.23　函数的递归调用(2)

有些问题非常适合用递归函数解决,好处是代码看起来很简单,但时间复杂度和空间复杂度也许并不低,这就涉及算法复杂性的问题了。这类问题中,比较典型的就是汉诺塔问题,如图 4.24 所示,其现实应用场景是:在编号 a#、b#、c# 的 3 根柱子上套着几个盘子,大盘子在下面,小盘子放在大盘子的上面。现在需要把 a# 柱上的盘子全部移到 c# 柱上并仍保持原有的上下顺序(大在下,小在上),在操作过程中,每个盘子可以置于 a#、b#、c# 中的任一柱上。要求:①每次只能移动一个盘子;②在移动盘子的过程中,3 根柱上都始终保持大盘子在下、小盘子在上的状态,如图 4.24 所示。

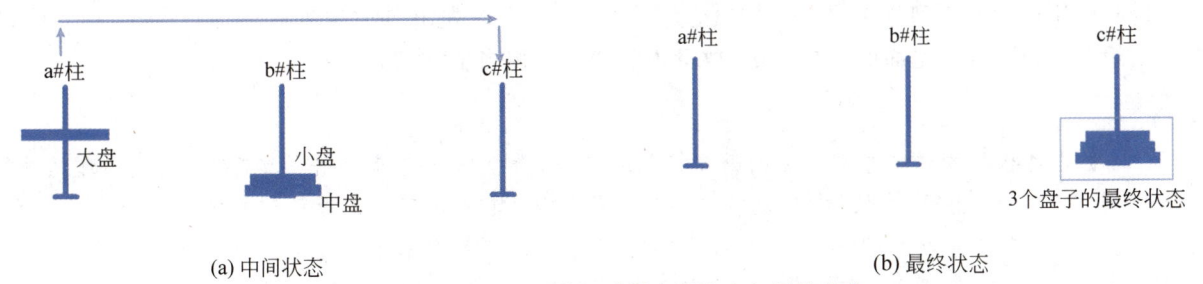

(a) 中间状态　　　　　　　　　　　　　　(b) 最终状态

图 4.24　3 个盘子时的汉诺塔中间状态与最终状态

针对上述汉诺塔问题,当盘子数量很少时,操作是很简单的,时间复杂度也不大。例如,如果在 a# 柱上仅有 1# 大盘子和 2# 小盘子,则先把 2# 小盘子放到 b# 柱上,再把 a# 大盘子放 c# 柱上,最后将

b#柱上的2#小盘子放到c#柱的1#大盘子上。但如果盘子的数量很多,则运行时间会急剧增加,甚至不可能在现实中实现(针对这个问题,同学们可以上网搜索结果)。图4.24(a)所示为3个盘子的汉诺塔移动的中间状态,此时小、中盘已经移动到b#柱,现在只需将a#柱上的大盘移动到c#柱即可。当这个中间工作完成后,再通过递归调用完成剩余任务,最终结果如图4.24(b)所示。

上述汉诺塔问题是递归函数非常典型的应用实例,其代码实现如图4.25所示,move()函数标识移动盘子,其形参中的第1个n表示盘子数量,后面的a、b、c参数分别代表3个柱子;move(m,a,b,c)就是把m个盘子从a#柱移动到c#柱,中间需要b#柱作为中转站;如果只有一个盘子(第3行代码),那是非常简单的,此时无须"中转"柱,直接把唯一的盘子从第1个柱子a移动到第3个柱子c即可,因此第3、4行代码也是递归的终止条件和动作,否则就要进行如下操作:①先将n-1个盘子放到中间的b#柱上(第6行代码,这也是递归的核心思想,注意现在的中转柱是c#,当然不是一下子把n-1个盘子一股脑地移到c#柱上,那样不符合规则,而是需要递归调用函数多次,直到满足结束条件为止,如第3、4行代码所示);②把最下面的一个盘子从a#柱移到c#柱,因为只是移动一个盘子,所以第7行代码的第一个参数是1,此时虽然不必再借助"中转"柱b#,但仍需提供3个参数,否则无法进入第3、4行代码的终止流程;③第8行代码将n-1个盘子从b#柱移动到c#柱(需要借助a#柱),很明显,这里和第6行代码异曲同工,是第6行代码的后续动作,这显然也是递归调用的思想。

```
1   #汉诺塔递归求解
2   def move(n, a, b, c):
3       if n == 1:
4           print(a, '-->', c)
5       else:
6           move(n-1, a, c, b)    # 思考一下为什么要这样写?
7           move(1, a, b, c)
8           move(n-1, b, a, c)
9
10  move(3, 'A', 'B', 'C')
```

A --> C
C --> B
A --> C
B --> A
B --> C
A --> C

图4.25 汉诺塔问题的递归求解

递归调用可能要用到算法中"栈"的概念。栈是一个"后进先出"或"先进后出"的数据结构。可以把数据想象为厨房餐柜里面的一摞盘子,放盘子的架子就相当于"栈"。

> 数据结构是算法中非常重要的概念。简单地说,数据结构包括数据及其逻辑结构、物理结构、数据运算等。例如,前面学习过的列表就是一种数据结构,其元素可以是数值型数据、字符串、字典数据等,可以嵌套定义列表,其逻辑结构是一组用方括号括起来的数据列表,其在计算机内部是按某种方式存储起来的、有顺序的一组数据,可以定义在列表上的一组操作方法等。

对于栈来说,在使用时,压在最下面的盘子是最后才能被使用的(先进后出),而放在最上面的盘子是最先被使用的(后进先出)。对函数的递归调用而言,每递归调用一次函数,就相当于把函数本身压进这个栈中(随着递归调用的进行,函数的参数值可能会递减、递加、改变位置等),再递归调用函数一次,又把这个函数(参数变化同上)再次压进这个栈中。当函数返回时(注意,这就要求一定要有一个压栈操作的终止条件,不能一直压栈而不返回弹出栈顶元素),即在满足一定条件后,递归调用要"逐级"往回返回函数值。这里所说的"逐级"是一级一级地逐级返回,就像我们从盘子架中取盘子一样,要从最上面的盘子开始按顺序一个一个地拿,而不能从中间抽取某一个盘子。

例如,对于图 4.26 所示的求 7!,可将待求解的 f(7) 入栈(放到栈最底部的"一楼",为方便表示,图中是位于最上层的)。之后,将其拆分成一个常量 7 和一个递归调用的函数 f(6) 的乘积,此时函数 f() 本身的处理逻辑不变,变的是函数参数由 7 变为 6,f(6) 放到栈的"二楼"(从上数第二层);再之后,函数 f(6) 又拆分成一个常量 6 和一个递归函数 f(5) 的乘积,f(5) 入栈为"三楼"(从上数第三层)。以此类推,最后入栈的是函数 f(1),此时是栈的"顶楼"(图中位于最底层),其值为 1,这个值称为 base case,即递归的终止条件。之后,开始出栈操作,依次由位于"最下层"的 f(1)、"次最下层"的 f(2)、f(3)、f(4)、f(5)、"上数二楼"的 f(6)、"上数一楼"的 f(7) 依次出栈,它们之间按设定的操作进行运算,最后出栈的就是要求的结果 f(7)。

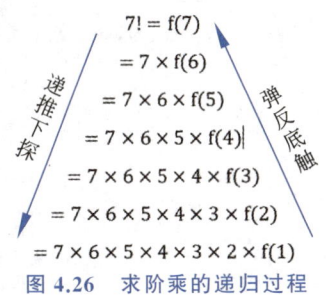

$$7! = f(7)$$
$$= 7 \times f(6)$$
$$= 7 \times 6 \times f(5)$$
$$= 7 \times 6 \times 5 \times f(4)$$
$$= 7 \times 6 \times 5 \times 4 \times f(3)$$
$$= 7 \times 6 \times 5 \times 4 \times 3 \times f(2)$$
$$= 7 \times 6 \times 5 \times 4 \times 3 \times 2 \times f(1)$$

图 4.26 求阶乘的递归过程

什么是递推关系呢?例如,对于汉诺塔问题而言,可以简单地理解递推关系如下:当对前 n−1 个圆盘进行操作时,因为第 n 个圆盘比前 n−1 个圆盘都大,可将最底下的第 n 个圆盘视作"地面";当要移动前 n−2 个圆盘时,第 n−1 个和第 n 个圆盘可以视作排好序的"地面";当要移动前 n−3 个圆盘时,第 n−2 个、第 n−1 个、第 n 个圆盘可以视作排好序的"地面",以此类推。当然,递推关系不能这样如"黑洞"般永远递推下去,它要有"触底反弹"的机制,再逐级返回调用它的上一级函数,这个"触底反弹"机制就是递归调用的终止条件。如果没有终止条件,则递归关系会如"黑洞"般一直递归调用下去,是错误的。

总结一下递归的特点:①要有一个向前推进的基准函数,即递推关系;②要有一个迭代递推的退出机制,也就是说,用递归求解问题,只要定义函数实现想要的功能,一般不用考虑具体的实现细节,只要不断递归调用这个函数即可,前提是要有向前推进的递推关系和退出机制的终止条件。

> 递归函数的结束条件与递推关系是要素。调用必须有结束条件,当条件满足后结束递归。

例如,求自然数的阶乘 f(n) 就比较适合用递归完成(也可以用循环机制)。从数学角度出发,我们知道 n!=n×(n−1)!=n×(n−1)×(n−2)!=⋯。解决这类问题是用相同的方法,例如在求阶乘的问题中,都要进行乘法操作,都要递归调用 f(参数)。在多次调用函数的过程中,参数要有递减(或递增)操作,例如当 n=7 时,求阶乘的函数 f(7)=7×f(6)=7×6×f(5)=⋯,此时最终要求的 f(7) 可依次由一系列函数值 f(6)、f(5)、f(4)、f(3)、f(2)、f(1) 的积表示,这里可以看到函数 f() 的参数是递减的。另外,要注意有终止条件,如 f(1)=1,满足终止条件后,要有返回的机制,即触底反弹。此时函数 f(n) 的参数 n 由 7 依次递减为 6、5 等,即递推下探的过程,如此重复,一直到 n=1 时触底反弹,如图 4.26 所示。

递归和循环有什么关系呢?一般来说,能用递归函数解决的问题,也可以用循环解决。如果用循环解决问题(如用 for 循环解决问题时),则要对循环控制变量进行操作;如果用递归解决问题,则要把递归终止条件放到条件判断中(如 if 语句块中),要有递归终止条件(如在 else 子句块中放置终止条件)。其实,虽然用递归写代码比较简洁,但执行效率可能并不高(你能从栈的操作中找出答案吗?)。

有些问题是可以用递归解决的。例如,针对上面提到的给出一个区间的下限数和上限数计算这组数的累加和的问题(例4.6),如果采用递归调用函数的方法处理,首先要设计递归终止条件(下限大于上限时终止递归)。在递归调用函数时,务必要注意函数的这两个参数要发生变化(此例中,下限参数应该逐次+1)。另外,由于此题是要计算累加和,因此不要忘记还要把前面已经算好的中间结果带上,如图4.27所示。

```
1  def sum(lower, upper):
2      if lower > upper:
3          return 0        #递归终止条件
4      else:
5          return lower+sum(lower+1, upper)    #函数的递归调用
6
7
8  myinput = input("请输入下限和上限,用空格隔开")
9  mylower, myupper = myinput.split()
10 mylower = int(mylower)
11 myupper = int(myupper)
12 sum(mylower, myupper)
```

图 4.27 用递归调用解决例 4.6 的问题

例 4.11 求给定某个自然数的阶乘,要求分别用普通循环和递归函数的方法求解。

【提示与说明】 如果用递归调用函数的方法求阶乘,则一定要有递归结束的"出口",以及在调用递归函数时相关参数要有变化;如果用循环的方法求阶乘,则要在循环体中完成变量的遍历和最终值的更新。图4.28给出了两种函数递归调用方法以及一种使用普通循环语句实现上述功能的方法,第4、5行代码以及第24、25行代码为递归终止条件,第7、27条语句为函数递归调用。

```
1  #用递归调用的方法求阶乘
2  def main(num):
3      def factorial(n):    #求递归的函数
4          if n==1:
5              return 1
6          else:
7              return factorial(n-1)*n    #递归调用,注意这里的变量要递减直到为1时退出递归
8      return factorial(num)
9
10 print(main(6))
11
12
13 #用普通循环的方法求阶乘
14 def main1(num):
15     a=1
16     for i in range(1,num+1):
17         a*=i
18     return a
19
20 print(main1(6))
21
22 #另一种递归
23 def fact_iter(num, product):
24     if num == 1:
25         return product
26     else:
27         return fact_iter(num - 1, num * product)    #递归调用
28
29 print(fact_iter(6,1))    #赋予实参,调用函数
```

图 4.28 求阶乘

> **课堂练习**
>
> 你能仿照图 4.28 的方法，求前自然数前 n 项的和 $\sum_{i=1}^{n} i$ 吗？

例 4.12 斐波那契数列指的是这样一个数列：1、1、2、3、5、8、13、21、34、…，即该数列的第一个、第二个元素分别是 1、1，之后的元素是其前两个数据之和，其通项公式为 $f_n = f_{n-1} + f_{n-2}$（$n \geq 3$）。请使用函数递归调用的方法实现斐波那契数列的构建。要求输入斐波那契数列总的项数 n，系统显示第 n 项（最后一个）数据，并求这组斐波那契数列的前 n 项数据的和。

【提示与说明】 斐波那契数列递推关系是：

$f_1 = 1, f_2 = 1, f_n = f_{n-1} + f_{n-2}$（$n \geq 3$）；上述功能实现的伪代码如下。代码实现如图 4.29 所示，其中第 2、3 行代码为迭代终止条件，第 5 行代码为函数递归调用。

伪码：Fibonacci(n)

Input：自然数 n
Output：Fibonacci(n)
Steps：
1. 当给定的自变量为 1、2 时，直接给出结果
2. 当自变量是大于 2 但小于 n 的数时，递归调用 Fibonacci()函数；注意自变量有变化（分别是 n-1 和 n-2）
3. 返回数列最后一项
4. 完成累加和

```
1  def Fibonacci(n):
2      if n <= 2:
3          return n
4      else:
5          return (Fibonacci(n-1)+Fibonacci(n-2))
6
7  nums = int(input("您的Fibonacci数列一共有几项？"))
8  print("最后一项的值是：", Fibonacci(nums-1))
9  #下面计算前n项数列的和
10 Sum = 1
11 for a in range(nums):
12     Sum = Fibonacci(a) + Sum
13 print(Sum)
```
您的Fibonacci数列一共有几项？9
最后一项的值是： 34
88

图 4.29 Fibonacci 数据最后一项（即前 n 项的和）

> **课堂练习**
>
> 你能将例 4.12 的功能改为显示 Fibonacci 数列的各项吗？

4.7 lambda 匿名函数

lambda 函数（或称 lambda 表达式）是一种特殊的"匿名"函数，它常用来定义临时使用的无须具名的函数，如仅包含一行表达式的无须定义函数名称的场合，以及需要一个函数作为另一个函数的参数

的场合(如在一个函数作为另一个函数的形参等场合下,示例可参见例 3.18)。它的用法很简单,如 **lambda x: x+5**,相当于接收一个数字变量 x,然后将该变量加 5 后作为这个函数的返回值返回给调用者。因此,对于不需要多次复用的函数,lambda 函数(表达式)可以在用完之后立即释放空间,这样不仅能提高性能,也简化了代码设计。

lambda 函数(表达式)的语法格式如下,其中,变量列表(自变量)可以是指定的"一组"参数列表,而不一定是"一个"参数,其参数值分别为后续表达式的一组输出结果,如图 4.30 所示。

```
name = lambda [普通变量或一组变量列表] : 表达式
```

例如,如果求两个数之和,若使用普通函数的方式,定义函数 add()如下:

```
def add(x, y):
    return x+ y
print(add(3,4))                        #用实参调用函数 add
```

若用 lambda 函数(表达式)完成上述功能,则可这样实现:

```
add = lambda x,y:x+y
print(add(3,4))                        #用实参调用函数 add
```

虽说 lambda 是匿名函数,但也可以给它起个名字,即定义"具名"函数,如:
func = lambda x, y: x+y   相当于 def func(x, y):
                                            return x+y

图 4.30 所示是判断两个数的大小并输出其中较大者的 lambda 函数的实现。可见,使用 lambda 函数可以使代码更简洁。

```
1  myfunc1 = lambda a, b: a if a > b else b
2  myfunc1(2,7)
3
7
```

图 4.30 使用 lambda 表达式判断两个数的大小并输出其中的较大者

例 4.13 使用 lambda 函数,分别计算用户输入的 3 个数的平方,并将计算结果显示出来。

【提示与说明】 可以用一条 lambda 语句直接计算出自变量的平方。图 4.31 所示是将 lambda 嵌入 map()函数,第 2 行代码中的 map(**function,iterable,**..)中第一个参数 function 由 lambda 函数承担,功能是计算相应变量的平方;第二个参数即自变量迭代对象 **iterable** 由列表[x1,x2,x3]组成,而这三个自变量的值则由第 1 行代码得到。

```
1  x1, x2, x3 = map(float, input("请输入用空格隔开的三个整数:").split())
2  print(list(map(lambda x:x**2, [x1,x2,x3])))
请输入用空格隔开的三个整数:3 4 5
[9.0, 16.0, 25.0]
```

图 4.31 lambda 函数示例(1)

lambda 表达式的结果可以视为函数返回值,属于可调用对象,不允许包含复合语句,但在表达式中可以调用其他函数,常用于内置函数,如 max()、min()、sorted()、map()、filter()等方法,以及对序列化数据中的元素定义。

例 4.14 使用 lambda 函数分别为 3 个列表元素和 3 个字典元素计算其表达式的对应函数值,要求:①3 个变量的值由键盘输入;②3 个列表元素要计算出对应自变量的平方、立方、四次方值;③3 个字典元素要计算出对应自变量的累加和 $\sum_{i=1}^{3} i$、累乘积 $\prod_{i=1}^{3} i$、累加和的平方根 $\sqrt{\sum_{i=1}^{3} i}$。

【提示与说明】 ①对输入的数据要使用 split()方法正确分隔开进行类型转换;②使用 lambda 表达式为列表变量 L 和字典变量 D 中的各个元素进行定义时,其值分别为输入的自变量数据的简单算术运算。注意显示结果时字典键-值对的一一对应,不要张冠李戴。代码实现如图 4.32 所示,第 3 行代码是定义列表 L 的 3 个值,它们分别由 3 个 lambda 表达式计算得到,可见列表元素可由表达式计算得到;第 4 行代码可理解为用第 2 行代码得到的实参值调用 lambda 函数;第 7 行代码定义字典 D 的 3 个键为 f1、f2、f3,其对应的值分别由 3 个 lambda 表达式计算得到,第 8 行代码可理解为用第 2 行代码输入得到的实参值调用 lambda 函数。

```
1  import math
2  x1, x2, x3 = map(int,input("请输入三个用空格隔开的正整数").split())
3  L = [(lambda x: x1**2),(lambda x: x2**3),(lambda x: x3**4)]
4  print("输入的三个变量的平方、立方、四次方的值分别是:",L[0](x1),L[1](x2), L[2](x3))
5
6  #用lambda定义字典D中的三个元素,自变量为常量
7  D = {'f1':(lambda:x1+x2+x3),'f2':(lambda:x1*x2*x3),'f3':(lambda:math.sqrt(x1+x2+x3))}
8  print("输入的三个变量的累加和、累乘积、累加和的平方根分别是:",D['f1'](), D['f2'](), D['f3']())
9
```

```
请输入三个用空格隔开的正整数2 3 4
输入的三个变量的平方、立方、四次方的值分别是:  4 27 256
输入的三个变量的累加和、累乘积、累加和的平方根分别是:  9 24 3.0
```

图 4.32 使用 lambda 表达式定义列表和字典中的元素

4.8 面向对象程序设计入门

Python 支持面向对象的程序设计思想,是面向对象的高级动态编程语言。简单地说,面向对象技术是一种以"对象"为基础、以"事件"或"消息"驱动该"对象"执行处理的程序设计技术。Python 中的一切内容都可以称为对象,如数字、字符串、列表、元组、字典、集合、类、range、zip、函数等。

> 面向对象程序设计主要是针对大型软件设计而提出的一种设计理念,其基本原则是计算机程序由多个能够起到子程序作用的单元或对象组合而成,它能更好地支持代码复用和设计复用,使得代码有更好的可读性和可扩展性,大幅降低了软件开发的难度。

4.8.1 类及其实例化

对相同类型的对象进行分类和抽象后,可得出共同的特征而形成类(class)。面向对象程序设计的关键就是如何合理地定义和组织这些类以及类之间的关系。可见,类用来描述具有相同的属性和方法的对象集合,它定义了该集合中每个对象共有的属性和方法。对象可以包括数据成员、属性或方法,数

据成员由类变量定义。

> 类用关键字 class 定义,是对某些具有相似特征和行为的对象的抽象。

例如,如果"人"(person)是一个类(class),那么它应具有人共同拥有的属性,如"性别"属性、"身高"属性等,但不能确定这个抽象的"人"是男还是女,也不知道抽象的"人"的身高是 180cm 还是 160cm 等。

再看看什么是对象实例化。在类定义的基础上,具体的某个实例就是对象的实例化。例如,把"人"(person)这个类实例化并赋给某个具体的变量 xiaoming,这个具体的实例 xiaoming 就是 person 类实例化后的结果,有明确的属性(如 xiaoming 是男的、身高 180cm)等;对象实例化后也有具体的方法(如跑百米用时 13 秒,说中文等)。这些具体的属性(如"男")和方法(如"讲中文"),在其父类 person 中是没有明确定义的。xiaoming 这个具体的对象就是抽象类的实例化结果,即所谓的"对象实例化"。

Python 完全支持面对对象设计的基本功能(如封装、继承、多态以及对基类方法的覆盖和重写等),它将数据及其对数据的操作封装在一起,组成一个相互依存、不可分割的整体,即"对象"。下面看看在 Python 中如何定义类及完成相应的操作。

Python 使用 class 定义类。类名(首字母一般要大写)跟一个冒号后,开始定义类的内部实现。定义一个类后,可以用来实例化具体的对象,并通过"对象名.成员"的方式访问其中的数据成员或成员方法。在 Python 中,可以使用内置方法 isinstance() 测试一个对象是否为某个类的实例。图 4.33 所示定义了一个类 Car 及其中的方法 information(),方法的作用是显示一句话。之后,第 5 行代码是定义该类的实例化对象变量为 mycar,第 7 行代码是调用该实例化对象中的方法(用"点"操作符实现的方法调用),第 8、9 行代码分别测试变量 mycar 和 abc 是否为 Car 这个类下面的实例化对象。

```
1  class Car:          #定义Car类。它没有父类
2      def information(self):   #类的成员方法 (一般不叫函数)
3          print("this is an example")   #方法体
4
5  mycar = Car()        #实例化,对象名为mycar
6  abc = "Demo"
7  mycar.information()  #用点操作符来访问其中的成员方法
8  print(isinstance(mycar,Car))  #使用isinstance()类测试一个对象是否为某个类的实例
9  print(isinstance(abc,Car))    #使用isinstance()类测试一个对象是否为某个类的实例

this is an example
True
False
```

图 4.33 类的定义与实例化

> isinstance(object,classinfo),其第一个参数 object 是实例对象或自定义的某个变量,第二个参数 classinfo 可以是直接或间接类名、基本类型(如 int 等)或者由它们组成的元组。

创建类时,用变量形式表示的对象属性称为数据成员,用函数形式表示的对象行为称为成员方法或属性(类的成员)。类的所有实例方法建议至少有一个名为 self 的参数(self 参数代表将来要创建的对象本身),并且 self 是方法的第一个形参(如果有多个形参)。在外部通过对象名调用方法对象时,并不需要传递这个 self 参数(如图 4.34 中的第 6、7 行代码所示),但如果在外部通过类名调用对象方法,一

般需要显式地为 self 参数传值)。实例的数据成员一般是在构造函数 __init()__ 中定义的,定义时以 self 作为前缀(如第 4 行代码所示)。另外,在 Python 中可以动态地为类和对象增加成员(如图 4.34 中第 11 行代码增加的 name 属性成员)。图 4.34 的第 6、7 行代码的 Car 类的实例化对象 car1、car2,分别是以 Red 和 Blue 这种 color 完成定义的(price 属性采用默认值 100),因此第 8 行代码的输出结果为"Red   100";第 9 行代码修改了类的 price 的属性值为 123;第 11 行代码增加了 Car 类的一个新属性 name 并赋值为 eee;第 12 行代码修改了 car1 的 color 属性为 Yellow,因此第 14 行代码的执行结果为"Yellow   123   eee"。同理可分析得到第 15、16 行代码的输出结果。

```
1   class Car:
2       price = 100              #类的属性price
3       def __init__(self,c):    #构造函数
4           self.color = c       #定义实例属性
5
6   car1 = Car("Red")            #实例化对象car1
7   car2 = Car("Blue")
8   print(car1.color, Car.price) #查看实例对象属性和类属性的值
9   Car.price = 123              #修改类的属性值
10
11  Car.name = "eee"             #动态增加类的新属性
12  car1.color = "Yellow"        #修改实例属性
13  car2.name = "WWW"
14  print(car1.color, Car.price, Car.name)
15  print(car2.color, Car.price, Car.name)
16  print(car2.name, Car.price)

Red 100
Yellow 123 eee
Blue 123 eee
WWW 123
```

图 4.34 类的成员和实例成员

在用 class 定义了一个主类(基类)后,在随后定义的其他类中可让其继承自这个基类(它是一个源于这个基类的派生类),如图 4.35 第 1~5 行代码为基类的定义,第 7 行代码定义了一个新类 Hi,它的基类是 Hello,在 Hi 类中又定义了该类自己的方法 sayHi()。请注意第 16 行代码的输出结果,说明派生类是可以使用基类方法 sayHello()的,但第 13 行代码是错误的,这是因为基类的实例化对象不能使用派生类中定义的方法。

```
1   class Hello:    #定义一个类Hello
2       def __init__(self,name):    #构造函数
3           self._name = name
4       def sayHello(self):
5           print("Hello {0}".format(self._name))
6
7   class Hi(Hello):
8       def sayHi(self):
9           print("你好啊 {0}".format(self._name))
10
11  h = Hello("Python程序设计")
12  h.sayHello()
13  #h.sayHi()
14  hi = Hi("算法基础")
15  hi.sayHi()
16  hi.sayHello()

Hello Python程序设计
你好啊 算法基础
Hello 算法基础
```

图 4.35 类的实例化与访问类属性及实例

另外，类和实例化方法也可以不在同一个 py 文件中，在图 4.36 中，首先在一个 py 文件（mylib.py）中定义了一个类 Hello，并在这个类中定义了一个名为 sayHello 的方法，其功能是打印"Hello World"字符串（图 4.36 上部）。其次，在该路径下的另一个 py 文件（loadotherlib.py）中通过 from 语句导入 mylib.py 模块，通过点运算符调用模块 mylib 中的类 Hello()并实例化为 h，再通过点运算符调用 h 中的 sayHello()方法（图 4.36 下部）。

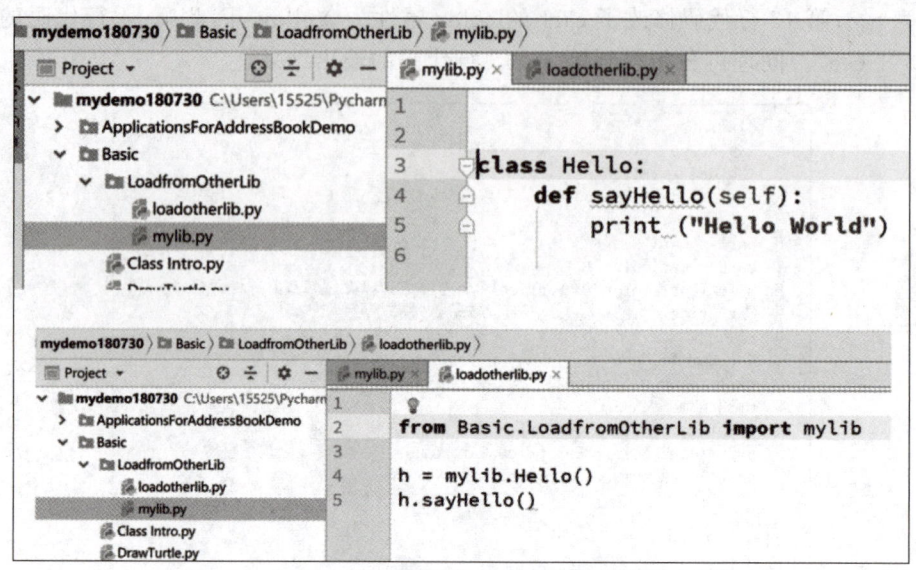

图 4.36　在不同的 py 文件中定义类和完成类的实例化

4.8.2　封装中的私有属性和私有方法

类通常会对用户隐藏其实现细节，这就是封装的思想。封装也是面向对象编程的核心思想，即将对象的属性和行为封装起来，其载体就是类。

例如，在图 4.37 中建立了 people 类，定义其一个私有属性为 name（类的 self 表示实例本身）。通过第 16 行代码将类实例化为一个对象 p 并赋予初值，但第 17 行代码通过对象 p 调用私有属性 name 是不可行的，会给出出错信息 "'people' object has no attribute 'name'"。根据面向对象的设计思想，私有属性只能被 get()、set()方法调用，因此有了第 10 行和第 12 行代码的 get()、set()函数。其中，第 10 行代码的 get()方法是用来获取私有属性的值，而第 12 行代码的 set()方法是用来设置私有属性的值。第 18 行代码通过 getName()方法调用私有属性 name 值，第 20 行代码通过 setName()方法设置私有属性 name 值，此时私有属性 name 的值由"张三"变成了"李四"，这样就封装好了一个 Python 的私有属性。有了私有属性的同时也有了私有方法。Python 私有方法的定义就是在前面加两个下画线，代表该方法为私有方法，如第 5 行代码就是私有方法的写法，但第 19 行代码用实例对象名直接调用私有方法也是不合适的。为此，第 14 行代码写了一个函数并通过自身 self 调用该类私有方法。

4.8.3　继承与多态

在面向对象程序设计中，继承是一种创建新类（称为子类）的机制，该类从现有类（称为父类或超类）继承其属性和方法；子类可以重写或添加父类中的属性和方法，并且可以继续被其他子类继承。通

```python
class people:
    def __init__(self,name,age): #定义构造方法
        self.__name=name #姓名
        self.age=age #年龄
    def __prepare(self):#私有方法
        print("吃饭")
    def __str__(self):
        msg = "姓名：{}，年龄：{}".format(self.__name, self.__age)
        return msg
    def getName(self):
        return self.__name
    def setName(self, name):
        self.__name = name
    def shuchu_prepare(self):
        self.__prepare()#私有方法只能通过self来调用
p=people("张三",10)
#print(p.name)报错类的私有属性不能被访问
print(p.getName())#可以通过get函数来获取姓名
#p.__prepare()对象不能访问私有方法
p.setName("李四")#修改name
print(p.getName())
p.shuchu_prepare()
```

张三
李四
吃饭

图 4.37 私有属性与私有方法

过继承，可以基于已经存在的代码创建新类，这样可以减少代码的重复编写。例如，如果需要编写多个具有相似功能的类，则可以将它们的共同属性和方法放在一个父类中，然后让这些类从父类中继承这些共同的属性和方法。具体来说，继承又分为单继承（如果一个子类只有一个父类）和多继承（在继承关系中，子类可以拥有父类功能，也可以拥有父类的父类功能，即最后一个类继承前面这些类中的所有功能）。

多态是面向对象编程中的另一个重要概念，指同一个方法在不同的对象上可以表现出不同的行为（如父类中成员被子类继承后，可以具有不同的状态或表现行为）。具体来说，是指一个函数、方法或运算符能够在不同的数据类型上以不同的方式展现。多态使得程序更加灵活和可扩展，这是因为它允许我们编写比较通用的代码，这些代码可以处理多种类型的对象和数据，并且在运行时通过多态动态地确定当时应该调用哪个具体的方法或具有哪些特殊的性质，有助于提高代码的可读性和重用性。在实现多态的过程中，通常使用继承和接口两个机制。①在继承中，子类可以重写父类的方法，从而实现不同的多态行为；②在接口中，不同的类可以实现同一个接口，并且通过相同的方法名进行调用，在调用时会根据实际的对象类型确定应该调用哪个具体实现。

例如，图 4.38 实现了单继承，其中第 4 行的 Cat 类继承了 Animal 父类，第 7 行的 Dog 类继承了 Animal 父类；因为 Cat 类继承了 Animal 类，所以 Cat 类可以重写 Animal 类中已有的 run()方法（第 5、6 行的函数）。

图 4.39 中，第 11 行代码定义的类 f1_2 同时继承了 f1 和 f2 两个父类。根据继承的思想，在建立子类 f1_2 对象时，需要调用其父类 f1 和 f2 的构造函数，在第 13、14 行分别调用 f1、f2 的构造函数__init__()。另外，多重继承同时继承了两个父类的方法，所以在第 24、25 行调用父类 father1()和 father2()时不会报错。

```
1   class Animal(object):
2       def run(self):
3           print("Animal running")
4   class Cat(Animal):
5       def run(self):
6           print("猫在跑")
7   class Dog(Animal):
8       def run(self):
9           print("狗在跑")
10  animal = Animal()
11  animal.run()
12  a = Cat()
13  a.run()   # 发生了多态
14  a = Dog()
15  a.run()   # 发生了多态
```

```
Animal running
猫在跑
狗在跑
```

图 4.38　单继承

```
1   class f1:
2       def __init__(self):
3           print("f1")
4       def father1(self):
5           print("f1父类函数")
6   class f2:
7       def __init__(self):
8           print("f2")
9       def father2(self):
10          print("f2父类函数")
11  class f1_2(f2,f1):
12      def __init__(self):
13          f1.__init__(self)
14          f2.__init__(self)
15          print("f1_2")
16      def exchange(self):
17          print("改变")
18  print("建立f1对象")
19  q1=f1()
20  print("建立f2对象")
21  q2=f2()
22  print("建立f1_2对象")
23  q1_2=f1_2()
24  q1_2.father1()
25  q1_2.father2()
```

```
建立f1对象
f1
建立f2对象
f2
建立f1_2对象
f1
f2
f1_2
f1父类函数
f2父类函数
```

图 4.39　多继承

第4章 函数与面向对象程序设计入门

本章小结与复习

学习本章内容后,同学们要掌握函数的定义和函数调用(含递归调用)的使用方法,理解函数的形式参数和实际参数的区别,理解变量的作用域、局部变量和全局变量的区别,掌握函数返回值的使用,掌握函数嵌套,掌握函数递归调用的方法及递归调用的终止条件的设计方法,掌握lambda函数(表达式)的使用,了解面向对象程序设计的基本思想。

习 题

1. 不用函数的递归调用,编写生成Fibonacci数列的函数fi(n)。要求从键盘输入变量n的值并调用这个函数fi(),使得生成的Fibonacci数列的最后一项m的值小于变量n的值,并输出生成的Fibonacci数列的各个项(1,1,2,…,m)。

【提示与说明】 既然题目要求不能使用递归调用的方法,因此可以使用while循环控制循环终止。

2. 编写一个去重函数,其输入参数是列表中的一组值,这个列表中的值可能有部分重复的元素。调用该函数,对列表中的重复元素进行去重操作后输出。

【提示与说明】 列表中的元素是可以重复的。如何判定某个元素是否与前面已经处理过的数据序列重复是首先要考虑的问题。可以另外建立一个列表存储不重复的数据。类似地,如果题目改为仅去掉某个列表中的偶数或奇数,也可以采用类似的方法。同学们可以自己试试去掉列表中的偶数或奇数。

3. 分别用列表定义本学期几门课程的期中考试和期末考试分数,列表中的每个元素为由课程名称、期中考试成绩、期末考试成绩的三元组组成的元组。可自拟考试科目和成绩,如[('数学',88,55),('物理',90,78),('化学',97,89),('生物',82,67)]。请分别按"期中考试"和"期末考试"的成绩,按各自的分数从低到高排序各个列表元素。

【提示与说明】 排序时,可以使用列表的sort()方法,其参数可以由lambda表达式进行设定。

4. 定义一个列表,其值为10(含)以内的自然数序列。编写一个函数,使用lambda表达式对这个列表中的数字分别求平方值和立方值。

5. 给定两个列表,分别存储交响乐队中部分乐器的名称以及其中管乐乐器的名称。定义一个函数,使用lambda表达式过滤其中的管乐乐器。

【提示与说明】 使用filter()方法过滤指定的字符串,在其中可以使用lamnda表达式。

6. 从键盘输入一句英文句子,以回车结束输入。分别按此句中各个单词的长度从小到大排序。

第5章 Python文件与路径的基本操作

为了长期保存数据,也为了能和其他人分享或使用相关数据,就需要对文件进行操作。在实际工程应用中,经常会出现读取某个文件中的数据并在经过某些处理后再把结果存到其他文件的情况,这时就要用到对文件的操作了。本章提到的文件主要包括**文本文件**(没有特定格式的纯文本文件,如 txt 文件等,内容由各行组成,行末有回车换行符,文本文件中的内容无须特定的解析软件即可直接阅读)、csv 文件等简单类型。另外,经常遇到的文件格式还有各种**二进制文件**(内容以字节串的形式进行存储,如 jpg 图片、mp4 文档、数据库文件、PDF 文档等;通常情况下,若无专门的软件进行解码,其中的内容是无法直接编辑、阅读的)等。由于对文件的操作需要在相应的文件夹下进行,因此掌握路径的操作也是必要的。限于本书的科普性质,本章只学习针对 txt 文件、csv 文件等常见文本文件的操作以及相应的基本路径的操作方法。

学习本章内容时,要求:

- 掌握 Python 常用的文件操作方法,包括常用内置方法和部分标准方法、外部引用包的携带方法等;
- 掌握 txt 文件、csv 文件等常见文本文件的打开、读取数据、写入信息的基本操作方法;
- 掌握文件路径的基本操作方法。

5.1 读写文本文件

为了长期保存、传输、修改数据,很多时候需要用文件(包括数据库)存储和管理相关的数据。当程序运行时,变量虽然可用来保存和传递数据,但变量以及对象中存储的数据是暂时的,程序结束后就会丢失。如果希望永久保留数据,就需要将数据保存到文件中,这时就要用到文件操作了。Python 提供了内置的文件对象,以及对文件、目录进行操作的内置模块。可以说,掌握对文件及其路径的操作是十分重要的。

文件一般可以分为纯文本文件(如 txt、ini 文件等)、特定的表格文件(如 csv 文件等),以及非文本文件(如 pdf、docx、jpg、mp4 等)。对文件的操作一般包括打开文件(open)、读取数据(read)、写入数据(write)、关闭文件(close)等。对于其他非纯文本的二进制文件(如 JPEG、数据库文件、PDF 文档等),需要了解二进制文件的读取方法,这里可能要用到序列化的概念,它可以理解为将内存中的数据在不丢失其类型信息的情况下转换成对象的二进制形式的过程,Python 中常用的序列化模块有 struct、pickle 模块等。限于篇幅及本书的科普定位,这里不再详细介绍二进制文件的读写方式,且不再区分纯文本文件和特定的表格文件。本章将简介 txt、csv(以逗号等符号作为分隔符的特殊文本文件)等类型的文件的读写与数据使用方法。

5.1.1 打开和关闭文件的基本操作

Python 内置了不少和文件操作有关的方法,如通过 open()方法可按指定的模式(mode)"读"或"写"或"追加"数据。通过内置方法 open()可以打开路径下的某个文件;如成功,则返回一个可迭代的文件对象;如果欲打开的文件不存在或打开失败,则系统会给出异常,其语法如下(注:对中学生来说,只需要了解 file、mode、encoding 参数的使用方法即可;若需要深入了解其他相关参数的使用方法,可参考相关手册,这里不再全面介绍):

```
open(file, mode, buffering, encoding, ...)
```

- file 参数:指定欲打开的文件名称,这是必须提供的参数。
- mode 参数:指定打开文件后的处理方式,部分常用 mode 参数及功能如下。

r:以只读方式打开文件,文件的指针将会放在文件的开头。
w:写入信息。如果该文件已经存在,则先清空原有内容;如果该文件不存在,则创建新文件。
a:追加新内容,但不覆盖原有文件中的内容。
b:二进制,可以与其他模式组合使用。
t:文本模式。
+:可与其他模式混合使用。
rb:以二进制格式打开只读文件,文件指针在文件开头。
wb:以二进制格式打开文件并写入信息,文件指针在文件开头。

- buffering 参数:指定读、写文件的缓存模式,0 表示不缓存,1 表示缓存,大于 1 表示缓冲区的大小,默认是缓存模式。
- encoding 参数:指定对文本文件进行编码和解码的方式,如 GBK、UTF-8、CP936 等,当不给出 encoding 参数时,默认编码格式是 UTF-8,在 Windows 平台下自动采用 GBK(CP936)编码。

一般来说,对文件的操作包括①打开文件:使用 open()语句打开文件,它会返回一个文件对象;②对这个文件对象执行读、写等操作:读操作可使用 read()、readline()、readlines()等方法实现,写操作可使用 write()、writeline()、writelines()等方法完成。

还有一种打开和关闭文件的方式是使用上下文管理语句with open(文件名,mode,encoding) as f:。with 语句块可以自动管理资源,不论什么原因跳出 with 代码块,它都能保证文件被正确关闭,并且可以在代码块执行完毕后自动还原进入该代码块时的上下文,此时无须再使用 close()语句关闭文件,常用于文件操作、数据库连接、网络连接、多线程与多进程同步时的锁对象管理等场合。当然,对文件执行什么读、写操作,还要程序设计者自己设计,with 语句块并不管要读还是要写文件,它只负责执行 open()语句打开文件并在结束后自动关闭文件。例如,向打开的指定文件中追加字符串信息,下框中右侧的代码一般比左侧的代码更实用。

```
s = 'hello'
f = open('文件名.txt', 'a+')
f.write(s)
f.close()
```

```
s = 'hello'
with open('文件名.txt', 'a+') as f:
    f.write(s)
```

5.1.2 读写文本文件的基本操作

对文件的操作有很多种类,常见操作包括创建文件、删除文件、修改文件读写权限、读取文件中的内容、将相关内容写入文件等。由于本书的科普性质,因此这里只介绍写入、读取文件操作。

读操作的常用方法有以下几种。

- read([size]):一次性读取整个文件内容,可选参数 size 指定读取块的大小。
- readline([size]):每次读取一行内容(包括\n 字符),可选参数 size 指定读取块的大小。
- readlines():一次性读取整个文件内容并按行返回到列表,以便进行遍历操作。

例 5.1 使用 open()方法的写模式创建一个文本文件,并向其中写入自定义的一组字符串。之后使用 open()的读模式打开,并使用 read()、readline()、readlines()方法读取内容,分析读到内容的区别;再使用 with 语句块打开文件,并分别使用 read()方法以及 for 循环遍历打开文件的方法,分别读取其中的内容。

【提示与说明】 首先完成文件创建及写内容的操作。在 open()方法中可定义打开文件的名称,操作模式 w 是写操作模式,若该文件不存在,就创建它并把文件句柄赋值给某个变量,之后通过写文件内容的 write()方法向这个文件写入内容。代码如图 5.1 所示。第 7 行开始的代码是使用 open()方法并以读的模式打开上述文件,记得要用 close()方法关闭文件。第 13~20 行是采用 with 语句块管理文件,注意 read()、readline()、read lines()方法执行后结果的区别,因为它是可迭代对象,因此可以使用 for 循环显示文件内容(如第 24 行代码所示)。

例 5.2 向一个文本文件中写入指定次数的一个字符串后,显示写入的内容。

【提示与说明】 在打开文件时指明写模式,写入用 write()方法,读取用 read()方法。既然是指定次数,那么就要用到循环操作。代码实现如图 5.2 所示。

例 5.3 当前路径下的文本文件 english.txt 中有 3 行英文文本,如图 5.3 所示。定义 3 个函数,分别使用 read()、readline()、readlines()方法读取内容并显示,要求使用 read()和 realine()方法时指定读取字符块的大小。

【提示与说明】 定义 3 个函数,如图 5.4 所示。直接通过 open()方法打开文件,执行完毕后,记得使用 close()方法关闭。read()、readline()方法可读取指定字符数的文本块,但 readlines()方法无法指定读取字符数的大小。

打开一个文本文件并向其中写入信息的方法,与打开一个文件并从其中读出信息的方法是类似的,都需要通过 open()方法做好准备,如图 5.5 所示,只不过在 open()方法中要设定文件操作模式为写模式(模式含义参见上文),使用 write()方法可以写入信息。

第5章 Python文件与路径的基本操作

```
1   #建立文件并向其中写入字符串
2   s = 'Hello world\nHello Romania\nHello Suceava\n'
3   with open('sample.txt', 'w') as myfp:        #若文件不存在就创建它
4       myfp.write(s)   #写入信息之后关闭文件
5
6   #下面是直接打开文件并读取内容的方法
7   f = open('sample.txt','r')
8   str1 = f.read()
9   print("直接打开并读取文件：",str1,"文件字符长度是：", len(str1))
10  f.close()
11
12  #下面是使用with块打开并读取文件内容的方法
13  with open('sample.txt') as fp:
14      print("使用with打开并read方法:",fp.read())
15
16  with open('sample.txt') as fp:
17      print("使用with打开并readline方法:",fp.readline())
18
19  with open('sample.txt') as fp:
20      print("使用with打开并readlines方法:",fp.readlines())
21
22  print("另一种通过遍历可迭代对象而显示内容的方法")
23  with open('sample.txt') as fpp:
24      for myline in fpp:
25          print(myline, end = "")
```

```
直接打开并读取文件： Hello world
Hello Romania
Hello Suceava
 文件字符长度是： 40
使用with打开并read方法: Hello world
Hello Romania
Hello Suceava

使用with打开并readline方法: Hello world

使用with打开并readlines方法: ['Hello world\n', 'Hello Romania\n', 'Hello Suceava\n']
另一种通过遍历可迭代对象而显示内容的方法
Hello world
Hello Romania
Hello Suceava
```

图 5.1　直接打开文件和使用 with 语句块打开文件

```
1   file = open('demo.txt', 'w')
2   for count in range(1,4):
3       file.write(str(count)+":"+"重要的话说三遍\n")
4   with open('demo.txt') as fp:
5       print(fp.read())
6
```

```
1:重要的话说三遍
2:重要的话说三遍
3:重要的话说三遍
```

图 5.2　写入指定次数的字符串

```
From the moment that Asia-Pacific leaders arrived in Bangkok for the first in-person APEC Economic Leaders' Week in four years,
the focus has been on how members in the grouping can facilitate free and open trade and investment,
reconnect the region, and promote sustainable economic growth.
```

图 5.3　文本内容

```
1   #使用read()方法读取文件中指定字符数
2   def file_read(fname):
3       txt = open(fname)    #打开文件
4       print("1. read()读取指定字符数：",txt.read(20)) #读取指定大小块的文件
5       txt.close()
6
7   #使用readline()每次读取一行内容
8   def file_readline(fname):
9       txt2 =open(fname)
10      print("2. 使用readline()结果：",txt2.readline(20))  #也可以指定size
11      txt2.close()
12
13  #使用readlines()读取文件内容并按行返回list
14  def file_readlines(fname):
15      txt3 = open(fname)
16      for i in txt3.readlines(): #readlines()size无效
17          print("3. 使用realines()结果：",i, end = "")
18      txt3.close()
19
20  file_read("english.txt")
21  file_readline("english.txt")
22  file_readlines("english.txt")
```

1. read()读取指定字符数： From the moment that
2. 使用readline()结果： From the moment that
3. 使用realines()结果： From the moment that Asia-Pacific leaders arrived in Bangkok for the first in-person APEC Economic Leaders' Week in four years,
3. 使用realines()结果： the focus has been on how members in the grouping can facilitate free and open trade and investment,
3. 使用realines()结果： reconnect the region, and promote sustainable economic growth.

图 5.4 read()、readline()、readlines()方法使用示例

```
1   s = "Hello World\n文本文件的读取方法\n算法与数据结构\n"
2   with open("sample_1.txt", "w") as fp:
3       fp.write(s)
4   with open("sample_1.txt", "r") as fp:
5       print(fp.read())
```
Hello World
文本文件的读取方法
算法与数据结构

图 5.5 向文件中写信息

要掌握对文件对象的读写操作。
- 以读模式打开文件并设定文件对象 f1： f1= open("文件名",'r')
- 以写模式打开文件并设定文件对象 f1： f1 = open("文件名",'w')
- 从文件对象 f1 中读取信息并赋值给变量： str =f1.read()
- 关闭由 f1 对象指向的文件： f1.close()

如果需要读取某个源文件中的内容并将其写入其他文件，则可在一条 with 语句中同时定义要读入信息的源文件和要写入信息的目标文件，如图 5.6 所示，其中 src 和 dsc 分别代表源文件和目标文件，注意二者的 open()方法中的模式是不一样的；src.read()是返回读取的源文件内容并放置在缓存中，dst.write()则是将存于缓存的已读取的信息写入目标文件。

```
1  with open("sample_1.txt","r") as src,open("sample_2.txt","w") as dst:
2      dst.write(src.read())
```

图 5.6　同时读取源文件中的内容并写入目标文件

下面通过一个例子看看在 open()方法中用来控制字符编码方式的 encoding 参数的用法。

图 5.7 所示是通过定义函数的方式,将一个以 CP936 编码的文本文件中的内容复制到另一个使用 UTF-8 编码的文本文件中的操作。此例通过两个嵌套的 with 语句分别以读(第 2 行代码)和写(第 3 行代码)的方式打开两个文件,并分别赋值给两个文件变量。在通过 read()方法读出源文件内容后,将其作为参数传递给 write()方法,完成对目标文件的写入。注意第 2 行和第 3 行代码分别在 open()方法中设置了文件编码方式,其参数来源于函数的形参。在最后调用该函数时,指明了源文件、目标文件、源文件编码方式、目标文件编码方式等。

```
1  def fileCopy(src, dst, srcEncoding, dstEncoding):
2      with open(src, 'r', encoding=srcEncoding) as srcfp:
3          with open(dst, 'w', encoding=dstEncoding) as dstfp:
4              dstfp.write(srcfp.read())
5  fileCopy('sample.txt', 'sample_new.txt', 'cp936', 'utf8')
```

图 5.7　复制文件时对文件编码的转换

从图 5.7 函数定义中,要再一次理解形式参数和实际参数的区别。

由于本书的科普性质,因此这里仅给出有关文件的常用操作方法(如表 5.1 所示,这里假设文件变量为 f),有关文件操作的完整内容,可参阅相关 Python 编程手册。

表 5.1　对文件的常用基本操作方法

方　　法	说　　明
f.open()	在 open()方法中指定打开某文件及其模式,并赋值给文件变量 f
f.close()	把缓冲区中的内容写入 f 文件,同时关闭 f 文件并释放文件对象
f.flush()	把缓冲区中的内容写入 f 文件(但不关闭文件)
f.write(aString)	将 aString 表示的内容写入打开的文件 f 中,返回写入的字符数
f.writeline(aString)	把内容列表写入文件 f 中
f.writelines(aString)	把内容列表写入文件 f,不添加换行符
f.read([size])	读取 f 文件内容并以字符串的形式返回,size 可选参数为字符数,未指定时读取所有内容
f.readline(size)	从文件 f 中读取一行内容作为结果返回,size 指定读取块的大小
f.readlines([sizehint])	一次性读取整个文件内容并按行返回到列表
f.seek(offset [,from])	改变文件 f 的当前指针位置;offset 是相对于 from 的位置:from 是默认值 0,表示开头;1 表示当前位置;2 表示文件结尾。示例如例 5.4、例 5.5 所示

下面通过几个例题说明表 5.1 中部分方法的使用。

例 5.4　考察 seek()方法的使用。假设有一个文本文件 sample.txt,现在要以写模式打开它,并在特定位置插入新的给定字符串,插入位置和插入内容可在代码中自行定义。

【提示与说明】 这道题目考察 seek()方法的使用。通过 with 语句块以写方式打开文件,采用 seek()方法定位到需要的位置上,再基于 write()方法写入信息,如图 5.8 所示。

同理,也可以通过 seek()方法定位到特定位置后读取相应长度的内容,如图 5.9 所示。

```
1  with open("sample.txt", 'w') as fp:
2      fp.seek(12,0)    #定位
3      x =fp.write("众志成城")
4      print("写入的字符数是: ", x)
写入的字符数是: 4
```

图 5.8 seek()方法定位并写入信息

```
1  f = open("sample.txt","r")
2  f.seek(6)
3  str1 = f.read(50)
4  print(str1,len(str1))
众志成城 10
```

图 5.9 seek()方法定位并读取信息

例 5.5 假设一个文本文件 data.txt 中有若干用英文逗号分隔的多行数据,这些数据可能是数量不等的整数或小数(但无字母和特殊符号)。这些行的数据头、尾可能有数量不等的空格。请先清洗数据,删除头、尾空格,之后将这些整数按升序排序后,再用分号分隔,写入另一个文本文件 data_asc.txt 中。

【提示与说明】 首先要打开文件,可通过 readlines()方法读取所有行。数据清洗时,可以用 strip()方法移除每行头、尾的指定字符,默认为移除空格或换行符,但该方法只能删除开头或结尾的字符,不能删除中间部分的字符。为了便于统一处理这些位于多行的数,可以将它们以逗号为分隔符拼接起来,形成一个"大串"。之后,用 split()方法分隔得到一组数字字符串序列,通过类型转换为整数后,放入一个列表中,对该列表采用 sort()方法排序,最后在这些有序数据之间插入指定的分号分隔符,将排好序的、中间添加了分隔符的这串数据写到新的文件中。伪代码如下。

例 5.5:
Input:文本文件
Output:文本文件
Steps:
1. 打开文件读取所有内容
2. 清洗数据
   2.1 利用读取内容的可迭代特征遍历它并分别进行处理
3. 将干净的数按"特定字符"拼接在一起,以便于集中处理
4. 按"特定字符"进行分隔,得到纯数内容的字符串
5. 类型转换为整数并存于列表中
6. 对列表中的纯数据进行排序
7. 在各个已经排好序的数据之间插入指定的分号作为分隔符
8. 写文件

代码实现如图 5.10 所示。第 3 行代码完成无关字符清理;第 4 行代码是以逗号为分隔而合并所有行,但执行完毕后会在最后增加一个逗号进行数值类型转换,因此第 5 行代码的作用是将最后那个多余的逗号删除,且由于字符串函数 rstrip()执行完毕后不影响原字符串 data 的内容,故这里将其赋值给一个新的变量 newdata。后续完成类型转换、排序、写文件等操作,详见图 5.10 中的代码注释,这里不再赘述。

例 5.6 打开含有多行英文句子的一个文本文件,如图 5.11 所示。统计其最长行的英文字符数,并显示该行内容。

第 5 章 Python文件与路径的基本操作

```
1  with open('data.txt', 'r') as fp:
2      data = fp.readlines()              #读取所有行
3  data = [line.strip() for line in data]  #删除每行两侧的空白字符
4  data = ','.join(data)                   #合并所有行
5  newdata = data.rstrip(",")
6  newdata = newdata.split(',')            #分隔得到所有数字字符串
7  newdata = [float(item) for item in newdata]  #将字符转换为数字
8  newdata.sort()                          #升序排序
9  newdata = ';'.join(map(str,newdata))    #将结果再转换为字符串
10 with open('data_asc.txt', 'w') as fp:   #将结果写入文件
11     fp.write(newdata)
```

图 5.10 综合示例（1）

> sample.txt - 记事本
>
> DOHA - A controversial 63rd minute penalty by Cristiano Ronaldo put Portugal on the way to a 3-2 win over Ghana, with all the goals coming in the last half hour.
>
> There seemed to be minimal contact between the striker and Ghana defender Mohammed Salisu in the box in the 62nd minute. The striker went straight to ground and the referee pointed to the penalty spot, to the fury of the Ghana team.
>
> Ronaldo kept calm and fired decisively home to become the first male player to score in five consecutive World Cups.

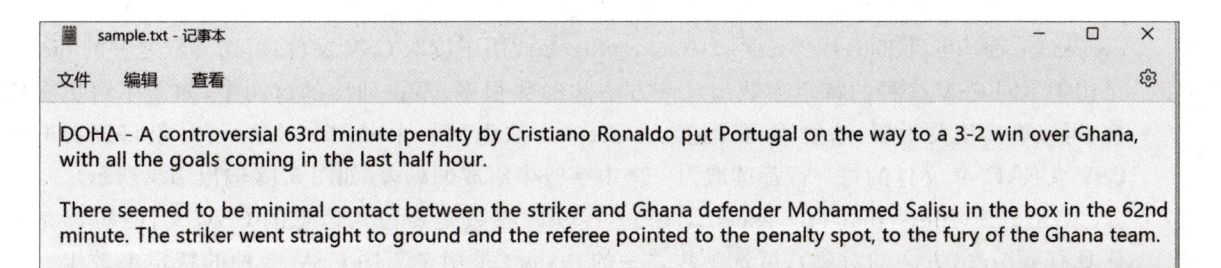

图 5.11 示例文本文件

【提示与说明】 首先打开这个文本文件。因为每一行的字符数长度都不一样，而列表可以存储不同的元素类型，因此可定义一个列表，列表的第一个元素为某行的字符数，第二个元素为该行内容（某个字符串）。采用循环机制，依次顺序读取文件中的每一行，若其长度大于已处理的行的长度，则将该行字符内容与其长度存储在列表中，否则不变。可见，这就是一个找最大值的算法。这样，就能保证这个列表中存储的是最长那行的长度及其对应的字符串内容。最后输出这个列表中的元素，即可得到最长行的字符串以及字符数。伪代码如下，代码实现如图 5.12 所示。

例 5.6：

Input：文本文件
Output：含字符数最多的行的内容及对应的字符数
Steps：
1. 打开文件读取所有内容
2. 定义存储最终结果的列表：其第一个元素为待处理行中的字符数，第二个元素为字符串内容
3. 依次读取各行内容
　3.1 若其长度大于列表中的第一个元素，则存储到列表，否则继续判断下一行的内容

5.1.3 读写 CSV 文件的基本操作

CSV 文件（全称是 Comma-Separated Values，意思是逗号分隔值）可以用 Excel 打开。鉴于本书的科普定位，可以利用 Python 自带的标准 CSV 模块中的 reader 类和 writer 类读写 CSV 文件的数据：使用其中的 csv.reader() 函数接收这个 CSV 文件对象，就可以通过迭代对象的方法处理文件中的各行内容；使用其中的 csv.writer() 函数可向其中写入信息。下面对这两个方法的主要参数进行简介。

```
1  with open('sample.txt') as fp:
2      result = [0, '']    #第一个参数为字符串（默认为0），第二个参数存该行内容
3      for line in fp:
4          t = len(line)
5          if t > result[0]:
6              result = [t, line]
7  print(result)
8
```

```
[233, 'There seemed to be minimal contact between the striker and Ghana defender Mohamm
ed Salisu in the box in the 62nd minute. The striker went straight to ground and the re
feree pointed to the penalty spot, to the fury of the Ghana team.\n']
```

图 5.12　排序各行长度

- csv.reader(csvfile，[dialect='excel']，…)。csvfile 参数用于读取 CSV 文件；可选参数之一的 dialect 是用于不同 CSV 变种的特定参数组。该方法的参数很多，不止列出的这两个，如需了解更多内容，可以查询相关手册，这里不再详述。reader()方法返回一个 reader 对象，该对象将逐行遍历 CSV 文件，CSV 文件的每一行都读取为一个由字符串组成的列表（如图 5.13 输出结果所示）。
- csv.writer(csvfile，[dialect='excel']，…)。csvfile 参数是要写入信息的 CSV 文件（可以是任何具有 write()方法的对象）；可选参数之一的 dialect 是用于不同 CSV 变种的特定参数组。该方法也有其他多个参数，不再赘述。writer()方法返回一个 writer 对象，该对象负责将用户数据在给定的文件类对象上转换为带分隔符的字符串。

例 5.7　在当前路径下，一个名为 student_scores.csv 的文件中存储了多行信息，每行的属性列为 sno、sname、grade（分别代表学号、姓名、考试分数），每行数据对应于一个学生的信息。请显示该 CSV 文件中各行的信息。

【提示与说明】　可使用 CSV 包中的 reader()方法读取该 CSV 文件的内容，CSV 文件的每一行被读取为一个由字符串组成的列表，也可将其转换为字符串。代码实现如图 5.13 所示。第 1 行代码首先导入相关的用来处理 CSV 文件的包，第 3 行代码为使用 csv.reader()方法读取打开的 CSV 文件，读取的内容可被迭代处理（第 5~8 行代码的 for 循环）。由于本 CSV 文件的第 1 行为属性信息，因此输出的第 0 行显示的是具体的字段结构信息，而非某个具体同学的信息。

```
1  import csv
2  with open('student_scores.csv') as csvfile:
3      mystring = csv.reader(csvfile)
4      i = 0
5      for row in mystring:
6          print("第 %d行的列表信息：" %i,row)   #列表
7          i +=1
8          print(', '.join(row))    #字符
9
```

```
第 0行的列表信息： ['sno', 'sname', 'grade']
sno, sname, grade
第 1行的列表信息： ['1001', 'smith', '70']
1001, smith, 70
第 2行的列表信息： ['1002', 'tom', '50']
1002, tom, 50
第 3行的列表信息： ['1003', 'alan', '90']
1003, alan, 90
```

图 5.13　读取 CSV 文件中各行的信息

> 一个数据表是由横着的"行"和纵着的"列"组成的。列是结构信息,即每一行都要有的字段结构,如"姓名 性别 年龄"等;而每一行是一组特定的人或物的各个属性信息,如"晓明 男 12"等。列称为结构,行称为记录。

例 5.8 向上述 CSV 文件中增加一行信息,包含学号、姓名、考试成绩等信息(具体数据值可自行在代码中给定)。

【提示与说明】 在 open()方法中以追加方式打开上述 CSV 文件(参见图 5.14 第 2 行代码中的'a'模式),并将文件对象 csvfile 作为参数传递给 csv.writer()方法,可以向该文件写入信息。由于各行是以列表形式存储的,因此拟增加的信息也用列表方式表示,如图 5.14 所示。

```
1  import csv
2  with open('student_scores.csv', 'a') as csvfile:
3      mywriter = csv.writer(csvfile)
4      newrow = [1004,"Hao",100]   #拟增加的行中各个属性列的信息
5      mywriter.writerow(newrow)
```

图 5.14 向 CSV 文件中写入一行信息

CSV 文件的 writerow()是单行写入,即将一个列表全部写入 CSV 的同一行;CSV 文件的 writerows()是多行写入,即将一个二维列表的每一个列表写为一行,适合于写入多行信息。因此,可以用 writerow()完成对数据表结构的定义(定义属性字段),用 writerows()完成对多行信息的写入(录入多行数据)。

课堂练习
请使用 CSV 文件的 writerows()方法,仿照图 5.14 中的示例,一次性地在 CSV 文件中插入多行数据。

例 5.9 新建一个 CSV 文件,写入两名同学的基本信息(班级号、姓名、性别、身高、爱好),之后打开该文件,显示刚才写入的信息(首行是属性信息,接下来是这两名同学的记录信息)。

【提示与说明】 向一个新建的 CSV 文件中写入信息时,首先要定义它的结构(属性或字段名)。本题要求的字段结构是班级号、姓名、性别、身高、爱好,可以先用一个列表进行定义,通过 writerow()写入字段的结构信息(参见图 5.15 第 2、3 行代码)。之后,通过 open()方法新建并打开该 CSV 文件后,通过 writerow()写入结构,即属性信息,writerows()一次性写入各个记录的详细信息。完成写入后,可以使用文件的 reader()方法读取并迭代输出每一行信息以完成显示。

```
1  import csv
2  header=['班级','姓名','性别','身高','爱好']
3  rows=[['001','晓明','男',178,'足球'],['002','晓红','女',162,'钢琴']]
4  with open('mynewcsv.csv','w',newline='') as f: #newline=""是为了避免写入之后有空行
5      fw=csv.writer(f)
6      fw.writerow(header)   #字段头
7      fw.writerows(rows)    #写入各记录
8
9  with open('mynewcsv.csv') as f1:
10     mystring = csv.reader(f1)
11     for row in mystring:
12         print(row)
13
14
['班级','姓名','性别','身高','爱好']
['001','晓明','男','178','足球']
```

图 5.15 writerow()和 writerows()的比较

5.2 文件路径的基本操作

对于前面提到的文件来说，除了文件名、文件类型、文件内容外，还有一个重要的属性，那就是它所在的位置，即文件路径。

> 绝对路径是指从根目录（如 Windows 下的 C 盘以及 Linux 的"/"）开始的路径（Linux 系统中以"/"作为根目录）；相对路径是指文件相对于当前工作目录所在的位置，如当前工作目录为"C:\Users\Lenovo\My Pythonbook Demo\"，若文件 demo.txt 位于这个文件夹下，则相对路径表示为".\demo.txt"。".\"表示当前所在目录，"..\"表示其父目录。

如果读取和写入的文件不在当前路径下该怎么办？如何变更路径？如何建立新的文件夹？如何启动其他位置的程序？这些问题基本上都与文件路径操作有关。本节就来学习有关路径操作的基本内容。此时，一般情况下需要首先导入 Python 标准包 os 等，并执行相应包下的函数方法以完成相关任务。os 包中常见的路径操作的基本方法如表 5.2 和表 5.3 所示。

> os 标准库提供通用的文件路径操作功能，包括常用路径操作（os.path 子库，处理文件路径及信息）、进程管理（启动系统中其他程序）、环境参数（获得系统软件硬件信息等环境参数）等。这里只介绍路径基本操作。

表 5.2　os 包中常见的文件路径基本操作方法

方法	说明
os.chdir(path)	把参数 path 设为当前工作目录。如果该 path 路径存在（允许访问）则返回 True，否则返回 False，示例参见例 5.17 等
os.getcwd()	返回当前工作目录，示例参见例 5.11、例 5.14 等
os.listdir(path)	返回参数 path 目录下的所有文件和目录列表，示例参见例 5.13、例 5.14、例 5.15 等
os.mkdir(path)	创建一个名为 path 的新路径并设定为当前默认路径，示例参见例 5.16 等
os.remove(path)	删除参数 path 路径下的无只读或其他特殊属性的指定文件
os.rename(old, new)	将文件（或文件夹）由旧名 old 改为新名 new
os.rmdir(path)	从当前工作路径下移除 path 路径
os.startfile(filepath [, operation])	使用关联程序打开或启动 filepath 程序
os.system()	启动外部程序，示例参见例 5.10 等

表 5.3　os.path 下部分常见的文件路径的基本操作方法

方法	说明
exists(path)	如果 path 路径存在则返回 True，否则返回 False

续表

方　　法	说　　明
os.path.abspath(path)	返回参数 path 所在路径的绝对路径
os.path.isdir(path)	如果参数 path 指向的是一个文件夹,则返回 True,否则返回 False。示例参见例 5.13 等
os.path.isfile(path)	如果 path 指向的是一个文件,则返回 True,否则返回 False。示例参见例 5.14、例 5.19 等
os.path.getsize(path)	返回 path 表示的对象的大小(字节数),示例参见例 5.14 等
os.path.isabs()	判断是否为绝对路径
os.path.split()	分离得到给定路径下文件的目录名和文件名
os.path.splitext()	分离得到给定路径下文件的扩展名(若无扩展名,则为其中的子文件夹),示例参见例 5.13、例 5.15 等
os.path.dirname()	从指定路径获取目录名称(返回一个字符串)
os.path.join()	Python 中有 join 和 os.path.join()两个函数:join 函数可将字符串、元组、列表中的元素以指定的字符(分隔符)连接成一个新的字符串(详见表 3.4);os.path.join()可将多个路径组合后返回,示例参见例 5.11、例 5.13 等

例 5.10　使用 os 包下的 system()方法,根据用户的选择运行 Windows 系统下的计算器或记事本程序。

【提示与说明】　此题可直接根据用户的输入内容进行判断,直接调用 os.system()方法打开相应的外部程序即可,代码实现如图 5.16 所示。

```
1  import os
2  what = input("你想打开计算器(C/c)还是记事本(N/n)?")
3  if what.upper() =="C":
4      print(os.system(r'C:\Windows\System32\calc.exe'))  #打开计算器
5  if what.upper() == "N":
6      print(os.system(r'C:\Windows\System32\notepad.exe'))  #打开记事本
```

你想打开计算器(C/c)还是记事本(N/n)? c
0

图 5.16　os.system()用法示例

例 5.11　通过显示当前所在路径、当前所在路径的父路径等,熟悉 getcwd()等方法的使用;显示父路径;显示当前路径下的所有文件及文件夹。

【提示与说明】　使用 os.getcwd()可以获取当前所在路径。如何获取父路径甚至父路径的父路径? 由于本书的科普特性,本书默认是在 Windows 操作系统下,当前路径的父路径可以用两个点(..)得到。但表示父路径的两个点如何和当前路径拼接? 这就要用到 os.path.join()方法了,详见图 5.17 第 4、5 行代码的用法,根据此例要求,需要获取绝对路径,因此还需要通过 os.path.abspath()得到绝对路径。

不同的操作系统对路径、子路径的分隔符是不一样的。在 Windows 上,路径书写使用反斜杠"\"作为文件夹之间的分隔符,但在 Linux 等系统中则使用正斜杠"/"作为它们的路径分隔符。如果想让程序运行在所有操作系统上,就必须考虑到这种情况。用 os.path.join()函数来做这件事很简单。如果将单个文件和路径上的文件夹名称的字符串传递给它,os.path.join()函数就会返回一个文件路径的字

```
1  import os
2  print('***当前目录***', os.getcwd())
3  mypath = os.getcwd()
4  print('***上级目录***',os.path.abspath(os.path.join(os.getcwd(), "..")))
5  print('***上上级目录***',os.path.abspath(os.path.join(os.getcwd(), "../..")))
6  print("当前路径下的文件及文件夹列表如下：", os.listdir(mypath))
```

```
***当前目录*** C:\Users\Lenovo\My Pythonbook Demo
***上级目录*** C:\Users\Lenovo
***上上级目录*** C:\Users
当前路径下的文件及文件夹列表如下： ['.ipynb_checkpoints', '2018级研究生信息.xlsx', '20221001today.txt', '20221001today_asc.txt', '2022_graduatedstudent_score.csv', '5_11.txt', 'chapter1.ipynb', 'chapter2.ipynb', 'chapter3.ipynb', 'chapter4 Functions.ipynb', 'chapter5 File operation.ipynb', 'chapter6 Functions.ipynb', 'data structure.ipynb', 'data.csv', 'data.txt', 'data_asc.txt', 'demo.txt', 'english.txt', 'english_news.txt', 'log.txt', 'log123.txt', 'mydemo-integers.txt', 'myinteger.txt', 'myinteger_asc.txt', 'mynewcsv.csv', 'newenglish.txt', 'result.txt', 'sample.txt', 'sample_1.txt', 'sample_2.txt', 'sample_new.txt', 'student_scores.csv', 'student_score_new_with_calculation.txt', 'temp1', 'test.csv', 'test.txt', 'txtfiles']
```

图 5.17　得到当前路径的父路径等并显示指定文件夹下的所有文件和文件夹

符串,包含正确的路径分隔符。例如,若在 Windows 环境下运行图 5.18 所示的代码,就会得到 Windows 认可的反斜杠作为分隔符。

```
1  import os
2  print(os.path.join(os.getcwd(), 'data.txt'))
```

```
C:\Users\Lenovo\My Pythonbook Demo\data.txt
```

图 5.18　os.path.join()使用示例

例 5.12　在一个文本文件中存放多行数据,每个数据之间用空格分隔。请找出所有数据的中位数。

【提示与说明】　中位数不是平均数,而是指一组数据从小到大排列后位于中间的那个数。若数据个数是奇数,则排在中间的就是中位数;反之,是其上下两个数的平均值。打开这个文件,读取文件中各行的数据,可使用 split()方法得到各个具体数值,将其转换为数值型并追加到列表中,如图 5.19 第 5~9 行代码所示;对列表使用 sort()方法进行排序,进而根据数值个数判断并找到中位数(第 13~16 行代码)。详情可参见图中的注释说明。

例 5.13　使用 os.listdir()列出当前路径下的所有文件和文件夹(如果路径下还有子文件夹,就递归显示其下方的所有子文件夹和文件)。如果是文件夹,就列出文件夹所在的绝对路径;如果是文件,还要分割得到其文件名以及文件的扩展名。

【提示与说明】　因为当前文件夹下可能还有子文件夹,需要递归调用函数进行判断,因此此题应该用函数实现,代码实现如图 5.20 所示。第 3 行代码调用 os.listdir()得到当前指定路径下的所有内容,第 4~13 行代码是用 for 循环迭代判断其中的每一项内容,首先通过 os.path.join()得到当前正在处理的完整路径或文件,之后通过调用 os.path.isdir()判断它是不是文件夹:①如果是文件夹,则可能它下面还有子文件夹,需要递归调用函数,通过第 8 行代码中的 os.path.isdir()判断是否需要递归调用函数,它也是递归调用的终止条件;②如果不是文件夹,就要通过 os.path.splittext()得到文件名以及扩展名,将得到的结果存放在一个列表中,注意第 14 行代码是只显示列表中的第二个元素,即文件扩展名(索引为 1)。

```
1  import os
2  fileName = input("请输入"+os.getcwd()+"下的文件名称")
3  f = open(fileName, 'r')
4
5  numbers = []
6  for line in f:
7      words = line.split()
8      for word in words:
9          numbers.append(float(word))
10 numbers.sort()    #排序
11 midpoint = len(numbers) // 2 #  得到半数
12 print("中位数是:", end=" ")
13 if len(numbers) % 2 == 1: # 奇数
14     print(numbers[midpoint])    #输出中间的中位数
15 else:
16     print((numbers[midpoint] + numbers[midpoint - 1]) / 2)    #前后两个值的均值
```

请输入C:\Users\Lenovo\My Pythonbook Demo下的文件名称5_11.txt
中位数是: 7.0

图 5.19　计算中位数

```
1  import os
2  def get_filePath(path):
3      file_or_dir = os.listdir(path)
4      for file_dir in file_or_dir:
5          file_or_dir_path = os.path.join(path,file_dir)
6          print("当前正在处理的是",file_or_dir_path)
7          # 判断该路径是不是路径, 如果是, 递归调用
8          if os.path.isdir(file_or_dir_path):
9              print('文件夹路径: ' + file_or_dir_path)
10             get_filePath(file_or_dir_path)    #递归
11         else:
12             print('文件名: ' + file_or_dir_path)
13             filenameandextention = list(os.path.splitext(file_or_dir_path))
14             print("其扩展名是: ",filenameandextention[1])
15 get_filePath(os.getcwd()) #用当前路径作为参数调用函数
```

当前正在处理的是　C:\Users\Lenovo\My Pythonbook Demo\.ipynb_checkpoints
文件夹路径: C:\Users\Lenovo\My Pythonbook Demo\.ipynb_checkpoints
当前正在处理的是　C:\Users\Lenovo\My Pythonbook Demo\.ipynb_checkpoints\chapter1-checkpoint.
文件名: C:\Users\Lenovo\My Pythonbook Demo\.ipynb_checkpoints\chapter1-checkpoint.ipynb
其扩展名是:　.ipynb
当前正在处理的是　C:\Users\Lenovo\My Pythonbook Demo\.ipynb_checkpoints\chapter2-checkpoint.

图 5.20　递归显示指定路径下的所有文件名和子文件夹

例 5.14　列出当前路径下所有 txt 文件名；统计所有文件(不限于 txt 文件)大小的总和。

【提示与说明】　通过 os.listdir()方法可以列出当前路径下的所有文件，这是一个可迭代变量，再遍历这个可迭代变量得到需要筛选出来的内容。统计文件大小时，可以在使用 os.path.isfile()方法筛选出文件后再使用 os.path.getsize()方法求得对应文件的大小，如图 5.21 所示。

例 5.15　设计一个函数，列出指定路径下所有特定扩展名(如 log)的文件。在外部的主程序中给定具体的路径，调用该函数，并将该路径下的所有该扩展名(如 log)的文件名(不是文件内容)追加到另一个 txt 文件中。

【提示与说明】　此题前半部分是路径操作，后半部分是文件读写操作，代码实现如图 5.22 所示。在主程序中(从第 14 行代码开始)调用设计的函数，遍历得到指定路径下的所有文件，并将符合条件的文件名依次写入另一个文件中。针对每一个文件，利用 os.path.splitext()方法得到其文件扩展名(第 8

```
1  import os
2  currentDirPath = os.getcwd()  #当前所在路径
3  listFileName = os.listdir(currentDirPath)  #列出所有内容
4  sum_size = 0
5  for myname in listFileName:
6      if ".txt" in myname:
7          print(myname)
8      if os.path.isfile(myname):  #只筛选出文件
9          sum_size += os.path.getsize(myname)
10 print("路径下所有文件的大小为：", sum_size)
```

图 5.21 列出当前路径下特定类型的文件并求文件大小之和

行代码),注意使用 splitext()方法后得到的是一个含有两个元素的列表(文件名和文件扩展名),将符合要求的文件名追加到列表中(第 7~11 行代码的循环体)。

```
1  import os, os.path
2  import sys
3  file_name_list = []
4
5  def list_file(path):
6      count = 0
7      for filename in os.listdir(path):
8          if os.path.splitext(filename)[1] == '.log':
9              count +=1
10             print(filename)
11             file_name_list.append(filename)
12     print("所有指定类型的文件一共有：", count)
13
14 if __name__ == "__main__":
15     list_file(r"c:\windows")  #指定搜索文件夹
16     print(file_name_list)
17
18     #新建文件,将上面得到的文件名称存入该文件中
19     with open('log.txt', 'w') as f:
20         for file_name in file_name_list:
21             f.write(file_name+"\n")
22
```

```
DtcInstall.log
lsasetup.log
modules.log
PFRO.log
setupact.log
setuperr.log
Synaptics.log
Synaptics.PD.log
WindowsUpdate.log
所有指定类型的文件一共有： 9
['DtcInstall.log', 'lsasetup.log', 'modules.log', 'PFRO.log', 'setupact.log', 'setuperr.log', 'Synaptics.log', 'Synaptics.PD.log', 'WindowsUpdate.log']
```

图 5.22 路径操作与写文件操作

课堂练习

你来改改图 5.22 中的代码,使其能列出由用户指定的某个文件夹下的所有的 txt 文件。

当设计一个对文件进行操作的 Python 程序时,需要考虑一些意外情况的出现(如该文件是否存在,它是一个文件还是文件夹等)。os.path.exists()方法可支持对指定内容是否存在的判定。

> **课堂练习**
>
> 在当前路径下,使用 os.path.exists()方法判断如果存在某个文件,就使用 os.rename()方法将其改名。

例 5.16 ①给定一个路径字符串,根据其最后是否带有文件扩展名判断这个字符串是代表某个文件还是某个目录?②显示当前路径下指定扩展名的(如 jpg、csv)的所有文件。③建立子文件夹(若不存在)并进入这个文件夹。④返回当前目录的父目录。

【提示与说明】 ①可通过 os.path.splitext()方法分割字符串后进行判断,注意它返回的是一个含有两个元素的元组,第二个元素是文件扩展名,据此可以判断它代表的是文件名还是文件夹。②通过 os.path.listdir()方法可以显示当前路径下的所有文件或文件夹,遍历这个可迭代对象即可完成判断。③通过 os.path.exists()方法判断是否存在这个路径,若不存在,就使用 os.mkdir()方法建立新的文件夹。④要得到父目录,需要先得到当前路径,再通过 os.path.join()方法找到父目录。代码实现如图 5.23 所示。

```
1  #1 判断指定的路径字符串是否为目录（看是否有扩展名）
2  import os
3  import os.path
4  split_path1=os.path.splitext(r"C:\Users\Lenovo\My Pythonbook Demo\newenglish.txt")
5  print(split_path1)
6  if split_path1[1] == "":
7      print("这是目录")
8  else:
9      print("这不是目录")
10 #2 显示当前路径下指定类型的文件
11 os.chdir(r"c:\users\Lenovo\My Pythonbook Demo")
12 print("当前路径是："+os.getcwd())
13 print("所有文件和文件夹：",os.listdir('.'))  #显示当前路径下所有文件或文件夹
14 fname = []  #存指定扩展名类型的文件
15 print([fname for fname in os.listdir('.') if fname.endswith(('.jpg','csv'))])
16
17 #3 建立子文件夹
18 dirname = "temp1"
19 if not os.path.exists(dirname):   #若不存在这个文件夹就新建它
20     os.mkdir(os.getcwd()+'\\'+dirname)    #建立新文件夹
21 os.chdir(os.getcwd()+'\\'+dirname)        #进入新文件夹中
22 #4 返回父目录
23 curr_path = os.getcwd()
24 print("当前工作目录：", curr_path)
25 parent = os.path.join(curr_path, os.pardir)  # 父目录
26 print("\n父目录:", os.path.abspath(parent))
```

```
('C:\\Users\\Lenovo\\My Pythonbook Demo\\newenglish', '.txt')
这不是目录
当前路径是: c:\users\Lenovo\My Pythonbook Demo
所有文件和文件夹: ['.ipynb_checkpoints', '2018级研究生信息.xlsx', '20221001today.txt', '20221001today_asc.txt', '2022_graduatedstudent_score.csv', '5_11.txt', 'chapter1.ipynb', 'chapter2.ipynb', 'chapter3.ipynb', 'chapter4 Functions.ipynb', 'chapter5 File operation.ipynb', 'chapter6 Functions.ipynb', 'data structure.ipynb', 'data.csv', 'data.txt', 'data_asc.txt', 'demo.txt', 'english.txt', 'english_news.txt', 'log.txt', 'log123.txt', 'mydemo-integers.txt', 'myinteger.txt', 'myinteger_asc.txt', 'mynewcsv.csv', 'newenglish.txt', 'result.txt', 'sample.txt', 'sample_1.txt', 'sample_2.txt', 'sample_new.txt', 'student_scores.csv', 'student_score_new_with_calculation.txt', 'temp1', 'test.csv', 'test.txt', 'txtfiles']
['2022_graduatedstudent_score.csv', 'data.csv', 'mynewcsv.csv', 'student_scores.csv', 'test.csv']
当前工作目录: c:\users\Lenovo\My Pythonbook Demo\temp1

父目录: c:\users\Lenovo\My Pythonbook Demo
```

图 5.23 文件和路径操作示例

例 5.17　在当前路径下有一个 txt 文件，其内容为英文文本（如英文新闻）。请你完成如下任务：①将所有单词中的英文字母转换为大写；②统计这些单词的词频，并将出现次数最多的单词输出。

【提示与说明】　打开文件（模式为 r 读模式）。①由于各个单词之间有空格进行分隔，因此可通过 split()方法分割得到各个单词；遍历循环这些单词，逐一进行字母的大写转换。②各个单词以及对应的词频可以用字典存储（单词为键，词频为值）。在此基础上，可以通过 max()方法统计词频最大的单词。伪代码如下所示，代码实现如图 5.24 所示。

例 5.17 主要步骤

Input：文本文件
Output：键-值对
Steps：
1. 打开文件读取所有内容
2. 遍历文件中的各行得到文本
　2.1 分割得到单词
　2.2 将单词通过 upper()方法转换为大写后追加到列表中
3. 定义词典
4. 遍历列表中的各个单词，完成词频统计，并存到相应的键-值对中
5. 统计出现频次最多的单词
6. 遍历字典中的各个键-值对，将词频最高的单词输出

```
1   import os
2   os.chdir(r'C:\Users\Lenovo\My Pythonbook Demo')
3   print("当前路径是在：", os.getcwd())
4   fileName = input("请输入当前路径下的文本文件名：")
5   f = open(fileName, 'r')
6   #得到文本，将英文转换为大写字符后追加到列表words中
7   words = []
8   for line in f:
9       wordsInLine = line.split()    #得到各个单词
10      for myword in wordsInLine:
11          words.append(myword.upper())#将各个单词转换为大写后追加到列表中
12  #获取每个单词的词频，用字典保存
13  theDictionary = {}
14  for myword in words:
15      number = theDictionary.get(myword, None)
16      if number == None:   #单词首次出现
17          theDictionary[myword] = 1
18      else:
19          theDictionary[myword] = number + 1  #频次加1
20  print(theDictionary)
21  theMax = max(theDictionary.values())    #得到频次最大的单词
22  for key in theDictionary:
23      if theDictionary[key] == theMax:
24          print("频次最大的是：", key)
25          break
```

当前路径是在：　C:\Users\Lenovo\My Pythonbook Demo
请输入当前路径下的文本文件名：english_news.txt
{'FROM': 1, 'THE': 5, 'MOMENT': 1, 'THAT': 1, 'ASIA-PACIFIC': 1, 'LEADERS': 1, 'ARRIVE
D': 1, 'IN': 3, 'BANGKOK': 1, 'FOR': 1, 'FIRST': 1, 'IN-PERSON': 1, 'APEC': 1, 'ECONOM
C': 2, "LEADERS'": 1, 'WEEK': 1, 'FOUR': 1, 'YEARS,': 1, 'FOCUS': 1, 'HAS': 1, 'BEEN':
1, 'ON': 1, 'HOW': 1, 'MEMBERS': 1, 'GROUPING': 1, 'CAN': 1, 'FACILITATE': 1, 'FREE':
1, 'AND': 3, 'OPEN': 1, 'TRADE': 1, 'INVESTMENT,': 1, 'RECONNECT': 1, 'REGION,': 1, 'P
OMOTE': 1, 'SUSTAINABLE': 1, 'GROWTH.': 1}
频次最大的是：　THE

图 5.24　词频统计

第 5 章　Python 文件与路径的基本操作

例 5.18　在当前目录下有一个名为 student_score.txt 的文本文件,其中存储了全班同学的学号、姓名、成绩,每个学生占用一行,行尾回车换行。每行中的学号、姓名、成绩字段的值分别用逗号隔开,如图 5.25 所示。请按第三个字段,即成绩的大小排序全部同学的记录后(分数高的放在前面),输出到另一个文本文件 student_score_new.txt 中。同时,计算最高分、最低分、平均分后,将三个统计数据也追加到 student_score_new.txt 文件中。要求:设计读文件 read_files()函数、成绩排序 sort_grade()函数、写文件 write_files()函数,这三个函数分别完成相应的读文件、排序、写文件等功能,在主程序中调用相应函数,完成上述功能。

图 5.25　student_score 文本文件

【提示与说明】　按要求设计三个函数,算法伪代码如下,代码实现如图 5.26 所示。①读文件函数 read_files():由于每行行尾是回车符,读取每行数据时可以不读入这个回车符;由于数据之间用逗号分隔,可以在经过 split()方法处理后追加到列表中。②排序函数 sort_grade():给定的原始数据是有顺序的,可以通过 sorted()方法并使用 lambda 表达式,通过对指定列的排序得到最后的结果。③写文件函数 write_files():为经过排序处理后的数据添加分隔符,写入相应文件中。详情请参考图 5.26 中相关代码后的注释文字。

例 5.18 主要步骤

Input:原始文本文件,每行由学号、姓名、成绩组成
Output:排序、统计后追加结果到生成后的文本文件中
Steps:
1. 读数据
    1.1 打开文件
    1.2 通过循环语句依次读取每一行(去掉行尾的回车符)
    1.3 函数返回值为拼接在一起的所有人的数据,写入结果列表中
2. 排序
    2.1 将结果列表中的数据按指定字段进行排序
    2.2 返回排序后的结果
3. 输出
    3.1 将排序后的每人的结果以回车符分隔后,写入结果文件中

例 5.19　读取指定路径下所有 txt 文件中的内容,将它们合并后,再写入一个新文件中。

【提示与说明】　此题是考查 os.path.isfile()、file.endswith()等方法的使用以及打开文件、读取文件内容、写文件的示例。代码实现如图 5.27 所示。其中,第 4 行代码的循环变量 file 是通过 os.listdir()方法读取到当前路径下的所有内容;第 5 行代码是 f 格式化字符串表达式,即计算花括号中的变量值(每次循环得到的 file 内容是不一样的,详见程序运行后的输出字符串);第 7 行代码的 if 语句块是筛选出当前路径下所有扩展名为 txt 的文件,这里用到了变量的 endwith()方法,使得文件夹和其他扩展名的文件均不被处理;第 8~9 行代码处理读到的信息,并将读取到的 txt 文件中的内容(通过 read()方法实现)追加到空列表中;第 10 行代码是对来自不同文件的内容用回车换行符进行分隔。最后,打开新文件,将合并后的信息写入新文件中。其他可参阅图 5.27 中部分代码后的注释说明。

```python
def read_files():    #读文件
    result = []    #存储读到数据的临时列表
    with open ("./txtfiles/student_score.txt", "r") as fin:
        for lines in fin:
            read_line =lines[:-1]    #去掉每行最后的换行符\n
            result.append(read_line.split(","))    #按逗号分割得到每行（人）的记录
    return result

def sort_grade(dataset):    #对列表存储的每人的第三个数据（x[2]，成绩）排序
    return sorted(dataset, key = lambda x:int(x[2]),reverse = True)    #调用sorted方法

def write_files(writedata):    #函数参数是已经排好序的列表数据
    with open("./txtfiles/student_score_new.txt", "w") as fout:
        for data1 in writedata:
            fout.write(",".join(data1)+ "\n")    #注意换行符

if __name__ == '__main__':
    #读取文件内容
    mydata = read_files()    #无参函数，文件名在函数中指定了
    print("原始数据是：",mydata)
    #排序数据
    mysorted  = sort_grade(mydata)    #用读取到的列表数据调用排序函数
    print("排序数据是：",mysorted)
    #写入文件
    write_files(mysorted)    #函数参数是已经排好序的列表数据
```

原始数据是： [['1001', ' Smith', ' 90'], ['1002', ' Tom', ' 79'], ['1003', ' Alan', ' 92'], ['1004', ' Alice', ' 88'], ['1005', ' Bob', ' 82']]
排序数据是： [['1003', ' Alan', ' 92'], ['1001', ' Smith', ' 90'], ['1004', ' Alice', ' 88'], ['1005', ' Bob', ' 82'], ['1002', ' Tom', ' 79']]

图 5.26　读取 txt 文件内容，对指定列数据进行排序并计算

f 格式化字符串表达式并不是字符串常量，而是一个在运行时运算求值的表达式，在形式上是以 f 或 F 修饰符引领的字符串（f'xxx' 或 F'xxx'），以大括号标明被替换的字段。

```python
import os
data_dir = "./txtfiles"    #指定路径
contents = []    #暂存合并后的结果
for file in os.listdir(data_dir):
    file_path = f"{data_dir}/{file}"
    print(file_path)
    if os.path.isfile(file_path) and file.endswith(".txt"):
        with open(file_path) as fin:
            contents.append(fin.read())    #循环读取所有文件内容后追加到列表中
final_contents = "\n".join(contents)    #将来自不同文件中的内容回车分开
with open("./txtfiles/merge_results.txt", "w") as fout:    #写入新文件中
    fout.write(final_contents)
```

./txtfiles/merge_results.txt
./txtfiles/new2.txt
./txtfiles/news1.txt
./txtfiles/student_score.csv
./txtfiles/student_score.txt
./txtfiles/student_score_new.csv
./txtfiles/student_score_new.txt

图 5.27　合并指定路径下的所有文本文件

例 5.20

假设当前目录下的 student_subject_score.txt 文本中存储了全班同学(共计 3 名同学)的课程信息,如图 5.28 所示。假设一共有 3 门课(Math、Chinese、Art),每人有 3 个成绩,文件中存储同学的考试科目、学号、姓名、成绩。每行中的各个字段(课程、学号、姓名、成绩)值用逗号隔开。请统计各个科目的最高分、最低分、平均分。

【提示与说明】 既然题目要求各个科目以及相应的统计分数,因此适合用字典存储,可以设计一个字典 course_grades{ },其中的键为各个科目(Math、Chinese、Art),该科目的值为存储全部同学这门课相应成绩的列表。代码实现如图 5.29 所示。首先定义存储最终结果的字典。第 2 行代码打开文件后,按序得到每科的详细信息并赋值给相应的变量(第 5 行代码);第 7 行代码是追加未统计的新课程的值为一个空列表;第 8 行代码是追加这门课的所有成绩作为值(为便于同学们理解,这里输出了添加各科数据的中间结果作为输出);第 13 行代码是依次遍历字典 course_grades{ } 中的各个键字符串 course、值列表 score,再使用针对值列表的 max()、min()、求均值等方法,可以求得相应键的考试成绩值的最高分、最低分、平均分。其他详细信息可参阅图 5.29 中相应语句后的注释说明。

```
Math,1001, Smith, 90
Math,1002, Tom, 87
Math,1003, Alan, 92
Math,1004, Alice, 68
Math,1005, Bob, 82
Chinese,1001, Smith, 92
Chinese,1002, Tom, 79
Chinese,1003, Alan, 99
Chinese,1004, Alice, 85
Chinese,1005, Bob, 82
Art,1001, Smith, 91
Art,1002, Tom, 79
Art,1003, Alan, 92
Art,1004, Alice, 78
Art,1005, Bob, 62
```

图 5.28 文本文件内容(样例)

```python
1  course_grades = {}#使用字典记录课程信息 key 课程  value  分数
2  with open("./txtfiles/student_subject_score.txt", "r") as fin:
3      for line in fin:
4          line = line[:-1] #去掉每行数据最后的换行符
5          course, sno, sname, score = line.split(",") #按序得到每科的详细信息
6          if course not in course_grades: #若该课程还未统计,则追加该课程信息到course_grades列表中
7              course_grades[course] = [] #该课程键的值用列表表示
8          course_grades[course].append(int(score)) #依次追加所有同学的成绩
9          print("添加了各科数据的中间结果是:", course_grades)
10
11 print (course_grades)
12
13 for course, score in course_grades.items(): #依次遍历得到字典中的各个键值对
14     print("课程:", course, "最高分:", max(score), "最低分:", min(score), "平均分:", sum(score)/len(score))
```

```
添加了各科数据的中间结果是:  {'Math': [90]}
添加了各科数据的中间结果是:  {'Math': [90, 87]}
添加了各科数据的中间结果是:  {'Math': [90, 87, 92]}
添加了各科数据的中间结果是:  {'Math': [90, 87, 92, 68]}
添加了各科数据的中间结果是:  {'Math': [90, 87, 92, 68, 82]}
添加了各科数据的中间结果是:  {'Math': [90, 87, 92, 68, 82], 'Chinese': [92]}
添加了各科数据的中间结果是:  {'Math': [90, 87, 92, 68, 82], 'Chinese': [92, 79]}
添加了各科数据的中间结果是:  {'Math': [90, 87, 92, 68, 82], 'Chinese': [92, 79, 99]}
添加了各科数据的中间结果是:  {'Math': [90, 87, 92, 68, 82], 'Chinese': [92, 79, 99, 85]}
添加了各科数据的中间结果是:  {'Math': [90, 87, 92, 68, 82], 'Chinese': [92, 79, 99, 85, 82]}
添加了各科数据的中间结果是:  {'Math': [90, 87, 92, 68, 82], 'Chinese': [92, 79, 99, 85, 82], 'Art': [91]}
添加了各科数据的中间结果是:  {'Math': [90, 87, 92, 68, 82], 'Chinese': [92, 79, 99, 85, 82], 'Art': [91, 79]}
添加了各科数据的中间结果是:  {'Math': [90, 87, 92, 68, 82], 'Chinese': [92, 79, 99, 85, 82], 'Art': [91, 79, 2]}
添加了各科数据的中间结果是:  {'Math': [90, 87, 92, 68, 82], 'Chinese': [92, 79, 99, 85, 82], 'Art': [91, 79, 78]}
添加了各科数据的中间结果是:  {'Math': [90, 87, 92, 68, 82], 'Chinese': [92, 79, 99, 85, 82], 'Art': [91, 79, 78, 6]}
{'Math': [90, 87, 92, 68, 82], 'Chinese': [92, 79, 99, 85, 82], 'Art': [91, 79, 92, 78, 6]}
课程: Math 最高分: 92 最低分: 68 平均分: 83.8
课程: Chinese 最高分: 99 最低分: 79 平均分: 87.4
课程: Art 最高分: 92 最低分: 6 平均分: 69.2
```

图 5.29 用键存储科目,值列表存储该课程的各个分数

例 5.21 在文件 student_score.csv 中依次在各行存储全班同学的学号、姓名、分数(第 1 行是字段名,sno、sname、grade 分别代表学号、姓名、分数;后面是具体的考试分数信息),如图 5.30 所示。请按分数列 grade 的值从小到大的顺序对全部学生进行排序,之后将排序后的结果写入另一个文件 student_score_sorted.csv 中。

	A	B	C
1	sno	sname	grade
2	101	smith	80
3	102	tom	40
4	103	Alan	90
5	104	Bob	77

图 5.30 student_score.csv 样例

【提示与说明】 代码实现如图 5.31 所示。首先打开 CSV 文件,通过 csv.reader()方法读取 CSV 文件的内容。由于首行是字段信息,因此可从第 2 行开始(第 4 行代码向后移动一行位置就是由于这个原因),将读到的信息转换为列表;设计 lambda 表达式,按最后一个字段值(grade 的数据,其索引为 -1)进行排序,参见第 6 行代码;第 7 行代码使用了 f-string 表达方法,即用花括号解析转换后的内容。之后通过 csv.writerow()方法将上述排好序的诸行信息写入新文件中。

```
1  import csv
2  with open('./txtfiles/student_score.csv') as csvfile:
3      mystring = csv.reader(csvfile)
4      next(mystring)
5      students = list(mystring)
6      nv = sorted(students, key=lambda x: x[-1])   #按最后一个字段排序
7      print(f'转换为列表并排序后的信息如下: {nv}')
8  with open('./txtfiles/student_score_new.csv', 'w', newline = "") as csvfile:
9      csv_writer = csv.writer(csvfile, dialect = "excel")
10     for r in nv:
11         csv_writer.writerow(r)
```
转换为列表并排序后的信息如下:[['102', 'tom', '40'], ['104', 'Bob', '77'], ['101', 'smith', '80'], ['103', 'Alan', '90']]

图 5.31 读取 CSV 文件中的某个字段数据并排序

在本章的最后,我们来看看文件夹的遍历问题。在路径操作中,经常会遇到文件和文件夹的遍历。遍历策略又分为深度优先遍历和广度优先遍历,它们也是图论中有关图搜索的问题,第 6 章会比较详细地介绍深度优先算法和广度优先算法。限于本书的科普定位,本章参考了互联网上的有关资料[1],仅简单介绍二者的主要做法和区别。

遍历是指从给定图中任意指定的顶点(称为初始点)出发,按照某种搜索方法,沿着图的边访问图中的所有顶点,使每个顶点仅被访问一次,这个过程称为图的遍历。遍历过程中得到的顶点序列称为图遍历序列。在遍历过程中,根据搜索方法的不同,又可以划分为两种搜索策略:深度优先遍历和广度优先遍历。

(1) **深度优先遍历**。首先访问出发点 v 并将其标记为已访问过;然后依次从 v 出发搜索 v 的每个邻接点 w,若 w 未曾访问过,则以 w 为新的出发点继续进行深度优先遍历,直至图中所有和源点 v 有路径相通的顶点均已被访问为止;若此时图中仍有未访问的顶点,则另选一个尚未访问的顶点作为新的出发点重复上述过程,直至图中所有的顶点均已被访问为止。实现深度优先遍历的关键在于回溯。

(2) **广度优先遍历**。首先访问出发点 v 并依次访问 v 的所有邻接点 $w_1, w_2, \cdots, w_t$,然后依次访问与 $w_1, w_2, \cdots, w_t$ 邻接的所有未曾访问过的顶点,以此类推,直至图中所有和源点 v 有路径相通的顶点都已访问过为止,此时从 v 开始的搜索过程结束。实现广度优先遍历的关键在于回放。

---
[1] lesliefang.图的深度优先遍历和广度优先遍历[EB/OL].(2017-04-18)[2024-01-16].https://www.jianshu.com/p/2c2cdcb9de9d.

例 5.22 设计函数的递归调用程序,基于深度遍历方法,遍历文件夹下所有文件并输出文件名。

【提示与说明】 根据上面有关深度优先遍历的思路,需要通过函数递归调用遍历某个文件夹下的所有内容,并判断它是不是子文件夹:如果它是子文件夹,则继续递归调用;如果是文件则输出。完成此任务的伪代码如下,其中 1.3 步骤完成递归调用的执行或终止。

例 5.22 主要步骤

Input:某个路径字符串
Output:深度遍历该字符串指向的路径,显示其中的所有文件
Steps:
1. 设计函数
　1.1 通过 os 包下的 listdir()方法得到当前路径下的所有内容
　1.2 迭代遍历上述内容,通过 os.path.isfile()方法判断某一对象(需提供绝对路径)是否为文件;os.path.isdir()方法判断某一对象(需提供绝对路径)是否为目录
　1.3 如果是文件则输出;否则,递归调用该函数继续判断
2. 在主程序中通过给定字符串变量代表的路径调用该函数

代码实现如图 5.32 所示。定义一个函数完成深度遍历。第 8 行代码判断如果它是文件夹,则继续递归调用该函数完成深度遍历,直到遇见的是文件而非文件夹时终止递归。

```python
from os import listdir
from os.path import join, isfile, isdir
def listDirDepthFirst(directory):  #深度优先遍历文件夹函数
    for subPath in listdir(directory):    #遍历
        path = join(directory, subPath)
        if isfile(path):   #文件,直接输出;
            print(path)
        elif isdir(path):  #文件夹,输出显示,递归遍历
            print(path)
            listDirDepthFirst(path)#递归调用本函数


listDirDepthFirst(r'C:\Publishing')   #调用
```

```
C:\Publishing\Python
C:\Publishing\Python\.ipynb_checkpoints
C:\Publishing\Python\01 Python编程基础(OK).docx
C:\Publishing\Python\02 基本程序结构.docx
C:\Publishing\Python\03序列化数据处理.docx
C:\Publishing\Python\04函数与面向对象程序设计入门.docx
C:\Publishing\Python\05文件操作.docx
C:\Publishing\Python\06 算法.docx
```

图 5.32 深度遍历

本章小结与复习

对于 Python 程序设计者来说,要掌握最基本的文件操作方法,包括使用 open()方法打开 txt 纯文本文件,或在相应包的支持下打开如 CSV 格式的文件;要掌握读、写文件的方法;会以设定模式的方式读或写文件;使用上下文管理关键字 with 语句自动管理资源;会使用 read()、readline()、readlines()、write()、writeline()、writelines()、reader()、writer()、writerow()、writerows()等方法。另外,文件操

作离不开路径操作,掌握常见的路径操作方法是非常重要的。要学会使用常见的 os、os.path 下的相应方法,并在此基础上,通过相应包的帮助完成判断文件夹或文件、遍历文件夹等操作。理解深度优先算法和广度优先算法。

习 题

1. 将由一个字符串定义的目录(如 C:\Windows)设定为当前工作目录。判断这个字符串是表示一个目录还是文件?如果是目录,就定位到这个目录下,将其设定为当前工作目录,并列出这里的所有内容。

【提示与说明】 此题练习有关路径的操作。需要 import os 包;使用 os.path.splittext()方法分割字符串后判断给定的路径中是否有文件扩展名,再通过 os.listdir()方法列出路径下的所有内容。

2. 定位到某个合法的文件夹下。打开这里的 CSV 文件并写入两行字符串信息(内容可在代码中自拟)。之后打开这个 CSV 文件,遍历所有行,显示输入相关内容。

【提示与说明】 此题是练习有关 os.chdir()、os.getcwd()等路径操作的使用方法。打开 CSV 文件后,要会使用 writerow()方法写入一行信息;会使用 csv.reader()方法读取 CSV 文件中的内容。

3. 以读模式打开一个 CSV 文件,显示其中的已有信息。根据其字段内容,再以追加模式向其中追加一行新的记录(内容可在代码中自拟)。

【提示与说明】 首先使用 open()方法将 CSV 文件打开,拟增加的记录信息可以用一个列表存储,注意其中的字符串需要用引号引起来。打开 CSV 文件后,用 csv.writerow()方法写入一行信息,writerows()方法写入多行信息。使用 csv.reader()方法读取 CSV 文件的内容。

4. 文本文件中每行仅有一个整数。读取每行中的这个整数,将各行数据按升序排序后写入另一个文件中。

【提示与说明】 迭代读取文件中各个行的信息。考虑到每行的开头或结尾可能有缩进、空格等,需要用 strip()方法清除无关信息。完成类型转换后进行排序。迭代读取转换后的数据并放于列表中,之后写入另外的文件中。

5. 定位到某个指定的路径下。请用两种方法列出当前路径下(不含其子文件夹)所有扩展名为 txt 的文件。

【提示与说明】 使用 listdir()方法列出内容,判断是否为特定扩展名的文件类型时,可以利用 os.path.splitext()方法进行判断;也可以不用 os.path.splitext()方法,而是利用迭代遍历所有内容并判断的方式实现。

6. 新建一个文本文件,通过调用 random.randrange()方法向其中写入一组区间内的随机数。求文件中这组随机数的累加和(注:可上网自行查阅有关 random.randrange(区间下限,区间上限)方法的说明)。

【提示与说明】 首先打开文件,将生成的随机数进行类型转换后,可通过 write()等方法写入文件中。打开文件,类型转换后完成累加。

7. 定义一个函数,其参数为当前路径下的某个 TXT 文件(可在程序中调用该函数时给定文件名)。该函数从这个文件中逐行读取内容,结果放到一个列表中并输出显示。

8. 登录中国日报网(https://www.chinadaily.com.cn)。打开一篇英文新闻,将其中的文本复制到 news.txt 文档中并存放到某个路径下。打开这个 news.txt 文件(可在程序中指定该文件名),统计一下单词总数,并统计平均每个单词有多少个字母并显示结果。

【提示与说明】 首先要打开文件,读取内容并放到缓存中。由于英文单词都是以空格分隔的,因此可以使用 split()方法完成单词分割并统计数量。

9. 有一个存放英文新闻的 TXT 文本文件。现在需要找出其中长度最长的单词,要求用函数完成。

【提示与说明】 定义函数,其形式参数为文件名,在调用该函数时,由实际参数提供该 TXT 文件名。函数功能是从这个 TXT 文件中读取其中的各英文单词,由于英文单词都是以空格分隔的,因此可根据这个特点使用 split()方法得到各个单词,计算单词字符串的长度,找到最长的那个单词,将结果放到一个列表中输出。

10. 随机生成 500 个 1~100 之内的整数,将结果写入一个文件中,再对这 500 个随机整数按由小到大的顺序排序,将排序后的结果存入另一个文件中(重复的数据可保留多份)。

【提示与说明】 首先,要写入 500 个这样的随机数:产生一定区间范围之内的随机数,可以使用 random 包下的 randint(下限,上限)方法实现;产生 500 个这样的随机数可以用 for 循环的方式实现;将这些随机数写入打开的文件中即可。其次,将这 500 个数据整合在一起并完成排序。最后,将排好序的字符串写回到另一个文件中。

11. 打开当前路径下存放英文新闻的 TXT 文件,统计单词长度小于 3 的单词及其出现的频率,将对应的单词及其频率存到一个新的 CSV 文件中。

【提示与说明】 首先,打开文件并按照空格分割得到所有单词,将它们放到一个单词列表中。其次,从单词列表中的第一个单词开始判断后续是否还有同样的单词,并计算该单词出现的次数,当计数大于 3 时,写入 CSV 文件中,之后删除这一类同样的单词,再进行下一个单词的判断,以此类推。

12. 有一个由多行乱序的整数组成的 TXT 文件(每行整数又由多个逗号将各个无序数据分隔开)。首先定位到这个 TXT 文件所在的指定文件夹,打开该文件,依次读入所有数据,将它们按由小到大的顺序排序后,再在这些有序的整数间用分号分隔开。将这些排好序的由分号分隔开的数据写入一个新的文件中。

【提示与说明】 首先定位到某个路径下打开指定文件,读取文件中的所有内容。其次在完成数据清洗(可通过 strip()方法去掉首尾空格)后,将它们通过 join()方法拼接到一起,再基于 split()方法得到全部整数,在完成 int()类型转换后使用 sort()方法排序,最后通过 map()、join()等方法将它们转换为字符串,再以分号为分隔符拼接到一起,写入指定的文件中。

13. 打开指定路径下的英文新闻文档 english.txt,它包含多行文本。要求:①统计该文档中每一行中最长和最短的单词;②找出该文章中长度最长和最短的英文单词,并输出到一个新的文本文件 result.txt 中。

【提示与说明】 可以分别设计两个函数,用于统计每一行中长度最长和长度最短的单词,将它们分别追加到两个列表中;再对每行的最长单词列表和最短单词列表进行统计,找出全文中的最长单词和最短单词。

Part II

算法与竞赛入门

第6章 算法入门

在各种竞赛和实际工程应用中,算法是必不可少的。一个设计良好的算法能极大地提高程序运行效率,节省程序运行时间和所需空间。算法的内容博大精深,远非一个章节就能讲清楚。鉴于本书的读者定位及其科普性质,本章介绍的不仅是"算法"的入门知识,更是"算法"海洋中的"沧海一粟"。本章引导同学们由浅入深、循序渐进地了解常见算法的基本概念和大致实现方法,通过将抽象的算法知识与相应的代码实现相结合,让初学者能够更好地实践、更快地接受基于Python的算法实现,并提高读者分析问题与设计算法的能力。

学习本章内容时,要求:
- 了解算法的含义;
- 了解枚举、贪心、分治、递归算法的基本思想;
- 了解基本数据结构中线性表、栈和队列的基本实现方法;
- 了解朴素的字符串匹配算法思想;
- 了解简单的冒泡排序、快速排序的算法思想;
- 了解冒泡和快速排序算法在时间复杂度上的区别。

6.1 算法是什么

本书前面几章涉及的都是Python的相关语法和规定,只要按相应语法和规定编写正确的、可执行的代码,就能运行并完成任务。但采用何种策略或方法解决问题却有着"事半功倍"和"事倍功半"的区别。会用Python编写一些简单的代码,这只是"万里长征中的第一步",不能就此止步。那种认为不懂算法也能照样写代码的思想是错误的。学习算法思想,将算法思想融入代码实现中,进而编写出高质量的、有效率的代码是十分必要的。由于本书是基于Python的科普读物,因此本章仍采用Python语言讲解相应的算法,本章内容对于深入理解前5章有关Python的基础知识,了解算法的原理与应用都是非常重要的。其实,本章涉及的算法思想在不同编程语言环境下(如C、C++等)均可复用,只是具体的代码编写有所不同。

下面先通过一个例子看看学习算法的必要性。例如,需要比较几个数的大小,这要看需要比较多少个数。

- 两个数 a、b 比较大小：需要比较 1 次,用一条 if-else 语句即可完成。
- 三个数 a、b、c 比较大小：可能需要两两比较 3 次,用 3 条 if-else 语句也能完成,如图 6.1 所示。
- 四个 a、b、c、d 比较大小：可能需要两两比较 6 次,用 6 条 if-else 语句就会显得代码逻辑混乱且不好理解,执行效率非常低下。
- 1000 个数比较大小：需要两两比较 $\sum_{i=1}^{999} i$ 次,罗列 $\sum_{i=1}^{999} i$ 次 if-else 语句是绝对不可行的。

可见,对于上述多个数比较大小这个问题来说,要设计出合适的算法解决问题,而不能仅靠多组 if-else 语句解决问题。其中,一个可行的方法是采用分治策略,分而治之地将其转换成对两个整数进行比较,再综合解决起来就会比较容易,且代码风格也比较友好。

```
1  a = 2
2  b = 4
3  c = 3
4  if a > b and a > c:
5      print("a比b、c大")
6  elif b > a and b > c:
7      print("b比a、c大")
8  else:
9      print("c比a、b大")

b比a、c大
```

图 6.1　3 个数中最大的数

```
1  a = 2
2  b = 4
3  c = 3
4  print("a、b、c中最大的是%d"%(max(a,max(b,c))))

a、b、c中最大的是4
```

图 6.2　用函数的方法求 3 个数中最大的数

图 6.1 和图 6.2 所示是求 3 个数中的最大值,两种方法的计算开销也是不同的。计算机程序的开销可以分为多方面,主要包括①时间开销：程序在执行过程中消耗的时间,包括从程序开始运行到程序完成的整个时间,以及程序内部每条语句的执行时间；②空间开销：程序在内存中占用的空间大小,包括程序代码、变量、数据结构等在内存中的占用的空间大小；③其他开销：如读写磁盘的次数和数据量、需要进行网络通信的次数和数据量等。在算法竞赛中,最重要的是时间开销(时间复杂度),其次是空间开销(空间复杂度)。

综上所述,算法是指解题方案的准确描述,能够对一定规范的输入在有限时间内获得要求的输出。一个算法的优劣可以用时间复杂度与空间复杂度衡量。

6.2　基本算法简介

本节对基本的算法设计思想进行概述。

6.2.1　枚举法

将可能发生的所有情况均予以考虑并得到结论的方法就是枚举法。例如,一周的某一天只能是集合{星期一,星期二,星期三,星期四,星期五,星期六,星期日}中的某一个值。枚举法的本质就是从所有候选答案中采用"暴力"的方法逐一遍历所有的可能,并找到正确的解,它要求候选答案的范围在求解之前必须有一个确定的集合,因此各个枚举值可以用集合表示。

例 6.1　输入一个自然数 n,求出在 1~n 区间中所有能被 7 整除的数。

【提示与说明】　该算法输入正整数 n 表示最大的范围;输出所有能被 7 整除的数。此题可以用枚举法,即逐个将能被 7 整除的数枚举出来。代码实现如图 6.3 所示。

```
1  n=int(input("请输入一个最大范围"))
2  for i in range(1,n):
3      if i%7==0:
4          print(i)
```

```
请输入一个最大范围38
7
14
21
28
35
```

图 6.3　简单的枚举算法的 Python 实现

例 6.2　对于一个给定的数列,它的前缀和数列表示从第 1 个元素到第 i 个元素的和。例如对于给定的数列"1,2,3",它的前缀和数列是"1,3,6"。输入一个正整数 n,然后输入 n 个正整数,求它们的前缀和列表并将它输出。

【提示与说明】　此题题意是输入正整数 n(表示列表的大小),输入 n 个正整数并存储到这个列表(如 prior)中,输出这个列表的前缀和列表,此题可以用枚举法完成。建立一个新列表 a 和前缀列表 prior,遍历时用变量逐个加上列表 prior 的元素,并将变量的值在每次相加后放入列表 a 中的相应位置,这样就可以实现前缀和列表。代码实现如图 6.4 所示。

```
1   n = int(input("请输入整数:\n"))
2   print("输入%d个整数:"%(n),end="")
3   a = list(map(int,input().split()))
4   prior = [0]*n #建立前缀和列表
5   sum = 0
6   for i in range(n):
7       sum += a[i]
8       prior[i] = sum
9   print("前缀和列表: ",end="")
10  for i in range(n):
11      print(prior[i],end=" ")
```

```
请输入整数:
5
输入5个整数: 1 2 3 4 5
前缀和列表: 1 3 6 10 15
```

图 6.4　前缀和的 Python 实现

例 6.3　有一只猴子,第一天吃掉了总数一半多一个的桃子,第二天又将剩下的桃子吃掉一半多一个,以后每天都吃掉前一天剩下的一半多一个的桃子,到第 n 天(1<n<30)准备吃的时候,只剩下一个桃子。请算一下第一天开始吃的时候一共有多少个桃子?

【提示与说明】　此题的输入是一个正整数 n,代表只剩下一个桃子的时候是第 n 天;输出第一天时有多少个桃子。假设第 n 天有一个桃子,前一天的桃子是先增加一个桃子再变成当前的二倍。这样推导下去,就能反向推导出第一天桃子的数量。代码实现如图 6.5 所示。用最长长度为 30 的列表 a 分别存储相应天时桃子的数量。

```
1  n = int(input("输入只剩下一个桃子是第几天："))
2  a = [0]*30
3  a[1] = 1#第一天只有1个桃子
4  for i in range(2,30):
5      a[i] = (a[i-1]+1)*2# a[2]=4,a[3]=10...
6  print("第1天有%d个桃子"%(a[n]))
```

输入只剩下一个桃子是第几天：10
第1天有1534个桃子

图 6.5　求第一天的桃子数量

6.2.2 贪心法

解决某个问题时,如果需要多个阶段,则在每个阶段都倾向于得到当时的最优决策,即当前看来"最好"的选择,是一个局部最优解,最终逐步逼近预定的结果。也许贪心算法不能让所有问题都得到全局最优解,但对许多问题,它能产生可行的解决方案。例如,图论中的单源最短路径、最小生成树等,都能看到贪心算法的影子。

例 6.4　假设有一堆纸币,其中有 1 元、5 元、10 元、20 元、50 元、100 元的面值。输入一个数值 n。请用最少数量的纸币张数达到输入的这个数值。

【提示与说明】　此题可使用贪心法策略求解,即每次选择面值时,优先选择面值最大的那张纸币,这样就可以达到使用最少数量纸币的目的。例如 n=111,那么最少需要 3 张纸币(分别是 1 张 100 元+1 张 10 元+1 张 1 元),代码实现如图 6.6 所示。第 4 行代码的列表其实是按照贪心策略设计的,因为要求最少数量的纸币,所以要先选择面值最大的纸币。

```
1   n = int(input("请输入想要的金额数：\n"))
2   count = 0
3   res = 0
4   a = [100,50,20,10,5]#每次都尽可能取大的面值
5   for i in range(len(a)):
6       if n >= a[i]:
7           res = int(n/a[i])
8           count += res
9           n -= res*a[i]
10  if n != 0:#剩下的只能使用纸币1元
11      count += n
12  print("需要最少的纸币数量为：")
13  print(count)
```

请输入想要的金额数：
111
需要最少的纸币数量为：
3

图 6.6　分纸币的贪心算法

例 6.5　给定一个正整数 n,你需要将它表示为若干不同的完全平方数的和(注：完全平方数是指一个整数是另一个整数的平方,如 1、4、9、16、25 等均是完全平方数,换言之,如果一个整数能够表示成

某个整数的平方形式,那么这个整数就是完全平方数)。请编写一个程序实现这一过程。例如,如果n=12,则可以表示为4+4+4或1+1+1+9,但是不能表示为11+1。

【提示与说明】 本题可以采用贪心算法解决。先将所有小于或等于n的完全平方数存储在列表中,然后从大到小遍历这个列表,每次都选择最大的完全平方数,并将其从n中减去,直到n变成0。代码实现如图6.7所示。

```
1  import math
2  n = int(input("请输入一个正整数："))
3  squ_nums = []
4  for i in range(1, int(math.sqrt(n))+1):
5      squ_nums.append(i*i)
6  res = []
7  while n > 0:
8      for i in range(len(squ_nums)-1, -1, -1):
9          #倒序是因为先找小于n中最大的平方数
10         if n >= squ_nums[i]:
11             res.append(squ_nums[i])
12             n -= squ_nums[i]
13             break
14
15 for i in range(len(res)):
16     print(res[i], end=" ")
```

请输入一个正整数：11
9 1 1

图6.7 求完全平方数之和的贪心算法实现

6.2.3 分治法

顾名思义,"分治"即"分而治之",先将整个问题拆分成多个相互独立且数据量更少的小问题,通过逐一解决这些简单的小问题,最终找到解决整个问题的方案。而原问题的解即为求得的各个子问题解的"合并",并在此基础上求出该问题的最终解。本章后续提到的一些排序算法等,部分用到了分治的思想。

例如,对于给定的多个数字,找出其中最大值(或最小值)的最值问题,如果采用分治思想,则可以不断等分列表中的元素,直至各个分组中的元素个数小于或等于2。由于每个分组内的元素最多有2个,因此很容易就可以找出其中的最大值(或最小值),然后将这些最大值(或最小值)进行两两比较("分"的策略),最终找到的最大值(或最小值)就是整个列表中的最大值(或最小值)("治"的策略)。大家看,是不是先"分"而后再"治"?

例6.6 对用户输入的n个自然数进行排序,输出最大值。

【提示与说明】 采用分治策略,两两排序。伪代码如下,其中的"⌊ ⌋"是向下取整符号(因为输入的数据个数有可能不是偶数)。代码实现如图6.8所示。其中,"分"的过程是由第9行代码(分界点)、第10行代码、第11行代码实现的;第10、11行代码分别是在左区和右区递归调用函数,并找出各自区间内的最大值;第12~15行代码则是"治"的过程(对左区的最大值和右区的最大值判断大小并输出)。

例6.6：利用分治策略排序输出

Input：n个独立数字
Output：输出最大值
Steps：

1. 得到用户输入的数字并转换存于列表中
2. 设计递归函数 num_max(列表数据,左界 x,右界 y),用左界、右界限定查找的范围
   2.1 如果 y−x≤1,则直接比较,算出两个数中的较大值返回即可
3. 将区间[x,y]划为两个小区间:左部区间[x,⌊(x+y)/2⌋]和右部区间[⌊(x+y)/2+1⌋,y],分别递归调用 num_max()函数,求出这两个区间内各自的较大值,并赋值给两个新的变量 var1 和 var2
   2.2 通过调用 max(var1,var2)函数返回其中的最大值

基于分而治之的思想,将找出给定数据[4,55,8,67,3]中最大值的问题转换成了先"分"成分别找出[4,55]和[8,67,3]中各自的最大值(分别是 55 和 67),再"治"为对找出的最大值进行比较,最终就可以找到整个列表中的最大值为 67;而对于子区间[8,67,3]中的递归操作,又"分"为分别求[8,67]子区间和[3]子区间中的最大值,再"治"为结果是 67。如果给出更多的数据,则方法类似。

```
1  def num_max(arr,left,right):
2      if len(arr) == 0:  #列表中没有数据
3          return -1
4      if right - left <= 1:#仅有 2 个数,直接比较
5          if arr[left] >= arr[right]:
6              return arr[left]
7          return arr[right]
8      #分治划分成2个区域
9      middle = int((right-left)/2 + left)
10     max_left = num_max(arr,left,middle)  #左区的最大值
11     max_right = num_max(arr,middle+1,right)  #右区的最大值
12     if max_left >= max_right:
13         return max_left
14     else:
15         return max_right
16
17  arr = list(map(int,input("请输入几个用空格隔开的数据").split()))#输入数据
18  max = num_max(arr,0,len(arr)-1)
19  print("最大值:",max,sep='')
```

请输入几个用空格隔开的数据4 55 8 67 3
最大值:67

图 6.8 用分治策略求一组数中的最大值

6.2.4 递归法

递归法是一种直接或者间接调用自身函数或者方法的算法。递归法需要明确递归的终止条件(如一般要有如 for、while 引导的迭代循环或 if 引导的条件判断语句),以及递归终止时的处理办法(它会将迭代函数的参数逐渐逼近某个终止条件并最终达到终止条件,即每一步都会以变化的参数逐渐逼近问题的终止条件)。需要提取重复的逻辑,并通过缩小问题的规模不断"递"下去,并有回"归"机制。例如求阶乘:n!=n×(n−1)!=n×(n−1)×(n−2)!=n×(n−1)×(n−2)×(n−3)!=⋯=n×(n−1)×(n−2)×⋯×3×2×1 就是一个典型的可以用递归求解的问题。这里的参数逐渐由 n、(n−1)、(n−2)逐渐逼近 3、2、1(递归的终止条件)。例 6.6 中也用到了递归。

> **课堂练习**
>
> 请大家看看下面这个函数,这是递归吗?如果是,请问终止条件是什么;如果不是,需要怎么修改它?
>
> ```
> def mydemo1(value):
>     print("你好, value =" + str(value))
>     mydemo1(value+1)
> ```

例6.7 请设计递归函数完成累加和计算 $\sum_{i=1}^{n} i$,其中函数参数 i 由用户从键盘输入。

【提示与说明】 这道求累加和的题如果不用递归的方法,也可以用其他方法实现。请同学们自己试一试其他方法。下面介绍通过递归函数实现累加和的方法,重点是要设计一个递归的终止条件。从求阶乘的方法可以知道,最后的终止条件应该是当自变量为1时终止运算,伪代码如下。代码实现如图 6.9 所示。

例6.7:求累加和函数 mysum(n)

Input:自然数 n
Output:n+(n−1)+…+2+1
Steps:
1. 如果 n>1
   1.1 递归调用 mysum
2. 否则,返回计算结果

递归算法用到了"栈"的概念。栈有"先进后出"或"后进先出"的特点。针对上面的例子,假设 n=3,先入栈的是自变量3,之后入栈的是自变量2,最后入栈的是自变量1,此时达到终止条件(第2行代码),于是从1出栈,求和结果是1,之后依次出栈的是2(求和结果是 $\sum_{i=1}^{2} i$)、3(求和结果是 $\sum_{i=1}^{3} i$)。

从上面的代码可见,用递归的方法求 1~n 的累加是可以解决这个问题的。但是学习算法就是为了能想出更加节省时间的方法以求解问题。我们试着从数学的角度出发思考问题:题目给出的是一组公差为1的等差数列,此题可以看作一个等差数列的求和问题,因此可使用下面的求和公式:

$$sum = n \times (n+1)/2$$

代码实现如图 6.10 所示。

```
1  def mysum(n):
2      if n == 1:
3          return n
4      else:
5          return n + mysum(n-1)
6
7  x = int(input("请输入一个自然数:"))
8  mysum(x)
请输入一个自然数:4
10
```

图 6.9 求累加和

```
1  x = int(input("请输入一个自然数:"))
2  print(int((1+x)*x/2))
请输入一个自然数:4
10
```

图 6.10 利用数列求和公式

下面看一道基于递归策略的题目。

例6.8 输入一个正整数 N(例如 12345),可以将这个数的每个位置上的操作数逐个相加(例如 1+2+3+4+5=15)。现在各个操作数位间加一个符号"&",从右到左将个位操作数和十位操作数间的符号作为第1个符号,将十位操作数和百位操作数间的符号作为第2个符号,以此类推。如果符号"&"的位置为偶数,则该"&"符号左右的两个操作数相加;如果"&"符号的位置为奇数,则该"&"符号左右的两个操作数相乘。例如,对于输入的数字12345,其计算方式为:1 & 2 & 3 & 4 & 5 = 1×2+3×4+5=2+3×4+5=5×4+5=25。递归函数在返回时会把当前的算式得出结果后返回,所以对于 1×2+3×4+5 的式子,是不能依照四则运算法则的优先级计算的,即只能从左到右按序计算。请用程序实现上述算法,要求不可以用 while 循环,须用递归方式实现。

【提示与说明】 代码实现如图 6.11 所示。定义 idex 是当前符号位置的指针,递归函数 sum_multiply()完成上述计算过程,其中第 5、6 行代码中的 if 语句是针对输入为个位数的情况而设计的;函数中要有判断 idex 位置的判断语句。如果符号的位置为偶数,则执行第 9 行代码进行乘法操作,反之执行第 11 行代码进行加法操作,注意第 9 行和第 11 行代码为递归调用函数。

```
1   n = int(input())
2   idex = 0
3   def sum_multiply(n):
4       global idex
5       if n < 10:
6           return n
7       idex += 1
8       if idex%2 == 0:
9           return n % 10 * sum_multiply(int(n / 10))
10      else:
11          return n % 10 + sum_multiply(int(n / 10))
12  print(sum_multiply(n))
```
12345
25

图 6.11 递归的 Python 实现

请你思考一下,图 6.11 中第 9 行和第 11 行代码在递归调用函数时的变量为什么要除以 10 呢?

本章后续讲到的部分算法(如快速排序等)都是基于递归或部分递归算法实现的。但是,递归的缺陷是其巨大的时间开销和内存开销。例如,对于汉诺塔问题而言,当盘子数量比较多的时候,其时间复杂度和空间复杂度都是很大的。因此,看似代码量不大的递归算法,其实可能隐藏着一些时空效率上的问题。

6.3 线性表、栈、队列

第 4 章在介绍函数的递归调用时曾经提到"栈"的概念。在算法设计中,不仅会用到栈,还会用到线性表、链表、队列等。限于本书的定位以及篇幅,这里只简单介绍一下线性表、栈和队列等基本数据结构。

6.3.1 线性表

线性表是一种由 n 个数据元素组成的、按线性顺序排列的基础数据结构,用来表示序列、堆栈、队列等。其中,第一个元素没有"前驱",最后一个元素没有"后继",其他元素均有一个前驱和一个后继。和线性表、链表有关的概念如下。①头指针:指向链表中第一个节点的指针,如果链表为空,则头指针指向 NULL。②尾指针:指向链表中最后一个元素的指针,有些链表实现中没有尾指针,需要遍历整个链表才能找到最后一个元素。③空表:线性表中没有任何元素,可以用头指针为空表示。④单链表:每个节点只包含一个指向下一个节点的指针域。⑤双链表:每个节点包含两个指针,分别指向其前驱节点和其后继节点,因此方便进行双向遍历。⑥循环链表:是一种特殊的链表,其最后一个节点的指针又指向第一个节点,形成一个环状结构。⑦静态链表:使用列表实现的链表,通过一个备用链表管理闲置的存储单元。

线性表大致可以分为两种基本类型：顺序表和链表。①顺序表：用一段连续的存储单元依次存储线性表中的各个元素，元素之间的逻辑关系通过它们在存储单元中的实际物理位置体现。顺序表支持随机访问和修改操作，但是插入和删除操作需要移动大量的元素，效率较低。②链表：表中各个元素不必连续存储，每个元素由数据部分和指针部分组成，数据部分保存元素的值，指针部分保存指向下一个元素的地址。链表支持快速的插入和删除操作，但是随机访问的效率较低。可见，在实际应用中，需要根据具体情况选择不同类型的线性表，并合理设计数据结构和算法以提高效率。

> 链表是用一组位于任意位置的存储单元（可以是连续的，也可以是不连续的）存储线性表的数据元素，有动态链表和静态链表之分。

在需要频繁插入和删除操作时，可以选择链表。例如，假设有"1 2 4 5 6 7 8"这7个数，现在需要将3插入其中且保持数据的升序不变，如果使用列表，则需要将包括4在内的后面的数都往后挪一位，此时采用常规的列表是效率不高的（因为需要移动大量的数据），示意图如图6.12所示。假设首位索引号为1。

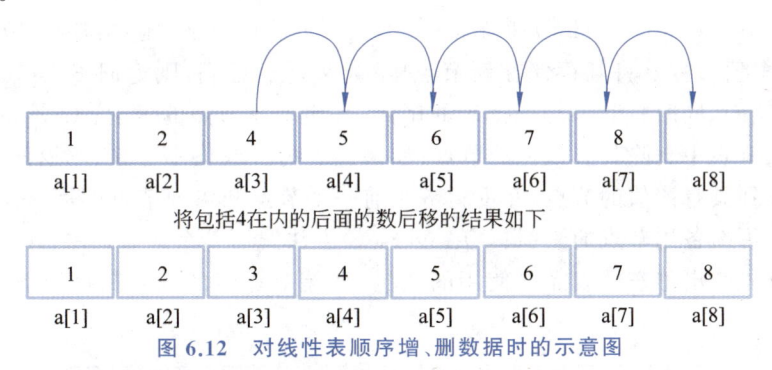

图 6.12　对线性表顺序增、删数据时的示意图

此时，使用单链表是比较合适的。单链表的头节点用来记录链表的起始地址，在访问链表时，可以通过头节点找到整个链表。如果链表为空，则头节点指向 NULL。图 6.13 中将"2"和"4"中间的链断掉，将"2"的后继指向"3"这个节点，将"3"的后继指向"4"，即实现了"3"的插入。对于元素的删除操作，原理是类似的，不再赘述。单链表的优点是插入和删除操作效率高，这是因为只需要修改指针即可；缺点是查找效率低，需要从头节点开始遍历整个链表。

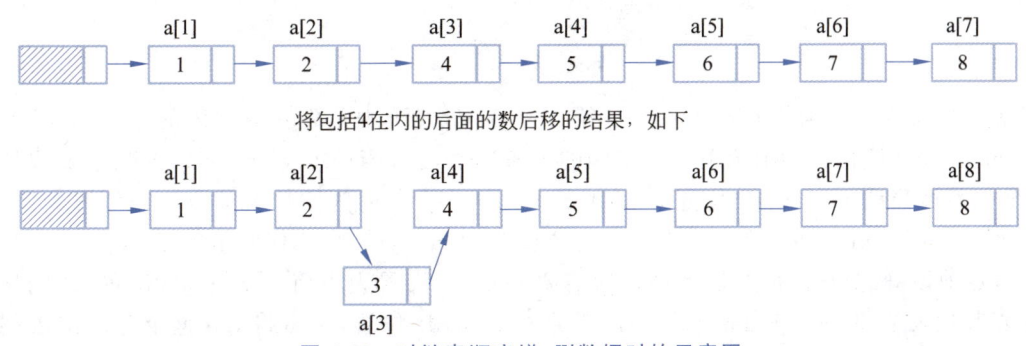

图 6.13　对链表顺序增、删数据时的示意图

静态链表是列表和链表相结合的结构,既具有列表随机访问的特点,也可以高效地进行插入和删除操作。静态链表由两个部分组成:一个是存储节点值,另一个是存储指向下一个节点的索引(如果当前节点没有下一个节点,则其索引为-1)。与普通链表不同的是,静态链表需要预先分配一定的空间存储节点。当静态链表已满时,就无法再添加新的节点了。静态链表的优点在于它可以克服普通链表频繁申请释放内存的缺点,只需在创建时分配一次内存即可;支持随机访问,可以根据索引快速找到任意节点,而不需要像普通链表那样遍历整个链表。缺点是它需要预先分配一定的内存空间(这可能会浪费内存);在进行插入和删除操作时需要修改指向节点的索引,可能会导致整个链表的重构,效率较低。

总之,静态链表提供了一种高效的插入和删除元素的方法,但在空间上有一定的限制。

例 6.9 假设给定一组自然数 1、2、3,现要用静态链表存储这些数据。请给出相应的定义和建立过程,并写出将其中数据为"2"的节点删除后的结果。静态链表可以通过列表实现,每个元素包含两部分信息:数据本身和指向下一个元素的索引。

【提示与说明】 分步骤的代码实现如图 6.14 至图 6.17 所示(其实它们是一个完整的代码段,为表述方便,这里分成 3 个图分别进行说明,完整代码可参阅本章的 Jupyter Notebook 文档,该文档可在本书的配套资源中获取)。利用两个列表 data 和 next_index 分别存储数据值及其指向的下一个节点的索引;head 作为头节点索引;tail 作为尾节点索引;free 存储当前空闲节点的索引;size 是静态链表大小;提供了 add_node()、remove_node() 和 traverse() 三个方法以添加、删除和遍历节点。其中,① add_node() 方法接收一个值参数并将其存储在新节点中;如果链表已满,则返回 False,否则找到一个空闲节点并将值存储在其中,同时将其添加到链表的尾部,并更新尾节点的索引;② remove_node() 方法接收一个值参数,并从链表中删除具有该值的节点;如果链表为空或值不存在,则返回 False,否则使用两个指针遍历链表,找到具有该值的节点,并重新链接前一个节点和当前节点的后一个节点,将当前节点设置为备用节点,并更新备用节点的索引;③ traverse() 方法遍历整个链表,并打印每个节点的值。

在初始化时,首先给出静态链表需要使用的变量、存储节点值的列表和存储下一个节点索引的列表等,如图 6.14 所示。

```
1  data = []  # 存储节点值
2  next_index = []  # 存储当前节点的下一个节点索引
3  head = -1  # 头部节点索引
4  tail = -1  # 尾部节点索引
5  free = 0  # 空闲节点索引
6  size = 10  # 链表大小
7  # 初始化空链表
8  for i in range(size):
9      data.append(None)
10     next_index.append(i + 1)
11 next_index[-1] = -1
```

图 6.14 初始化

接下来是添加节点的函数 add_node()。第 18~21 行代码中首先获取空闲的位置 free,为 free 赋予 next_index 的值(该位置的值为下一个空闲的位置),然后将当前 new_node 位置赋予要添加的节点的值(value),然后当前 new_node 位置的 next_index 赋予-1(因为添加新节点后该位置为链表尾,因此需要将链表尾的 next_index 列表的下一个位置设置为-1),第 22 行代码是如果 head 为-1,则代表在未添加节点前该静态链表为空,因此添加后需要将 head 设置为当前 new_node 位置,否则只需将未添加当前节点时队尾的 next_index 的指向设置为 new_node 位置,然后将 tail 这个存储链表尾部的元素设置为 new_node 位置。

删除节点的函数 remove_node() 中,第 34 行代码中的 curr_node 是存储当前的节点位置,第 35 行

```
12    # 添加节点
13    def add_node(value):
14        global head, tail, free
15        if free == -1:
16            print("错误：静态链表已满")
17            return False
18        new_node = free
19        free = next_index[free]
20        data[new_node] = value
21        next_index[new_node] = -1
22        if head == -1:
23            head = new_node
24        else:
25            next_index[tail] = new_node
26        tail = new_node
27        return True
```

图 6.15　添加节点

代码中的 prev_node 是用来存储 curr_node 的前驱节点的位置。第 36～38 行代码是用来寻找删除节点的前驱和后继。第 39 行代码表示如果在静态链表中找不到删除节点的位置，则该值不存在于静态链表中。第 42～45 行代码是为了区分前驱是否是链表头。第 46、47 代码和单链表的删除节点操作有区别，这是因为单链表是动态存储，而静态链表的大小是有限的，因此需要将删除的空节点再存储起来以便下次使用。

```
28    # 删除节点
29    def remove_node(value):
30        global head, tail, free
31        if head == -1:
32            print("错误：静态链表为空")
33            return False
34        curr_node = head
35        prev_node = None
36        while curr_node != -1 and data[curr_node] != value:
37            prev_node = curr_node
38            curr_node = next_index[curr_node]
39        if curr_node == -1:
40            print("错误：在静态链表中找不到值")
41            return False
42        if prev_node == None:
43            head = next_index[curr_node]
44        else:
45            next_index[prev_node] = next_index[curr_node]
46        next_index[curr_node] = free
47        free = curr_node
48        if curr_node == tail:
49            tail = prev_node
50        return True
```

图 6.16　删除节点

遍历链表函数 traverse() 中，第 53 行代码表示如果 head 等于 -1，则静态链表为空；若不为空，则利用 curr_node 存储链表头，通过 next_index 寻找静态链表中的下一个位置，从而遍历整个静态链表。

```
51    # 遍历链表
52    def traverse():
53        if head == -1:
54            print("静态链表为空")
55        else:
56            curr_node = head
57            while curr_node != -1:
58                print(f"{data[curr_node]} -> ", end="")
59                curr_node = next_index[curr_node]
60            print("None")
```

图 6.17　遍历静态链表

6.3.2 栈

栈是一种"后进先出"或"先进后出"的线性表,即只允许从一端插入和删除数据(最新插入或删除数据的位置是栈顶,最早插入数据的位置是栈底)。日常生活中,餐柜里的一摞盘子中第一个放进去的最下面的盘子(位于栈底)会是最后一个被拿出来使用的,而最后一个放进去的最上面的盘子(位于栈顶)是第一个被拿出来使用的。这样的场景就是栈的实际应用场景之一。在算法实现中,可以用栈解决很多问题,例如,在进行函数的递归调用时,就会用到函数的递归调用栈。

队列是一种"先入先出"的线性表,即只在线性表两端进行操作。日常生活中,如果你要去银行营业大厅办理业务,排在最前面的人会先办理业务,而排在最后面的人会最后办理业务。这样的场景就是队列的实际应用场景之一。

可见,栈和队列是有区别的:①栈的插入和删除操作都是在一端进行的,而队列的操作却是在两端进行的(队列只允许在队尾一端进行插入,在队头一端进行删除);②栈的特性是先进后出(或后进先出),而队列的特性是先进先出(或后进后出)。

栈的基本操作主要有:①入栈,将需要使用的元素放入栈中;②出栈,将栈顶元素弹出栈。Python也有内置的栈函数,其中的部分如下。

- stack():创建一个空栈,其中不包含任何数据项。
- push(item):将 item 数据项加入栈顶,无返回值。
- pop():将栈顶数据项移除,返回栈顶的数据项,栈被修改。
- isEmpty():返回栈是否为空栈。
- size():返回栈中有多少个数据项。

例 6.10 回文串是指从正、反两个方向读都一样的字符串。其实,在生活中也有很多回文串的例子,如"123321""ababa";又如"2020年2月2日"的日期写成纯数字的字符串形式就是"20200202",它也是一个回文串。假设给定长度为 n(1<n<10000)的字符串,请判定这个字符串是不是回文串。如果这个长度为 n 的字符串是回文串,则输出 Yes,否则输出 No。

【提示与说明】 这道题可以利用栈进行判定。代码实现如图 6.18 所示。首先,得到用户输入的字符串以及字符串长度。其次,初始化及定义栈,初始化栈顶为-1,设置标志位 flag,获取字符串的中点 mid。然后,判断回文串的长度是奇数还是偶数,第 11 行代码判断若回文串长度为奇数,则 mid 加 1(例如,若字符串为"aba",此时 n=3 为奇数,字符串"abc"中间"b"这个字符是不需要进行判断的,因此对 mid 加 1),这样做也是为了对之后的单个字符的对比做铺垫;第 8~11 行代码是将字符串的前半段放入栈中,第 13 行代码的 for 循环的范围是[mid,n)区间;当字符串长度为偶数时,例如字符串为"2002",此时 n=4,mid=2,将区间[0,mid)入栈,即将第一个字符'2'和第二字符'0'添加到栈中,依次遍历区间[mid,n)中的字符,若与栈顶元素相等,则将栈顶元素弹出,继续比较下一位,直到栈为空。若遍历到的字符与栈顶元素不相等,则直接退出循环(判断不是回文,flag 设置为 1,输出结果)。最后,依据 flag 的值输出判断结果。

例 6.11 实现一个初始元素为空的栈。针对这个栈设计函数,分别完成以下 4 种操作:①入栈操作;②出栈操作;③判断当前的栈是否为空;④查询当前的栈顶元素。

【提示与说明】 首先给定一个很大的值用于模拟这个栈的最大容量,并设置栈顶的指针。分别设计 5 个函数,代码实现如图 6.19 所示。①入栈函数 push(x)是对给定的 x 将其压入栈顶,同时栈顶指针加 1;②出栈操作 pop()判定栈顶指针,并将其减 1 模拟出栈;③基于 empty()判断栈是否为空(栈为空则输出

```
1   n = int(input("请输入给定长度n: "));
2   p = list(input("请输入字符串: "));
3   a = [0] * n   # 定义一个长度为n的栈
4   top = -1   # 栈顶位置初始为-1
5   mid = 0
6   flag = 0   # 标志位判断是否为回文串
7   mid = (int)(n / 2)   # 取字符串中点
8   for i in range(mid):
9       a[i] = p[i]
10      top += 1
11  if (n % 2 != 0):   # 如果mid为奇数则中间位置的值不管是什么都没有关系
12      mid += 1
13  for i in range(mid, n):
14      if (a[top] != p[i]):
15          flag = 1
16          break
17      top -= 1
18  if (flag == 1):
19      print("No")
20  else:
21      print("Yes")
```

请输入给定长度n: 8
请输入字符串: 20200202
Yes

图 6.18　回文串的实现

```
1   m = 100010# 定义的一个列表模拟栈的最大限度
2   stack = [0] * m#定义一个大小为m的栈
3   top = -1#栈顶位置初始为-1
4
5   def push(x):#入栈操作
6       global stack, top
7       top += 1
8       stack[top] = x
9   def pop():#出栈操作
10      global stack, top
11      if(top != -1): top -= 1
12  def empty():#判断当前栈内是否为空
13      global stack, top
14      if(top == -1): print("YES")
15      else: print("NO")
16  def query():#输出栈顶元素
17      global stack, top
18      print(stack[top])
19
20  def moni_stack():
21      global stack, top
22      N = int(input("请输入拟进行的操作次数"))
23      while(N):
24          N -= 1
25          s = list(input("请输入操作方式（如push）及操作数,用空格分开；pop、empty、query操作无需操作数").split(" "))
26          opt = s[0]
27          if(opt =="push"):
28              x = s[1]
29              push(x)
30          elif(opt == "pop"):
31              pop()
32          elif(opt =="empty"):
33              empty()
34          elif(opt == "query"):
35              query()
36
37  moni_stack()
38  query()
```

请输入拟进行的操作次数5
请输入操作方式（如push）及操作数,用空格分开；pop、empty、query操作无需操作数push 6
请输入操作方式（如push）及操作数,用空格分开；pop、empty、query操作无需操作数push 2
请输入操作方式（如push）及操作数,用空格分开；pop、empty、query操作无需操作数push 3
请输入操作方式（如push）及操作数,用空格分开；pop、empty、query操作无需操作数pop
请输入操作方式（如push）及操作数,用空格分开；pop、empty、query操作无需操作数pop
6

图 6.19　模拟栈及其操作

Yes;否则输出 No);④query()输出栈顶元素;⑤moni_stack()用于模拟栈,根据用户给定的操作次数 N,由用户连续进行 N 次操作,根据输入的操作方式(如 push、pop、empty、query)完成相应操作。

栈有很多用处,下面通过十进制转换为二进制的例子介绍一下栈在进制转换中的作用。

首先简介一下进制的问题。我们知道,计算机内部在处理信息时,会将外部输入的各种类型的信息转换成它能直接处理的格式,即所谓的二进制格式。二进制只有"0""1"这两种数,若用 4 位表示,十进制"2"的二进制表示就是"00 10"。十进制数转换成二进制数的一般手工做法,是通过所谓的辗转相除法实现的:例如对于十进制的"2"转换为二进制的例子来说,"2"÷2=商"1"余数"0",由于此次的商不为 0,因此继续用此次商"1"÷2=商"0"余数"1",如图 6.20 所示。

$2 \div 2=1..0$(余数)
$1 \div 2=0..1$(余数)

图 6.20　十进制 2 进行辗转相除法

需要注意的是,辗转相除法获得的每位余数须逆序输出。最后如图 6.20 所示"颠倒余数"为"10",再补上 4 位二进制缺少的前两位"00"后,转换结果是"00 10",即十进制"2"的二进制数为"00 10"。对于十进制的"3"转换为二进制的例子来说,"3"÷2=商"1"余数"1",由于此次商不为 0,故继续用此次商"1"÷2=商"0"余数"1",这样"颠倒余数"的顺序是"00 11",即十进制"3"的二进制数为"00 11"。对于十进制的"4"转换为二进制的例子来说,"4"÷2=商"2"余数"0",由于此次商不为 0,故继续用此次商"2"÷2=商"1"余数"0",继续用此次商"1"÷2=商"0"余数"1",这样"颠倒余数"是"01 00",即十进制"4"的二进制数为"0100"。

例 6.12　将给定的十进制数转换成二进制数。

【提示与说明】　要求输入一个十进制数 n(1<n<100000),输出 n 对应的二进制数。代码实现如图 6.21 所示。首先定义一个列表模拟栈 stack 和 ls,m 为模拟栈和列表的最大限度,top 为栈顶位置。第 10~14 行代码的主要功能是完成辗转相除,其中第 11 行代码中的 res 是 n 和 2 相除得的余数,第 13、14 行代码是进行入栈操作即将取得的余数放入 stack 栈中;第 16~18 行代码是将栈中的元素从栈顶依次取出并放进 ls 中,以便于第 19、20 行代码的输出。

```
1   m = 100010    #模拟栈的最大深度
2   stack = [0] * m    # 定义一个大小为m的栈用来存取所有的余数
3   top = -1    # 栈顶位置初始为 -1
4   ls = [0] * m    #用于将余数"反转"
5
6
7   def exchange():
8       global stack, top, ls
9       n = int(input("请输入拟转换的十进制数:"))
10      while (int(n)):
11          res = n % 2
12          n /= 2
13          top += 1
14          stack[top] = int(res)
15      j = 0
16      for i in range(top, -1, -1):
17          ls[j] = stack[i]
18          j += 1
19      for i in range(j):
20          print(ls[i], end='')
21
22  exchange()
```

请输入拟转换的十进制数:8
1000

图 6.21　十进制转换为二进制

6.3.3 队列

可以把队列想象为日常生活中的排队购物,其主要特征是"先进先出"。队列的主要操作有:①入队,将某个元素放入某个队列中;②出队,将排在队首的元素弹出该队列。实现时,可以初始化一个列表以模拟队列,此时的队头、队尾都在同一个位置。元素入队操作后,队尾 tail 加一;出队操作后,队头 head 加一,如图 6.22 所示定义了一个大小为 m 的空队列,并设置了两个变量指向队头和队尾。初始时队列为空,故此时队头和队尾均为 0。

```
2  queue = [0] * m    # 定义一共大小为m的队列
3
4  head, tail = 0, 0  # 队头和队尾
```

图 6.22 模队列的初始化操作

在 Python 中,通过导入相应的 Queue 包,也可以实现队列操作方法,如图 6.23 所示。
- Queue.get():返回并删除队头的元素。
- Queue.put(x):将元素 x 插入到队列中。
- Queue.empty():如果队列为空则返回 True,反之返回 False。

```
1  from queue import Queue
2  q = Queue()      #创建队列对象
3  q.put(1)         #在队列尾部插入元素
4  q.put(2)
5  q.put(3)
6  print(q.queue)   #查看队列中的所有元素
7  if q.empty():
8      print("Empty")
9  else:
10     a = q.get()  #返回并删除队列头的元素
11     print(a)
12 print(q.queue)
```

deque([1, 2, 3])
1
deque([2, 3])

图 6.23 队列的基本操作

例 6.13 实现一个队列,完成以下 4 种操作:①入队操作 push x;②出队操作 pop;③判断当前的队列是否为空;④查询当前的队头元素。

【提示与说明】 与实现栈的方法类似,首先给定一个很大的值用于模拟这个队列的最大容量,并设置队列头和队尾指针 head 和 tail。分别设计 5 个函数,代码实现如图 6.24 所示。①入队函数 push(x) 是对给定的 x 将其压入队列,将元素 x 放入队尾 tail,然后队尾 tail+1;②出队列操作 pop() 是队头指针 head+1;③基于 empty() 判断队列是否为空,如果 head 的位置小于或等于 tail,则队列中有元素非空,否则队列为空;④query() 输出队头元素,直接取 head 位置的元素即可;⑤moni_queue() 用于模拟队列,根据用户给定的操作次数 N,由用户连续进行 N 次操作。

```
1   m = 100010    # 定义的一个列表模拟队列的最大限度
2   queue = [0] * m    # 定义一个大小为m的队列
3   head, tail = 0, 0    # 队头和队尾
4
5   def push(x):    # 入队操作
6       global queue, tail, head
7       queue[tail] = x
8       tail += 1
9
10  def pop():    # 出队操作
11      global queue, tail, head
12      head += 1
13
14  def empty():    # 判断队列是否为空操作
15      global queue, tail, head
16      if (head <= tail):
17          print("No")
18      else:
19          print("YES")
20
21  def query():    # 输出队头元素
22      global queue, tail, head
23      print(queue[head])
24
25  def moni_queue():
26      global queue, tail, head
27      N = int(input())
28      while (N):
29          N -= 1
30          s = list(input().split(" "))
31          opt = s[0]
32          if (opt == "push"):
33              x = s[1]
34              push(x)
35          elif (opt == "pop"):
36              pop()
37          elif (opt == "empty"):
38              empty()
39          elif (opt == "query"):
40              query()
41
42  moni_queue()
```

```
3
push 1
push 2
pop
```

图 6.24　队列实现

6.4　朴素的字符串匹配算法

第 3 章已经介绍过字符串的相关基础知识，如字符串的查找、替换、拼接、分割等。涉及字符串的算法也很多，不可能在本书中详述。这里仅概述一下朴素的字符串匹配算法。其他的字符串算法，如字符串哈希、KMP 算法、BM 算法、Sunday 算法等，可参阅其他相关资料。

字符串的模式匹配即子串的定位。假设有主串 S 和子串 T，如果在主串 S 中有与子串 T 相等的子串，则返回子串 T 的第一个字符在主串 S 中的位置，这就是模式匹配。可以用暴力的多重循环的方法在主串中查找该子串。

例 6.14 给定一个字符串 S＝'CDEFGABCDCCCFCDC'和关键词 T＝'CD'。在字符串 S 中查找是否存在关键词序列 T。如果存在,则返回这个关键词序列在 S 中出现的开始位置。

【提示与说明】 代码实现如图 6.25 所示。s 和 k 分别表示给定主串和子串;i、j 分别是指向主串和子串的当前位置的指针。若当前位置的字符匹配成功,则对指针 i、j 位置增加移位;若当前匹配失败,则将子串位置 j 调整为初试位置 0,将 i 的位置调整为 i-j+1(这是因为当前位置失效不代表前面已经匹配过的位置失效)。

```
1  s="CDEFGABCDCCCFCDC"
2  k="CD"
3  i=0
4  j=0
5  flag = False
6  n=len(s)
7  m=len(k)
8  count=0
9  a=[]#存储子串在母串出现的位置
10 while i<n:
11     if s[i] == k[j]:
12         i+=1
13         j+=1
14     else:
15         j=0
16         i=i-j+1
17     if j == m:
18         flag = True
19         count+=1
20         a.append(i-j+1)
21         j=0
22 if flag:
23     print("匹配成功,子串在母串出现了%d次,其位置是:" %(count))
24     for i in range(len(a)):
25         print("第%d位"%(a[i]), end = " ")
26 else:
27     print("匹配失败")

匹配成功,子串在母串出现了3次,其位置是:
第1位  第8位  第14位
```

图 6.25 朴素的字符串匹配算法

例如,如果 i 位置的字符和 j 位置的字符相等,就可以同时右移;若不相等,则单独将 i 的位置向右移动,j 的位置放到子串的初始位置,以此类推,如图 6.26 所示。

当在主串中找到第一个子串后,会继续在主串中寻找下一个子串,之后的比较、右移操作不再赘述,如图 6.27 所示。

```
Index:0, 1, 2, 3, 4, 5, 6, 7, …
          i
          ⇩⇨
    CDEFGABCDCCCFCDC
    CD
          ⇧⇨
          j
```

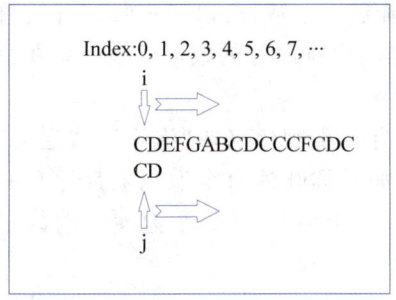

图 6.26 在主串中寻找子串(1)

```
Index:0, 1, 2, 3, 4, 5, 6, 7, …
          i
          ⇩⇨
    CDEFGABCDCCCFCDC
    CD
          ⇧⇨
          j
```

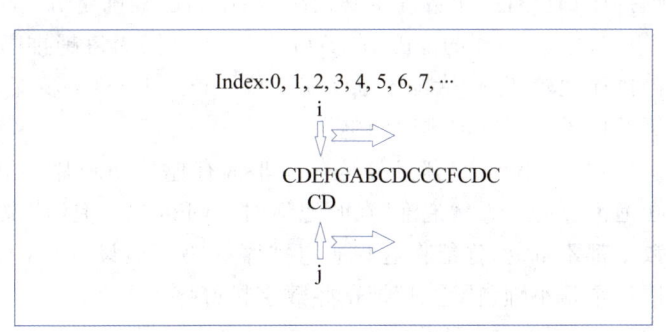

图 6.27 在主串中寻找子串(2)

6.5 简单排序算法

本章开头部分提到了求几个数中最大值的问题。若需要输出一个递增(或递减)的排好序的序列,就需要用到一些巧妙的排序算法了。常见的排序算法有直接插入排序、希尔排序、选择排序、冒泡排序、快速排序、堆排序、归并排序、桶排序等。限于篇幅,这里仅对冒泡排序、快速排序进行简介。

6.5.1 冒泡排序

冒泡排序是一种基础的、"交换"型的、稳定的排序算法。为什么它叫"冒泡"呢?其实,这是一种形象化的叫法,因为每一轮排序后就能筛选出一个最小(或最大)值的元素,就像一个气泡从水下一点点地往上浮起来(或沉下去)一样,"冒泡"和"沉底"都是形象的叫法("冒泡"是小的数浮上来,"沉底"是大的数沉下去)。冒泡排序可能没有快速排序那样快,不过对于初学者而言,学习冒泡排序是必要的。冒泡排序的伪代码如下。

冒泡排序算法

Input:n 个无序数字
Output:由小到大排序后的 n 个数字
Steps:
1. 创建变量 n;创建列表 a=[0]*n
2. def　bubble_sort(a, n)
　　　for i in range(n-1):
　　　　for j in range(n-1-i):
　　　　　if a[j]>a[j+1]:
　　　　　　swap(a[j],a[j+1])
3. for i in range(n):
　　　print(a[i])

上述伪代码中,步骤 1 创建一个整数 n,用来存储列表对应的大小;创建列表 a,用来存储这些元素。步骤 2 定义 bubble_sort 冒泡排序函数,用双 for 循环实现冒泡排序,第一个 for 循环中的 range(n-1)是因为每趟排序都会有一个数确定其最终位置,当已经确定 n-1 个数后,最后一个数自然就能确定其最终位置;第二个 for 循环的范围 range(n-1-i)是因为每趟排序会确定一个数,所以确定其位置的数就不需要再排序比较了,故待排序范围就变成了(n-1-i)。步骤 3 是输出排序好的数据列表。现在我们用一道例题体验一下冒泡排序的魅力。

例 6.15 《小鲤鱼历险记》是一部非常有趣的动画片。里面有个小鲤鱼名叫"泡泡"。"泡泡"特别喜欢吐泡泡。有一天,"泡泡"在吐泡泡时,"阿布"对"泡泡"说:"如果你吐的每个泡泡上都标有一个数字且数字都不重复,你能将这些泡泡排序好吗?"假设吐出的泡泡的个数是 n(每个泡泡上的数字不确定),请你帮帮小鲤鱼"泡泡"把这些数字排好序吧。

【提示与说明】 假设输入需要冒泡排序的数字个数 n=5,具体数字是"3 1 2 4 5"。经过算法运算,排序后的结果是"1 2 3 4 5"。首先输入一个正整数 n,然后定义一个元素数量为 n 的列表 a。排序时用到了两个 for 循环:外层的第一个 for 是排序进行的总趟数,因为总共有 n 个元素,所以需要进行 n-1 趟排序,因为每趟排序会确定一个数的最终位置,即最小数"冒泡"或最大数"沉底",所以只需确定 n-1 个数的位置(最后一个数的位置无须比较,因为它已然固定下来);内层的第二个 for 循环用来寻找当前序列中最小(最大)的数,因为每趟排序都会确定一个数的最终位置,所以需要比较的序列大小会根据第一个 for 循环的变量情况而变化(n−1−i),随着循环的进行,待比较的数会越来越少。最终得到排序好的序列,依次输出排序好的结果即可。代码实现如图 6.28 所示。

```
1   n = int(input("输入需要冒泡排序的数字个数及数值:"))#吐出的泡泡数量
2   a = list(map(int,input().split()))#泡泡上的数字
3   def sort(a,n):
4       for i in range(n-1):#趟数
5           for j in range(n-1-i):#每次都从头开始比较
6               if a[j]>a[j+1]:#交换
7                   t = a[j]
8                   a[j] = a[j+1]
9                   a[j+1] = t
10  sort(a,n)
11  print("输出冒泡排序后的结果:")
12  for i in range(n):
13      print(a[i],end=" ")#打印结果
输入需要冒泡排序的数字个数及数值:5
3 1 2 4 5
输出冒泡排序后的结果:
1 2 3 4 5
```

图 6.28 冒泡排序的代码实现

也许有同学还是没明白这个排序是怎么进行的。为此,这里自拟定一个数字序列"34 19 20 30 10 5 88 40"。下面模拟针对这个数字序列的"沉底"排序过程(注:对于已经析出的排好序的数,用阴影表示,假设右侧为"底")。

第一趟(i=0):此时从头部的"34"开始比较,"34">"19",两数交换,所以序列变为"19 34 20 30 10 5 88 40";继续向后比较,"34">"20",两数交换,所以序列变为"19 20 34 30 10 5 88 40";继续向后比较,"34">"30",两数交换,所以序列变为"19 20 30 34 10 5 88 40";继续向后比较,"34">"10",两数交换,所以序列变为"19 20 30 10 34 5 88 40";继续向后比较,"34">"5",两数交换,所以序列变为"19 20 30 10 5 34 88 40";继续向后比较,"34"<"88",序列不变,此时最大数变为 88;继续向后比较,"88">"40",两数交换。第一趟比较结束后,序列变为"19 20 30 10 5 34 40 88"。最大数 88"沉底"。第一趟比较的示意图如图 6.29 所示。

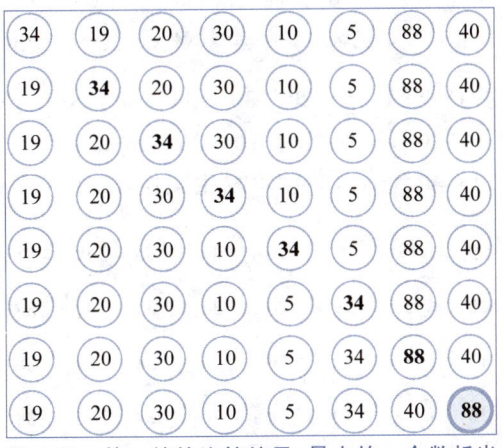

图 6.29 第一趟的比较结果,最大的一个数析出

第二趟(i=1):此时序列为"19 20 30 10 5 34 40 88"。除了已经析出的最大数 88 外,

重复第一趟比较的过程。此时从头部数据"19"开始比较,因"19"<"20",故序列不变;继续向后比较,"20"<"30",序列不变;继续向后比较,"30">"10",两数交换,序列变为"19　20　10　30　5　34　40　88";继续向后比较,"30">"5",两数交换,序列变为"19　20　10　5　30　34　40　88",此时后半段序列"30　34　40　88"已经升序,不会再有交换,所以本趟最终序列为"19　20　10　5　30　34　40　88",如图 6.30 所示。你们看,是不是有两个比较大的数"40　88"已经沉底了?

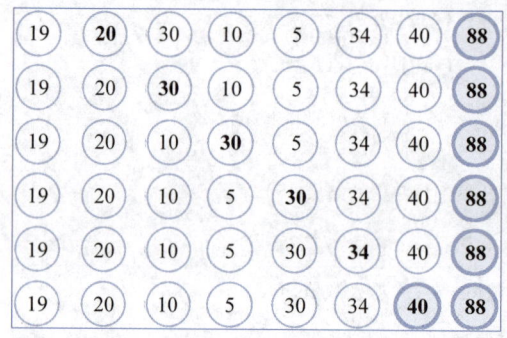

图 6.30　第二趟的比较结果,最大的两个数析出

第三趟(i=2):此时序列为"19　20　10　5　30　34　40　88"。除了已经析出的"40　88"外,重复第二趟比较的过程。"19"<"20",序列不变;"20">"10",序列变为"19　10　20　5　30　34　40　88";"20">"5",序列变为"19　10　5　20　30　34　40　88",之后的序列同样是有序的,不进行交换,第三趟的最终序列为"19　10　5　20　30　34　40　88",如图 6.31 所示。你们看,是不是有三个比较大的数"34　40　88"已经沉底了?

图 6.31　第三趟的比较结果,最大的三个数析出

第四趟(i=3):此时序列为"19　10　5　20　30　34　40　88"。除了已经析出的"34　40　88"外,重复第三趟比较过程。"19">"10",序列变为"10　19　5　20　30　34　40　88";"19">"5",序列变为"10　5　19　20　30　34　40　88",后续不发生交换,如图 6.32 所示。第四趟排序结束。

图 6.32　第四趟的比较结果,最大的四个数析出

第五趟(i=4)：此时序列为"**10 5** 19 20 30 34 40 88"。除了已经析出的"30 34 40 88"外，重复第四趟比较过程。"10">"5"，序列为"**5 10** 19 20 30 34 40 88"，如图6.33所示。其余情况与前述类似。

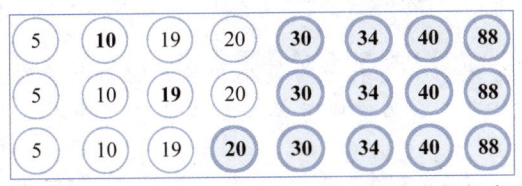

图6.33　第五趟的比较结果，最大的五个数析出

第六趟(i=5)：此时序列为"**5 10 19 20** 30 34 40 88"。此时序列已经有序，未发生数据交换，本趟序列最终为"5 10 19 20 30 34 40 88"，如图6.34所示。其余情况与前述类似。

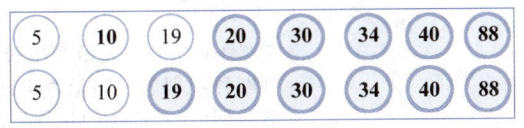

图6.34　第六趟的比较结果，最大的六个数析出

第七趟(i=6)：此时序列为"**5 10 19 20 30** 34 40 88"。此时序列已经有序，未发生数据交换，本趟序列最终为"5 10 19 20 30 34 40 88"，如图6.35所示。

图6.35　第七趟的比较结果，最大的七个数析出

至此，虽然最多要进行 n−1 趟即 7 趟排序，但在尚未完成所有的比较时，序列其实已经成为升序了。不过，这是因为选取序列的不确定性，总会有所有的比较趟数都会有交换元素的情况，这也是固定的算法在面对不确定性数据时表现出来的性能差异。

冒泡排序采用了双 for 循环的结构，所以它的时间复杂度比较大。不过对于初学者来说，了解冒泡排序算法的机理显得更重要。如何提高算法性能，降低时间复杂度，需要在随后的学习中再慢慢学习、提高。

6.5.2　快速排序算法

本章前面曾经提到了递归和分治的策略。快速排序算法也是采用递归和分治的方法，通过和选定数据的多次比较与交换实现排序的，其处理流程一般是：①设定一个分界值 pivot(例如第一个数据作为分界值 pivot，也可以是任何一个数据作为分界值 pivot)，通过该分界值 pivot 将数组分成左、右两部分，这就是分治的思路；②移动分界值周围的元素，将大于或等于 pivot 的数据集中到右边，将小于 pivot 的数据集中到左边，此时左边部分中的各元素都小于该分界值 pivot，而右边部分中的各元素都大于或等于该分界值 pivot。类似地，左边和右边的数据都可以再独立进行上述排序过程，即对于左侧的数据，又可以取另一个分界值 another_pivot 将该部分数据再分成左右两部分，同样在这个分界值 another_pivot 的左边放置较小值，在 another_pivot 右边放置较大值；而右侧的列表数据也可以做类似的处理。可以看出，"大于分界点数据的元素放置在一个部分中，小于分界点数据的元素放置在另一个部分中"是一个分治策略；而处理过程是递归进行的，即通过递归将左侧部分排好序后，再递归排好右侧部分的顺序,递归的终止条件是最后这个子集部分中只有一个元素。当左、右两个部分中的各数据排序完成后,整个列表的排序也就完成了。同学们请看,这不就是"递归+分治"的策略吗?下面列出快速排序的伪代码。

> 快速排序使用分治策略把一个列表分为较小和较大的两个子列表,然后递归地排序两个子列表。选取基准值有多种具体方法,不同的选取方法对排序的时间性能有影响。

快速排序算法伪代码

```
Input:n 个无序数字
Output:输出基于快速排序按由小到顺序排列的 n 个数字
Steps:
1. 创建并初始化长度为 n 的列表:a=[0]*n
2. def  quick_sort(a, left, right):           #变量 l 和 r 分别表示左侧和右侧的位置指针
    2.1 if left >= right : return              #判断目前列表区间是否正确
    2.2 pivot=a[int((left+right) / 2)]         #取区间[l,r]的中间位置值为基准
        i=left;  j=right
    2.3 while i <= j:                          #寻找左区间的最大数和右区间的最小数并调整区间
        while (a[i]<pivot) and (i<= j): i+=1   #左指针逐渐右移
        while (a[j]>pivot) and (i<= j): j-=1   #右指针逐渐左移
        if i <= j:
            swap(a[i],a[j])                    #a[i]与 a[j]互换,使左(右)区间小(大)于基准
            i+=1; j-=1
3. quick_sort(a, left, j)
   quick_sort(a, j+1, right)
```

下面通过例题说明快速排序的做法。

例 6.16 有一天,小明发现了 n 个带有数字的石头(1<n<105),这时候小明想起了自己刚学习的快速排序,他想用快速排序将这堆带有数字的石头排好序。请你帮帮他,用 Python 语言实现快速排序功能。

【提示与说明】 为便于同学们理解,这里模拟输入需要待快速排序的数字个数和它们的数值:如给定 5 个无序的数值"3 1 2 4 5"。根据快速排序的分治和递归做法,首先挑选基准值 pivot,如可将第一个、最后一个元素或中间某个元素作为 pivot,假设以中间的数"2"为基准 pivot,从"2"的左边找第一个大于"2"的数(此例是"3";以 i 作为左半区间的位置指针变量,i 逐渐递增),从右边(含)找第一个小于或等于"2"的数(此例是"2";以 j 作为右半区间的位置指针变量,j 逐渐递减),如果此时满足 i≤j,则"2""3"交换位置,第一趟比较结束,序列顺序变为"2 1 3 4 5";再进行左半边的探测,基准值取"2",在左区间找比"2"大的数("2"),找右边(含)找第一个小于或等于"2"的数("1"),此趟比较结束,"1"和"2"交换位置,得到序列为"1 2 3 4 5"。i 和 j 的移动示意图如图 6.36 所示。

快速排序的代码实现如图 6.37 所示。第 5 行代码是将中间元素作为基准点 pivot,并将基准值赋予 pivot(注:这里用到了直接对整数在内存中的二

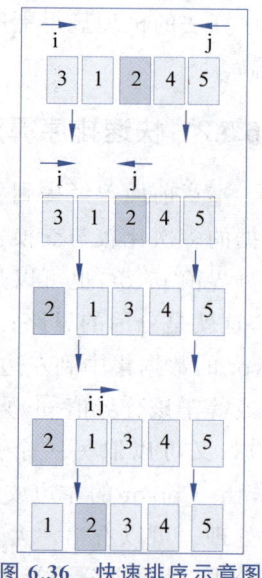

图 6.36 快速排序示意图

进制位进行操作的位运算">>",主要目的是降低时间复杂度,限于篇幅,这里不再介绍位运算的概念,感兴趣的读者可参阅其他相关资料)。之后,分割原始列表数据。设置一个指向最左端的数据指针 i(第 6 行代码)和右侧的数据指针 j(第 7 行代码)。对于 i,如果找到了左边第一个大于基准 pivot 的值的位置后,则退出(这样做的原因是快速排序算法需要以基准划分左区间);同理,对于 j,如果找到了右边第一个小于或等于基准 pivot 的值的位置后,则退出。其中,第 8~19 行代码是快速排序中调整区间的步骤,从左边第一个位置 l 开始依次遍历寻找左边第一个比基准值 pivot 大的数,即要找到左边大于基准值 pivot 的值;从右边倒数第一个位置 r 开始依次遍历寻找右边第一个小于或等于基准值 pivot 的数,即要找到右边小于或等于基准值 pivot 的值。对当前 i 和 j 的位置而言,若 i 在 j 的左边,则交换 i、j 位置上的值,直到区间调整结束。另外,第 20、21 行代码是递归排序左、右子序列,递归地将小于基准值元素的子序列和大于基准值元素的子序列排序,递归终止条件是左、右区间的指针 left 和 right 相等或者 left 大于 right,此时该子序列已排好序,再逐层递归回去。递归完成上述分割过程,直到递归结束条件满足时终止。

```
1   n = int(input("输入石头总个数:"))
2   a = list(map(int,input("初始顺序的数字:").split()))
3   def quick_sort(a,l,r):
4       if l >= r: return
5       pivot = a[l+r>>1]
6       i = l
7       j = r
8       while i <= j:
9           while a[i] < pivot and i <= j:
10              i += 1
11          while a[j] > pivot and i <= j:
12              j -= 1
13          #调整区间,使得左边区间是小于或等于pivot的数,右边区间是大于或等于pivot的数
14          if i <= j:#交换
15              t = a[i]
16              a[i] = a[j]
17              a[j] = t
18              i += 1
19              j -= 1
20      quick_sort(a,l,j) # 递归处理左右两个区间
21      quick_sort(a,i,r)
22  quick_sort(a,0,n-1)
23  for i in range(n):
24      print(a[i],end=" ")#打印结果
```

输入石头总个数:8
初始顺序的数字:8 4 7 5 6 1 2 3
1 2 3 4 5 6 7 8

图 6.37 快速排序

6.5.3 冒泡排序和快速排序算法所用时间的比较

快速排序之所以很快,一方面是它用了分治的方法,另一方面是每次交换比较元素时它的交换都是跳跃式的,不像冒泡排序比较的是邻近元素并进行交换。下面通过一个例子看看两者所用时间的不同。

例 6.17 使用 random.randint(start,end)方法可以返回指定范围[start,end]内的整数。给定 10000 个 1~1000 乱序的随机整数,对它们进行排序,比较快速排序和冒泡排序的运行时间。

【提示与说明】 总的来说,快速排序算法的时间复杂度优于冒泡排序算法的时间复杂度。图 6.38 是 Python 的代码实现。第 7~13 行代码是冒泡排序,第 24~42 行代码是快速排序,二者所用时间的

差距还是比较明显的。可见,是否采用了合适、高效的算法,在算法竞赛中取得的最终效果是不同的。

```
1   import time
2   import random
3   n = 10000
4   a = []
5   for i in range(n):
6       a.append(random.randint(1,1000))
7   def bubble_sort(a,n):
8       for i in range(n-1):#趟数
9           for j in range(n-1-i):#每次都从头开始比较
10              if a[j]>a[j+1]:#交换
11                  t = a[j]
12                  a[j] = a[j+1]
13                  a[j+1] = t
14  start_time1 = time.time()
15  bubble_sort(a,n)
16  end_time1 = time.time()
17  run_time1 = float(end_time1-start_time1)*1000
18  print("输出冒泡排序的运行时间:")
19  print(run_time1)
20  print()
21  b = []
22  for i in range(n):
23      b.append(random.randint(1,1000))
24  def quick_sort(a,l,r):
25      if l >= r: return
26      x = a[(l+r)//2]
27      i = l
28      j = r
29      while i <= j:
30          while a[i] < x and i<= j:
31              i += 1
32          while a[j] > x and i <= j:
33              j -= 1
34          #调整区间,使得左边区间是<=x的数,右边区间是>=x的数
35          if i<= j:#交换
36              t = a[i]
37              a[i] = a[j]
38              a[j] = t
39              i += 1
40              j -= 1
41      quick_sort(a,l,j)# 递归处理左右两个区间
42      quick_sort(a,i,r)
43  start_time2 = time.time()
44  quick_sort(b,0,n-1)
45  end_time2 = time.time()
46  run_time2 = float(end_time2-start_time2)*1000
47  print("输出快速排序的运行时间:")
48  print(run_time2)
```

输出冒泡排序的运行时间:
9365.607023239136

输出快速排序的运行时间:
15.033245086669922

图 6.38　冒泡排序和快速排序的时间比较

本章小结与复习

算法就是用于计"算"的方"法",是模型分析的一组可行的、确定的、有穷的规则,能根据规范的输入,在有限时间内获得有效的输出结果。简言之,算法就是规划针对实际的"问题"而采用什么样的解

决"方法",如先做什么,后做什么,怎么做等等。可见,算法相当于古战场上的"文臣"和"谋士",负责出谋划策;语言则相当于"武将"和"战士",负责贯彻执行既定方针和打法。好的算法也要由程序实现,纵有好的想法,但手无缚鸡之力,也是难以平定天下的。算法思想、程序设计能力二者相辅相成,缺一不可。学习算法可以提升高效解决问题的能力。但算法问题是一个非常复杂的问题,涉及面广,要求的数学和相关学科的基础较高。算法的种类有很多,本书不可能完全覆盖。了解算法及针对具体问题设计适当的算法,对中学生来说是十分重要的。也许在用不同语言解决某个问题时,不同的算法有执行效率上的不同,但从解决问题的角度来说,算法其实和选用什么语言无关。要编写出高质量的代码,编程思想和算法是必需的基础。其中,编程思想需要根据实际题目或竞赛要求去粗取精、去伪存真,通过不断总结、归纳提炼出编程思想(在本书的诸多例题中,我们给出的多数提示与说明,其实就是面对简单问题的一种编程思想)。一个典型的算法一般都可以抽象出以下 5 个特征[1]。

- 有穷性:算法的指令或者步骤的执行次数和时间是有限的。
- 确切性:算法的指令或步骤有明确的定义。
- 输入:有相应的输入条件刻画运算对象的初始情况。
- 输出:有明确的结果输出。
- 可行性:算法的执行步骤必须是可行的。

算法需要程序(如通过 Python、C++ 等实现)。前面学习的 Python 数据类型与表达式、Python 程序语句与结构、程序运行等都是算法实现的基础;算法本身涉及的内容包括算法的描述与实现、算法效率(如算法的时间复杂度和空间复杂度)等。在此基础上,通过提出问题、分析问题、设计算法、编程调试等,最后达到解决问题的目的。本章概述了算法基本思想,帮助同学们构建解决问题的思维方式,并对基本算法中的枚举、贪心、分治、递归,以及基本数据结构中的栈和队列、朴素的字符串匹配、数据排序中的冒泡排序和快速排序等简单算法进行了简介。希望同学们通过对上述知识的学习,了解算法的入门知识。我们更希望通过这种"挂一漏万""蜻蜓点水"式的简介,能为大家了解算法家族成员起到"抛砖引玉"的积极作用,并通过对算法家族成员的介绍,为同学们日后学习相关知识和参加算法竞赛提供帮助。

习　题

1. "水仙花数"是指一个三位数,它的各位数字的立方和等于其本身,例如:$153=1^3+5^3+3^3$。现在要求输出所有在 m(99＜m＜1000)和 n(99＜n＜1000)范围(m＜n)内的水仙花数。

【提示与说明】　该题引自 http://acm.hdu.edu.cn/。可以利用模拟的方法求解,只需要在[100,999]区间里面判断哪些数满足条件即可。

2. 对于给定的一个字符串,其中只包含字符'0'～'9'、'a'～'z'、'A'～'Z',请统计其中的数字字符、小写字母、大写字母各有多少个。例如,输入"abcABC123",输出"数字字符:3,小写字母:3,大写字母:3"。

【提示与说明】　可以利用模拟的方法求解,只需要对输入的字符串进行遍历,并用 3 个变量依次计数即可。

3. 有一头母牛,它每年年初生一头小母牛。每头小母牛从第四个年头开始,每年年初也生一头小母牛。请编程实现在第 n(0＜n＜55)年的时候,共有多少头母牛?

---

[1] https://zhuanlan.zhihu.com/p/30774350

【提示与说明】 该题引自 http://acm.hdu.edu.cn/。根据题意,每头母牛在年初生一头小母牛,第一年的时候只有一头母牛,第二年年初生一头小母牛,因此第二年有两头母牛(一头母牛,一头小母牛),以此类推,前 4 年的母牛数量都和年份相同;在第 5 年中,第二年出生的小母牛长大了,因此第一年的母牛和第二年长大的母牛都可以生一头小母牛,因此第 5 年有 6 头母牛,因此可以得出规律,除了前 4 年的母牛数量和年份相同,后面的规律是第 n 年母牛的数量=第 n-1 年母牛的数量+第 n-3 年母牛的数量。可以利用递归的方法求解,递归方程为 f[n]=f[n-1]+f[n-3],具体写法可以参考斐波那契数列。

第 7 章 算法竞赛入门

算法竞赛对于提高算法设计水平是十分必要的。如果有可能,建议同学们在不耽误文化课程的前提下,尽量多参加一些算法设计类的竞赛。本章概述算法题目的解题思路;通过例子介绍算法竞赛中十分重要的"时间复杂度"的有关概念;介绍算法的模拟分析与暴力求解思路;通过图的深度遍历和广度遍历算法,概述图论中的基础知识;简介能提高查询效率的并查集和动态规划算法的设计与实现;简介算法竞赛有关赛事,并对编程语言的选择及学习方法给出建议。

学习本章内容时,要求:
- 理解时间复杂度的概念;
- 理解模拟分析和暴力求解算法的设计思路,理解回溯+剪枝的基本思路;
- 理解深度优先搜索算法、广度优先搜索算法的基本概念;
- 了解并查集、动态规划问题与 0-1 背包问题的算法设计思路与实现;
- 了解算法竞赛、赛事类型等有关内容。

7.1 时间复杂度概述

作为入门,要知道不同的"算法"消耗的时间可能是不一样的。在算法竞赛中,时间复杂度是一个必须优先考虑的问题。本章将介绍时间复杂度的概念,介绍简单的算法设计与实现。

7.1.1 引例

第 4 章提到的斐波那契数列(Fibonacci sequence)的递推公式如图 7.1 所示。利用函数的递归调用,可以设计出求斐波那契数列第 n 项 a_n 的 Python 代码,如图 7.2 所示。

上述递归做法是"按部就班"的常规做法。其实,在递归求解的过程中,有很多过程都是重复内容的求解,如图 7.3 所示。如果每次都"按部就班"地"从头再来",显然是效率不高的。如果把已经求好的、后续将会用到的"中间结果"存起来以备后查,而不是每次都重新计算一遍,效率是不是会高一些呢?

$F(1)=1$

$F(2)=1$

$F(i)=F(i-1)+F(i-2)$ $(i>2)$

图 7.1　斐波那契数列的递推公式

```
1  def fib(n):
2      if n == 1 or n == 2:
3          return 1
4      return fib(n-1)+fib(n-2)
5  n = input("请输入数列的项数n：")
6  print("第n项为：",fib(6))
```
请输入数列的项数n：6
第n项为： 8

图 7.2　求给定斐波那契数列的第 n 项 a_n

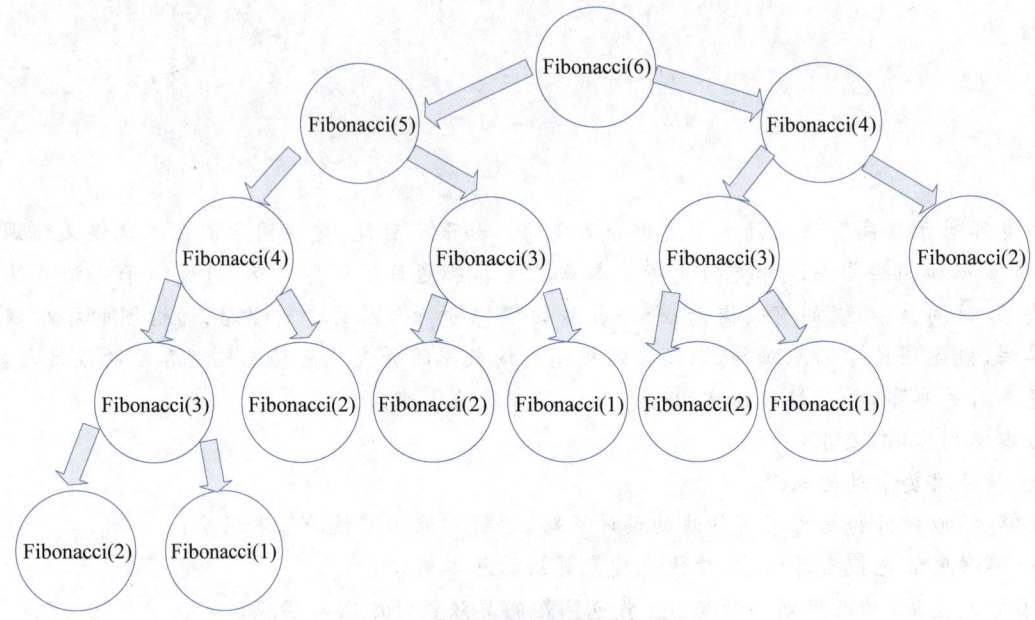

图 7.3　斐波那契数列的递归过程

我们可以做个实验，看看结果是否不同。假设需要求斐波那契数列的第 30 项 a_{30}。"优化"的方法是把已经求好的中间结果用一个列表存储，需要的时候"按图索骥"，直接取出即可。这种优化的方法和基于普通递归调用的方法所用时间的比较如图 7.4 所示。显而易见，时间复杂度的差距是明显的。这才只是算到了 a_{40}，若计算序列远超 a_{40}，二者的时间差距将是惊人的。可见，学习和使用算法是十分必要的。

7.1.2　时间复杂度

通过上面的例子，已经看到设计良好算法的必要性了。算法（Algorithm），顾名思义就是解决问题的高质量方法或思路。这里提到的"高质量"，主要是说代码的**时间复杂度**和**空间复杂度**要合适，要使得你的设备能胜任工作或能在可行的时间内能完成任务（注：空间复杂度是对一个算法在运行过程中临时占用存储空间大小的一个量度，同样反映的是一个趋势。限于篇幅，本章只简单介绍和算法竞赛中程序运行效率有关的时间复杂度，有关空间复杂度的概念，请参阅其他相关资料）。试想，如果一个实际问题需要你用某种语言求解一万年才能得出结论，这还有什么意义呢？通常，解决一个问题的方法有很多。例如，对某个数字序列进行排序，可以使用冒泡排序算法、选择排序算法、希尔排序算法等。其中，有些算法的排序效率高，有的效率低。这种情况下，我们需要具备挑选"好"算法的能力。也就是说，通常会通过估计算法的操作单元数量估算程序消耗的时间。假设算法的问题规模为 n，操作单元数

```python
1   import time
2   import math
3   f1 = [-1 for i in range(10000)]#存储已经计算过的值
4
5   def fib1(n):    #优化的解决方案
6       global f1
7       if f1[n] != -1:#将已经计算过的直接返回
8           return f1[n]
9       if n == 1 or n == 2:
10          f1[n] = 1
11      else:
12          f1[n] = fib1(n-1)+fib1(n-2)
13      return f1[n]
14  start1 = float(time.time())
15  fib1(40)
16  end1 = float(time.time())
17  run1 = float(end1-start1)*1000000.0
18  print("斐波那契数列第40项为: ",f1[40],end="   ")
19  print("用"优化"方法的所用时间(微秒)为: ",round(run1,3),end="")
20
21  def fib2(n):
22      if n == 1 or n == 2:
23          return 1
24      return fib2(n-1) + fib2(n-2)
25  start2 = time.time()
26  print("\n斐波那契数列第40项为: ",fib2(40),end="    ")
27  end2 = time.time()
28  run2 = float(end2-start2)*1000000.0
29  print("用一般递归方法所用时间(微秒)为: ",round(run2,3), end="  ")
```

斐波那契数列第40项为：　102334155　　用"优化"方法的所用时间(微秒)为：　960.112
斐波那契数列第40项为：　102334155　　用一般递归方法所用时间(微秒)为：　26241340.399

图 7.4　两种不同方法所用时间的比较

量用函数 f(n) 表示；随着数据规模 n 的增大，算法执行时间的增长率和 f(n) 的增长率相当。时间复杂度是对算法运行时间的度量。时间复杂度越大，说明耗时越长。时间复杂度一般用大写的 O（希腊字母中的第 15 个字母奥密克戎 Omicron）表示，这里的时间复杂度记为 O(f(n))。这里的 O 是数据量级较大且突破某个点后而表现出的时间复杂度。同一个算法的时间复杂度不是固定不变的，它和输入的原始数据的形式依然有关系。例如，如果有两个计算机算法 $f(n) = n^2$ 和 $g(n) = 100 \cdot n^2$，我们说二者的时间复杂度一样，注意我们说这两个计算机算法的计算是在大 O 概念下完全相同，但它们是有可能相差一个常数的。例如，假设两个算法的计算量分别是 $100 \cdot N \cdot logN$ 和 $0.01 \cdot N^2$，虽然前者的常数大，但当 N 趋近于无穷大时，后者的计算复杂度是前者的无穷大倍，对于这两个算法，它们的时间复杂度分别写作 $O(NlogN)$ 和 $O(N^2)$。

常见的时间复杂度有：

- 常数级的，如 O(1)，是指随着时间和运算量的增加，其耗费时间固定不变；
- 对数级的，如 $O(log_2 n)$，是指随着时间和运算量的增加，其耗费时间像对数函数图像一样缓慢增加；
- 线性级的，如 O(n)，是指随着时间和运算量的增加，其耗费时间像直线图像一样以固定斜率增加；
- 平方级的，如 $O(n^2)$，是指随着时间和运算量的增加，其耗费时间像二次函数图像一样较快地增加；
- 指数级的，如 $O(2^n)$，是指随着时间和运算量的增加，其耗费时间像指数函数图像一样陡然增加。

为方便大家理解,我们给出不同时间复杂度函数的图像,如图 7.5 所示。从函数的图像上看,随着数据量 n 的增大,显然有 $O(1) < O(\log_2 n) < O(n) < O(n^2) < O(2^n)$。

不同算法在给定不同初始数据分布的情况下的时间复杂度有可能是不一样的。例如,快速排序在最糟糕的情况下的时间复杂度是 $O(n^2)$,平均复杂度是 $O(n \cdot \log n)$,这里的 n 和 logn 分别代表调用栈的高度和完成每层调用所用的时间。在基准数据 pivot 取第一项时是最糟糕的情况,完成每层调用需要的时间是 n,调用栈高度是 n,时间复杂度是 $O(n^2)$;当基准 pivot 取中间的值时,完成每层调用的时间是 n,但是调用栈的高度变成了 logn,所以此时时间复杂度是 $O(n \cdot \log n)$。而对于冒泡排序来说,在数据完全有序的情况下,最好的时间复杂度是 $O(n)$,只需要一次冒泡过程;而在极端情况下,即完全逆序的情况下,时间复杂度为 $O(n^2)$。

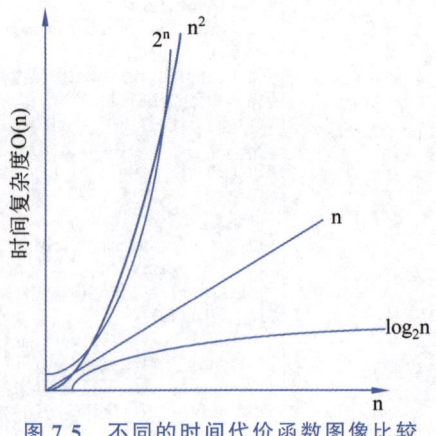

图 7.5　不同的时间代价函数图像比较

例 7.1　求素数,并分析不同方法的时间复杂度。

【提示与分析】　素数的概念已经在前面的章节中有叙述,这里不再赘述。下面通过普通的求素数的例子看看不同算法的时间复杂度(估计程序运行的时间代价)是什么意思,以及如何优化程序以降低算法的复杂度。

图 7.6 所示是求素数的一种方法。下面列出的算法的时间复杂度是多少呢?从第 8 行输入数据开始,每行的数量级都是常数(可忽略不计);在 isPrime1() 函数中通过循环条件(第 3 行代码)可知要循环 n 次,故时间复杂度为 $O(n)$。

```
1  def isPrime1(n):
2      d = 2
3      while d < n:
4          if n % d == 0: #寻找从2开始到n中间是否有数可以整除n
5              return False   #不是质数
6          d += 1
7      return True    #是质数
8  n = int(input("请输入一个正整数:"))
9  if(n == 1):
10     print("1既不是质数也不是合数")
11 elif isPrime1(n):
12     print("Yes")
13 else:
14     print("No")
```

请输入一个正整数: 67
Yes

图 7.6　普通的求素数方法

其实这个算法是可以优化的。我们知道,一个合数的约数总是成对出现的[1],如果符号"d | n"代表 d 能整除 n,那么有 (n / d) | n。例如,4 能整除 8(4 | 8),因此(8 / 4) | 8 也能整除。因此,判断一个数是否为素数时,只需要判断较小的那一个数能否整除 n 就行了,也就是说,只需要枚举 d ≤ (n / d),即 d×d ≤ n 或者 d ≤ $\sqrt{n}$ 就可以了。故上述普通的求素数方法可进行修改,如图 7.7 所示。优化的求素数

---

[1]　https://www.cnblogs.com/suyifan/articles/15282694.html

算法的时间复杂度为 $O(\sqrt{n})$。若给定一个正整数 n(如 n=10),求从 1 到 n 之间所有素数及总个数(2、3、5、7),用图 7.7 所示的方法是可以求出 1~n 中所有的素数的,但是时间复杂度依然比较高。

```
1   import math
2   def isPrime(n):
3       d = 2
4       while d < n:
5           if d > math.sqrt(n):
6               break
7           if n % d == 0:#寻找从2开始到n中间是否有数可以整除n
8               return False
9           d += 1
10      return True    #是质数
11  
12  n = int(input("请输入正整数"))
13  if(n == 1):
14      print("1既不是质数也不是合数")
15  elif isPrime(n):
16      print("Yes")
17  else:
18      print("No")
```

请输入正整数67
Yes

图 7.7 素数判定的修正方法

埃氏筛法是由法国数学家埃拉托斯特尼于公元前 3 世纪发明的一种用于寻找素数的算法,其基本思想是从一开始将每个素数的倍数都标记成合数,直到所有小于或等于要查找范围的数都被筛选过为止。例如,在筛选素数 2 时会发现 2 的倍数(4、6、8、10 等)都不是素数;同理,3 的倍数(6、9、12 等)也不是素数,故将它们提前剔除即可,简单模拟过程如图 7.8 所示,其中 2(不含)的倍数用小于号表示,3(不含)的倍数用大于号表示。在[1,10]的自然数范围内,剩下的 2、3、5、7 就是这个区间的素数。

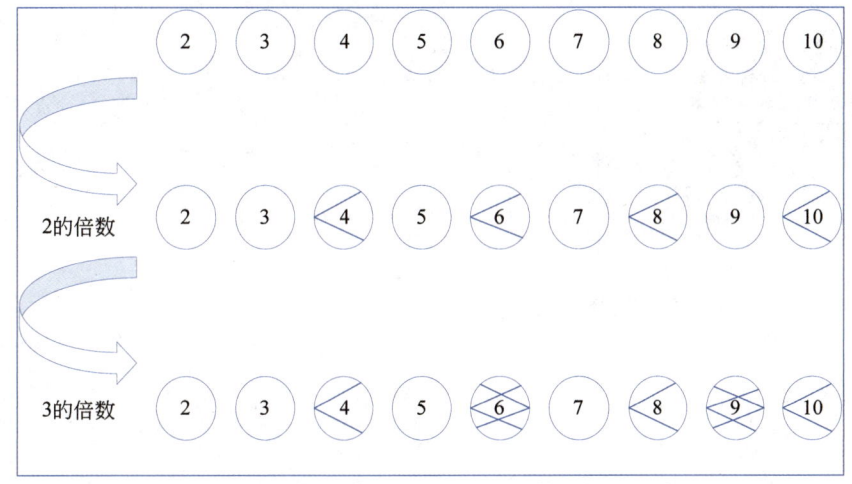

图 7.8 针对[1,10]上自然数的埃氏筛法模拟示意图

埃氏筛法的算法实现如图 7.9 所示。get_Primes()中第 7 行的第一个 for 循环的时间复杂度是 $O(n+1)$;嵌套的第 12 行的 for 循环的初始 j 为 $2\times i$,每次增长的步长为 i,最终边界上限为 n+1;由于 i 递增,可取 i 的最小值(2),取对数后即为最大值 $\log(n+1)$,故嵌套循环的总时间复杂度为 $O((n+1)\times \log(n+1))$。根据时间复杂度大 O 的渐进表示法,如果一个算法的时间复杂度是常数,则可用 $O(1)$ 表

示;由于时间复杂度本身是用来估算程序运行时间的,故可只保留最高阶项;如果最高阶项存在且不是1,则去除与这个项目相乘的常数。将 $O((n+1) \times \log(n+1))$ 中的多个级别相加并取最大级,因此埃氏筛法的时间复杂度为 $O(n \times \log n)$。

```
1   N = 1000010        #设定的质数列表的最大限度
2   prime = [0]*N       #素数列表
3   st = [False]*N     #True代表该位置不是质数,否则是素数
4   cnt = 0            #为素数列表的位置
5   def get_Primes(x):
6       global cnt
7       for i in range(2, x+1): #求小于的x+1区间的所有素数
8           if not st[i]:
9               prime[cnt] = i   #将素数存到素数列表中
10              print(i, end=" ")
11              cnt += 1
12              for j in range(i*2, x+1, i): #将所有i的倍数标记为True
13                  st[j] = True
14  n=int(input("请输入一个正整数n, 返回在[1,n]区间的素数及其个数: "))
15  get_Primes(n)
16  print("\n这个区间的素数个数是: ", cnt)

请输入一个正整数n, 返回在[1,n]上的素数及其个数: 20
2 3 5 7 11 13 17 19
这个区间的素数个数是: 8
```

图 7.9　用埃氏筛法求区间内的素数及其个数

为使同学们对不同算法的运行时间有直观的认识,我们针对同样的求[1,10000]区间内素数的任务,分别使用埃氏筛法、普通求素数、优化的求素数方法所用的时间进行了横向比较,代码实现如图 7.10 至图 7.12 所示。从图中可以清晰地看出,埃氏筛法所用时间最短,优化的素数算法次之,而普通的求素数方法最慢。

```
1   import time
2   import math
3   N = 1000010
4   prime = [0] * N
5   st = [False] * N
6   cnt1 = 0
7   print("三种求素数的方法在相同任务下运行时间的比较: 任务描述求10000以内素数的个数")
8
9   #1. 普通求素数的方法
10  def isPrime1(n):
11      d = 2
12      while d < n:
13          if n % d == 0:
14              return False
15          d += 1
16      return True
17  cnt2 = 0
18  start_time2 = time.time()
19  for i in range(2, 10000):
20      if (isPrime1(i)):
21          cnt2 += 1
22  end_time2 = time.time()
23  run_time2 = end_time2 - start_time2
24  print("普通求素数, 10000以内素数共计", end="")
25  print(cnt2)
26  print("普通求素数, 10000以内素数的运行时间是", end="")
27  print(run_time2)
28
```

图 7.10　3 种求素数方法的时间复杂度比较(传统方法)

```
29  #2. 优化方法
30  def isPrime2(n):
31      d = 2
32      while d < n:
33          if d > math.sqrt(n):
34              break
35          if n % d == 0:
36              return False
37          d += 1
38      return True
39  cnt3 = 0
40  start_time3 = time.time()
41  for i in range(2, 10000):
42      if (isPrime2(i)):
43          cnt3 += 1
44  end_time3 = time.time()
45  run_time3 = end_time3 - start_time3
46  print("优化的方法，10000以内素数共计", end="")
47  print(cnt3)
48  print("优化的方法，10000以内素数的运行时间是", end="")
49  print(run_time3)
50
```

图 7.11 3 种求素数方法的时间复杂度比较（优化方法）

```
51  #3 埃氏筛
52  def get_Primes(x):
53      global cnt1
54      for i in range(2, x + 1):
55          if not st[i]:
56              prime[cnt1] = i
57              cnt1 += 1
58              for j in range(i * 2, x + 1, i):
59                  st[j] = True
60
61
62  start_time1 = time.time()
63  get_Primes(10000)
64  end_time1 = time.time()
65  run_time1 = end_time1 - start_time1
66  print("埃氏筛法，10000以内素数共计", end="")
67  print(cnt1)
68  print("埃氏筛法，10000以内素数的运行时间是", end="")
69  print(run_time1)
```

三种求素数的方法在相同任务下运行时间的比较：任务描述求10000以内素数的个数
普通求素数，10000以内素数共计1229
普通求素数，10000以内素数的运行时间是0.5953643321990967
优化的方法，10000以内素数共计1229
优化的方法，10000以内素数的运行时间是0.026861190795898438
埃氏筛法，10000以内素数共计1229
埃氏筛法，10000以内素数的运行时间是0.002061605453491211

图 7.12 3 种求素数方法的时间复杂度比较（埃氏筛法）

7.2 算法模拟与暴力求解

算法模拟一般是指没有使用什么技巧方法，而是直接按题目的要求设计相关代码（如设计 while 循环、if 语句、for 循环等）。此时应该仔细分析题意并注意一些边界条件。在模拟时要注意各种细节或边界条件，对于比较复杂的问题，要尽可能在分析后简化代码。

暴力求解中所谓的"暴力",不说日常生活和文学作品中所说的"暴力",而是采用遍历、枚举等"蛮力"(而不是"巧劲")解决问题的一种朴素的算法思想。例如,在图论中,一个抽象的图包括一些"节点"和连接它们的"弧线"。如果考虑每条弧线的长度(权重,例如公路路网行车时间或高速公路费用),则这个图就是一个加权图。如果要在一个公路图中找出某两个城市间的最短路径,"暴力"的方法是把所有可能的路线都走一遍,然后找到路过路径的权重和最小的路径即可。但当图中的节点很多时,这个方法是不优化的,这是因为所有可能路径的个数会随着节点数的增加呈指数级增长。

暴力算法的特点有:①算法比较简单,对于初学者来说,这样设计出的算法比较容易理解;②暴力法枚举所有情况时不重复、不遗漏任何一种可能情况;③算法执行效率不高,暴力算法是基于计算机运行速度快这一特性而采用的一种比较"笨"的方法,如果是在日常数据量不大的情况下,这种方法也许是可行的,但是在大数据环境或者算法竞赛中,是不允许耗费很多时间或很大的存储空间进行求解的,因此在算法比赛中,完全基于"暴力"求解问题的方法是不推荐使用的。

下面通过几道题目看看如何基于模拟和暴力的方法设计算法。

例 7.2 已知 n 个人(以编号 1,2,3,…,n 分别表示)围坐在一张圆桌周围,从编号为 1 的人开始报数,数到 m 的那个人出圈;下一个人又从 1 开始报数,数到 m 的那个人又出圈;以此规律重复下去,直到剩余最后一个胜利者。这个问题亦称为"约瑟夫环"问题,示意图如图 7.13 所示(假设 n=8,m=3,图示为在第一次报数结束、第三位出圈后的约瑟夫环的情况)。求最后的胜利者的编号。

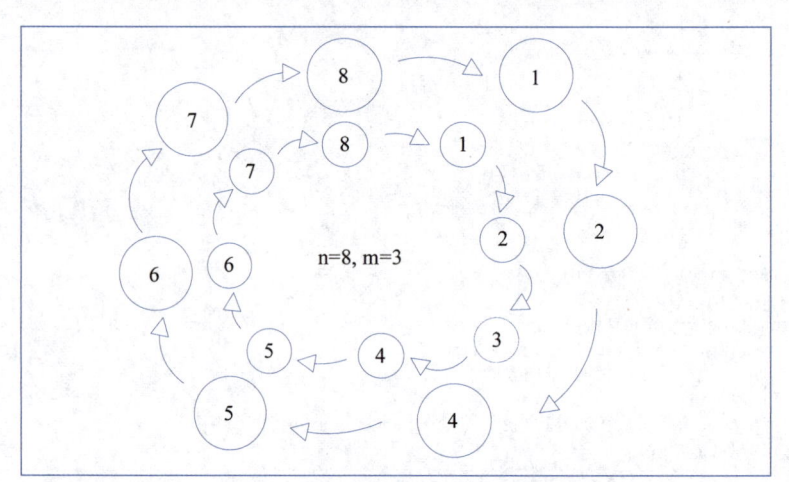

图 7.13 第一轮的约瑟夫环示意图

【说明与提示】为简单起见,这里仍以 n=8,m=3 的情况模拟约瑟夫环的变化过程,如图 7.14 所示。首先,每一次报数去掉的数据用删除线代替并赋值 0。例如第 1 次报数后,3#出局,在图 7.14 中用【0】代替,为方便理解,在每次报数的最后写出出局的数字,因此第一次报数后出局者是【3】;第 2 次报数,6#出局;第 3 次报数,1#出局;第 4 次报数,5#出局;第 5 次报数,2#出局;第 6 次报数,8#出局;第 7 次报数,4#出局;最终胜利者为 7#。代码实现如图 7.15 所示。其中,第 4、5 行代码初始化(将 1,2,…,n 放入列表中),i 存储当前位置,j 存储当前报数是第几位,q 存储出圈的人数(删除元素的个数);第 9~18 行代码用来模拟约瑟夫环的变化,其中第 10 行代码中的 if 语句用来判断当前位置是否已出圈(是否已被删除),第 12 行代码中的 if 语句用来判断当前报数数量是否数到了 m,第 17 行代码中的 if 语句用来判断是否为最后元素(若是,则将 i 初始化为 0 并重新遍历列表);第 20、21 行代码用来输出最后剩下的那个胜利者的编号。

图 7.14 约瑟夫环问题示意图

```
1   a = []
2   n = int(input("请输入总的人数"))
3   m = int(input("请输入报的数字"))
4   for i in range(1,n+1):
5       a.append(i)#初始状态
6   i = 0 #当前位置
7   j = 0 #当前报的数
8   q = 0 #删掉元素的个数
9   while (q <= n-2):
10      if a[i] != 0:
11          j += 1
12      if j == m: #报数
13          a[i] = 0 #当前位置赋值为0
14          q += 1
15          j = 0 #重新报数
16      i += 1
17      if (i == n): #出界,重新开始
18          i=0
19  i = 0
20  while a[i] == 0: #输出不为0的数据
21      i += 1
22  print("最后胜利者:",a[i])
```

请输入总的人数8
请输入报的数字3
最后胜利者: 7

图 7.15 约瑟夫环问题的模拟实现

试想一下,当解决了前一轮的约瑟夫环问题的结果后,是否可以在此基础上,利用递推公式求得下一轮的约瑟夫环问题？其实,从竞赛的要求和角度出发,还可以用一种基于递推公式的比较"巧妙"的求解方法,即当在解决 n 阶约瑟夫环问题时,当序号为 m 的人出列后,剩下的 n－1 个人又重新组成了一个 n－1 阶的约瑟夫环。那么,假如得到了这个 n－1 阶约瑟夫环问题的结果为变量 ans(出列的人编号为 ans),则 n 阶约瑟夫环的结果为(ans＋m％n)％n。

- 当 m＜n 时:因为 m＜n,故 m％n 为 m(例如,m＝2,n＝3,2％3＝2),因此 m％n 可简化为 m,故结果为(ans＋m)％n。
- 当 m≥n 时,将(ans＋m％n)％n 展开,即为 ans％n＋m％n％n＝ans％n＋m％n＝(ans＋m)％n;因为 m≥n 时 m％n 后的数必定小于 n,所以 m％n％n 可简化为 m％n,例如 m＝4,n＝3,4％3％3＝1,因此有(ans＋m％n)％n＝(ans＋m)％n。

这样,可以得出递推公式如下:

$$\begin{cases} F[n]=0, & n=0 \\ F[n]=(F[n-1]+m)\%n, & n\neq 0 \end{cases}$$

据此,可以给出比较简洁的代码,如图 7.16 所示。

```
1  n = int(input("请输入总的人数"))
2  m = int(input("请输入报的数字"))
3
4  F = [0]*(n+1)
5  for i in range(1,n+1):
6      F[i] = (F[i-1]+m)%i
7
8  print(F[n]+1)
```

请输入总的人数8
请输入报的数字3
7

图 7.16　基于递推公式的约瑟夫环问题的实现

当 n 很大时,上述两种方法所用时间的差距就比较明显了。例如,n=100000,m=15,两种方法所用时间如图 7.17 所示。可见,对同样的问题,如果采用不一样的算法,其所用时间是有差异的,有时这种差异还是很巨大的。从此例也可看出,不同算法有不同的时间复杂度。

```
1  import time
2  a = []
3  n = int(input("请输入总的人数"))
4  m = int(input("请输入报的数字"))
5  s1 = time.time()
6  for i in range(1,n+1):
7      a.append(i)#初始状态
8  i = 0 #当前位置
9  j = 0 #当前报的数
10 q = 0 #删掉元素的个数
11 while (q <= n-2):
12     if a[i] != 0:
13         j += 1
14     if j == m: #报数
15         a[i] = 0  #当前位置赋值为0
16         q += 1
17         j = 0 #重新报数
18     i += 1
19     if (i == n): #出界,重新开始
20         i = 0
21 i = 0
22 while a[i] == 0: #输出不为0的数据
23     i += 1
24 e1 = time.time()
25 r1 = e1-s1
26 print("基于传统模拟方法所用时间：",r1)
27 print("最后胜利者：",a[i])
28
29 ans = 0
30 s2 = time.time()
31 F = [0]*(n+1)
32 for i in range(1,n+1):
33     F[i] = (F[i-1]+m)%i
34 e2 = time.time()
35 r2 = e2-s2
36 print("基于递推方法所用时间：",r2)
37 print("最后胜利者：",F[n]+1)
38
```

请输入总的人数100000
请输入报的数字15
基于传统模拟方法所用时间：　4.510830640792847
最后胜利者：45758
基于递推方法所用时间：　0.03135180473327637
最后胜利者：45758

图 7.17　求约瑟夫环问题的两种方法所用时间的比较

例7.3 有n个(2< n< 100)小朋友围坐成一圈。老师给每个小朋友随机发偶数颗糖果,然后进行下面的游戏:每个小朋友都把自己的糖果分一半给左手边的孩子。在一轮分糖活动后,拥有奇数颗糖的孩子由老师补给1颗糖果,从而使他拥有的糖果数再变成偶数。反复进行这个游戏,直到所有小朋友的糖果数都相同时为止。请预测在已知初始糖果的情形下,老师一共需要补发多少颗糖果。

【提示与说明】 这是某算法竞赛中的题目,也是一道可以利用算法基础中的"模拟"方法解决问题的题目。首先我们需要仔细审题并读懂题目中的信息:①每个小朋友随机得到偶数颗糖果;②每个小朋友都把自己的糖果的一半分给左手边的孩子;③一轮分糖活动结束后,拥有奇数颗糖果的孩子会从老师那里再得到一颗糖果,从而使手中的糖果数变成偶数。为此,可输入一个整数n(2< n< 100)表示小朋友的人数(如n=3);一行用空格分开的n个偶数(如2 2 4)代表给出的初始糖果数;输出一个整数,表示老师需要补发的糖果数(如4)。算法主要步骤如下所示。

例7.3算法主要步骤

Input:整数 n 和 n 个偶数
Output:老师需要补发的糖果数
Steps:
1. 输入人数 n 和每个孩子的初始数量,并存入列表
2. 遍历每个位置元素的数量,将该位置上的数量减半,并将减掉的数据加到其左边位置的数据上(列表i位置数据要分给列表i-1位置一半的数据),更新列表
3. 遍历所有数量并判断是否为奇数,若是,则该位置数量加1,进而使其变成偶数
4. 利用set()方法删除当前集合中的所有重复元素,利用len()方法求集合中的元素个数,若集合中元素个数为1,则表明所有孩子的糖果数量是一致的,跳出循环,输出"补发的糖果"

代码实现如图7.18所示。代码详细功能请参见图中注释,这里不再赘述。

```
1  n = int(input("请输入小朋友人数 :"))
2  suger = list(map(int,input("输入用空格分开的N个偶数代表初始糖果数:").split()))
3  giving = 0 #老师补发的糖果数
4  while True:
5      for i in range(n):#遍历人数,一半糖果分给他人
6          suger[i] /= 2
7      for i in range(n):#开始分糖
8          if i == 0 :#第一个人糖果给最后一个人
9              number = suger[n-1]
10             suger[n-1] += suger[0]
11         elif i == n -1: #最后一个人的糖果给第一个人
12             suger[i-1] += number
13         else:
14             suger[i-1] += suger[i]
15     for i in range(n):
16         if suger[i]%2 != 0 :#判读是否为奇数
17             suger[i] += 1   #老师加分一颗糖果,变为偶数
18             giving += 1 #集合中不允许出现重复元素,因此糖果数全部相同时集合中只有一个元素
19     s = len(set(suger))
20     if s <= 1:#终止条件,糖果全部相同,结束并跳出循环
21         break
22 print(giving,end = '' )
```

请输入小朋友人数 :3
输入用空格分开的N个偶数代表初始糖果数:2 2 4
4

图 7.18 分糖果问题的求解

例7.4 "四皇后"问题是在一张4×4大小的国际象棋棋盘(图7.19)中放四颗皇后棋子,要求任意

两个皇后不能互相攻击(它们不能处在同一行、同一列上;任意两个皇后都不能处在同一斜线上(主斜线、反斜线),如图 7.20 所示)。现假设将 4 个皇后放在 4×4 的国际象棋棋盘上,请使用暴力求解的方法求四皇后问题的可行解。

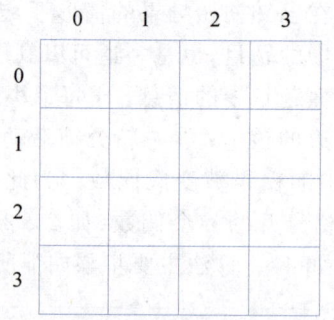

图 7.19　4×4 国际象棋棋盘及坐标示意图

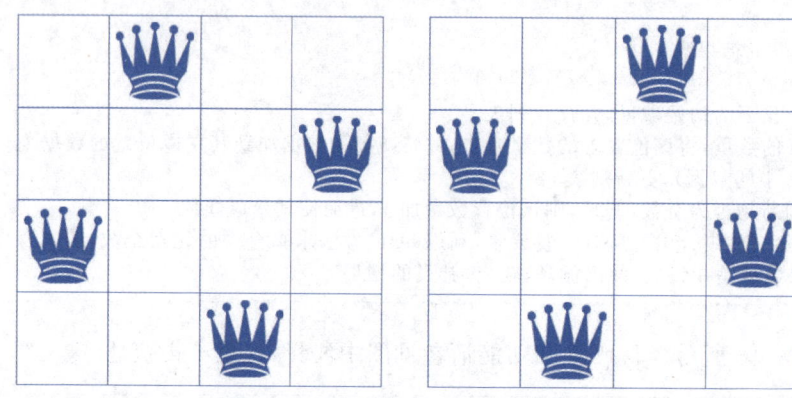

图 7.20　"四皇后"问题的两种结果

【提示与说明】　根据题意,在初始状态下,当放入第一个皇后后,在同一行、同一列和同一斜线都不可以再放入皇后了。例如,图 7.21 中有两个皇后分别放在(0,0)和(1,2),因此在余下的阴影部分中就不能再放入其他的皇后了,否则会不满足约束条件(任意两个皇后都不能处在同一行、同一列、同一斜线上)。图 7.21(a)是只在(0,0)放入皇后后对其他格的影响,图 7.21(b)是只在(1,2)放入皇后后对其他格的影响。这里假设最上方一行为第 0 行,往下依次为第 1、2、3 行;最左侧一列为第 0 列,往右依次为第 1、2、3 列。

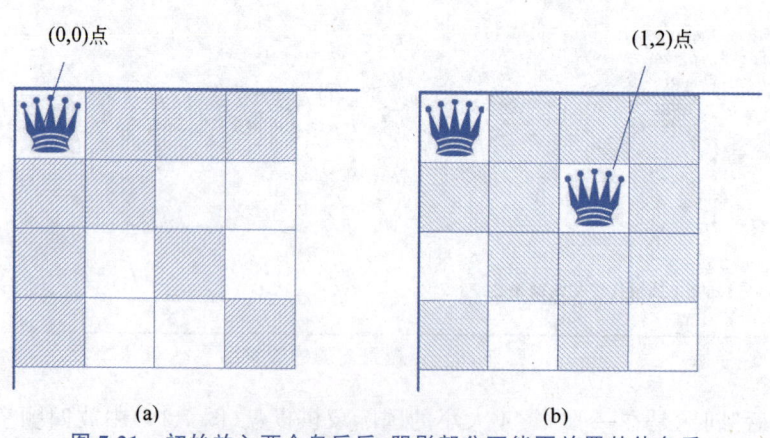

图 7.21　初始放入两个皇后后,阴影部分不能再放置其他皇后

据此,可以用基于暴力求解的方法设计代码,如图 7.22 所示。图 7.22 中第 3 行代码中的 for 循环是只枚举 4×4 矩阵中的第一行:①遍历(0,0)并将皇后放置在该点上,第一层 for 循环的 k1 代表纵坐标为 k1,k1=0 代表选取第一层的第一个点,k1=1 代表选取第一层的第二个点;在第一层 for 循环中,横坐标是固定的(0),因为需要先从第一层选皇后,然后选下一层,以此类推。第 4 行 for 循环是只枚举 4×4 矩阵中的第二层。第 5 行代码中的 if 语句的第一个条件 k1==k2 判断是否处于同一列,第二个和第三个条件 k1==k2+1、k1==k2-1 判断是否处于同一斜线。第 7 行代码中的 for 循环是只枚举 4×4 矩阵中的第三层。第 10 行代码中的 for 循环是只暴力枚举 4×4 矩阵中的第四层。其他不再赘述。输出结果为点的表示不放皇后,为 Q 的表示放皇后,如图 7.23 所示。

```
1   n = 4 #皇后数量已经棋盘大小
2   a = [] #存储皇后位置的列表
3   for k1 in range(n): #第一层for循环代表在棋盘的第一行上选择位置放入皇后
4       for k2 in range(n): #第二层for循环代表在棋盘的第二行上选择位置放入皇后
5           if k1 == k2 or k1 == k2+1 or k1 == k2-1: # 判断是否和第一个皇后处于同一列、两条斜线
6               continue
7           for k3 in range(n): #第三层for循环代表在棋盘的第三行上选择位置放入皇后
8               if k1 == k3 or k1 == k3+2 or k1 == k3-2 or k2 == k3 or k2 == k3+1 or k2 == k3-1:
9                   continue
10              for k4 in range(n): #第四层for循环代表在棋盘的第四行上选择位置放入皇后
11                  if k1 == k4 or k1 == k4+3 or k1 == k3-3 or k2 == k4 or k2 == k4+2 or\
12                      k2 == k4-2 or k3 == k4 or k3 == k4+1 or k3 == k4-1:
13                      continue
14                  a.append([k1,k2,k3,k4])
15
16  for i in range(len(a)):
17      if i != len(a):
18          print("第%d种方法"%(i+1))
19          for k in range(len(a[i])): #按照列表a中的值来输出放置皇后后的图
20              for j in range(a[i][k]):
21                  print(".",end="")
22              print("Q",end="")
23              for j in range(n-1-a[i][k]):
24                  print(".",end="")
25              print("")
26
```

第1种方法
.Q..
...Q
Q...
..Q.
第2种方法
..Q.
Q...
...Q
.Q..

图 7.22 基于暴力法求解"四皇后"问题的 Python 实现

> 请你考虑一下,为什么只判断两条斜线和列,而不判断行呢?

基于暴力方法可求解"四皇后"问题,但其时间复杂度比较大(这在算法竞赛中是比较差的时间复杂度)。对于 N 皇后问题,当 N 比较大时,不同算法的时间复杂度的差异是惊人的。可见,虽然暴力方法是可以求解的,但是算法竞赛都是有时间限制的。因此如何更好地基于某种巧妙的算法求解 N 皇后问题,是值得认真思考的一件事,例如可以基于回溯和剪枝方法解决 N 皇后问题。限于本书的科普定位和篇幅,基于其他算法的 N 皇后问题就不再赘述了。感兴趣的读者可以参阅其他相关资料。

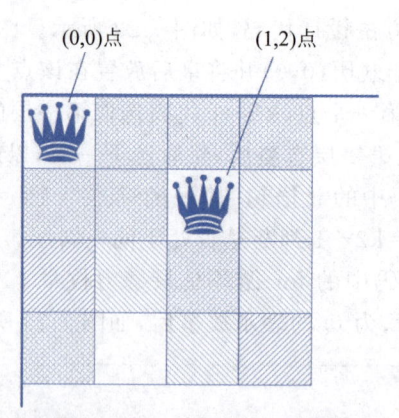

图 7.23 受(0,0)和(1,2)影响的图

7.3 图的遍历问题

图或图论的起源可追溯到大数学家欧拉诞生的那个年代。据说,在1736年,欧拉来到普鲁士的哥尼斯堡城,发现当地居民有一项消遣活动,就是试图将图7.24中的每座桥都恰好走过一遍并回到原出发点,但从来没有人成功过。欧拉用数学的方法证明了这种走法是不可能的,并写出一篇论文。一般认为,这是图论的起源。

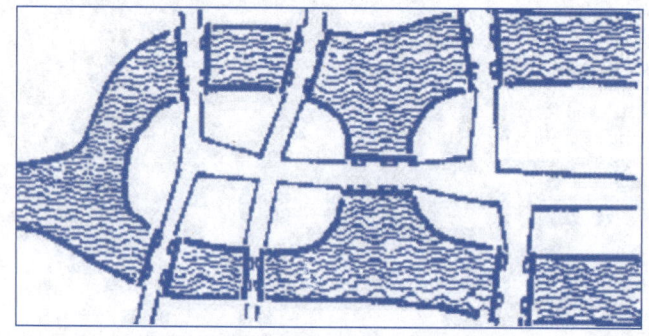

图 7.24 哥尼斯堡七桥问题示意图[7]

在计算机科学中,图可以用多种方式进行存储。以下是几种常见的图的存储方式。
- 邻接矩阵。邻接矩阵是一个二维列表,其中行和列分别表示图中的顶点,矩阵中的每个元素表示两个相邻节点之间的边。如果存在一条从顶点i到顶点j的边,则邻接矩阵中第i行第j列的值为1;否则该值为0。
- 邻接表。邻接表是由链表组成的列表,其中列表的每个元素表示一个顶点。每个顶点对应的链表包含所有与其相邻的顶点。对于稀疏图,邻接表是一个非常高效的存储方式。
- 邻接多重表。邻接多重表是无向图的另一种链式存储结构。在邻接多重表中,所有依附同一顶点的边串联在同一链表中,由于每条边依附两个顶点,因此每个边节点同时链接在两个链表中。
- 十字链表。十字链表是一种高级的邻接表,可以用于有向图和加权图。每个顶点都有两个链表:一个表示以该顶点为起点的边,另一个表示以该顶点为终点的边。
- 边集数组。边集数组表示图中所有边的列表。每条边由起点和终点组成,也可以包含其他信息

（例如权重）。边集数组对于稀疏图是一种高效的存储方式。

选择哪种存储方式，取决于图的结构、规模和特性以及需要进行的操作。

7.3.1 图节点的遍历及搜索问题

什么是图的遍历（或搜索）呢？例如，我们可以把互联网上的每一个网页（homepage）看成一个节点，每个节点又和其他若干节点之间有连线（如通过 herf 做超文本引用，这个引用可视为连线）。这样，可以把互联网抽象为一个图，图中的若干"节点"之间是有"连线"的。为便于理解，这里把同层、同级别的节点称为兄弟节点，把某个节点的下一层连线的节点称为它的子节点，把不再有下级子节点的节点称为叶节点。从某个节点 a 出发，是可以访问（搜索、遍历）其他相连节点的，但访问节点的顺序是不同的。对于深度优先搜索来说，是从某个起始节点出发，沿着左子树（左侧孩子节点所在的子树）向下搜索（遍历），如果该左侧子树下还有子节点，就再继续往下搜索，一直到叶节点为止；之后，再回溯到该叶节点的上一级节点，再判断它有没有其他的子节点，再进行同样的操作判断。另一方面，广度优先搜索则是从某个起始节点出发，依次搜索（遍历）该节点的所有同级（兄弟）子节点，再遍历下一级的所有同级（兄弟）子节点，一直到最后一层的叶节点所在层为止。

很多实际问题中都或多或少地用到了图的搜索（或遍历）。可以说，搜索（或遍历）问题是算法的基础问题。搜索算法有很多种，常见的有深度优先搜索、广度优先搜索、分支界限搜索、A＊搜索等。若将讨论的图抽象为由一些节点和连接这些节点的弧组成，并考虑弧线上的权重（可把权重理解为公路里程或高速公路上的油耗、路桥费等），就可以使用图论中的一些理论和方法讨论节点的遍历、最小生成树等概念。

为便于同学们理解，这里给出一个示意图，如图 7.25 所示。从根节点 a 出发，可以有两种访问路径：①深度优先搜索（Depth First Search，DFS）的搜索（遍历）节点顺序是 a→b→d→h→e→c→f→g；②广度优先搜索（Breadth First Search，BFS）的搜索（遍历）顺序是 a→b→c→d→e→f→g→h。

可见，深度优先搜索会按照一条路径一直搜索下去，撞到"南墙"后，通过"回溯"的方法"再回首"；而广度优先搜索是一次访问一个或者多个同级结点。

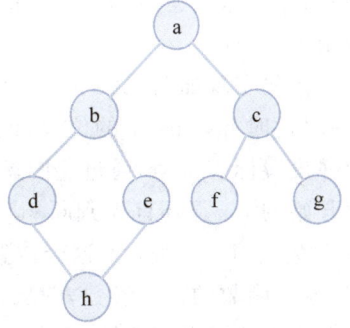

图 7.25 DFS 和 BFS 示例

7.3.2 基于回溯的深度优先搜索算法的设计与实现

深度优先搜索从初始位置一直搜索下去，直到到达终点而不能搜索为止。可见，它是从初始结点开始扩展（扩展顺序总是先扩展最新遇见的结点），这就使得搜索沿着状态空间的某条单一路径一直进行下去，直到最后的结点不能产生新结点或者找到目标结点为止。当搜索到不能产生新的结点时，就沿着结点产生顺序的反方向寻找可以产生新结点的结点并扩展它，形成另一条搜索路径。

回溯实际上是一个类似枚举的搜索尝试过程，主要是在搜索尝试过程中寻找问题的解，当发现已不满足求解条件时，就返回尝试其他路径，实际上是一个类似"枚举"的、在搜索中尝试寻找问题解的策略。也就是说，当发现已不满足求解条件（此路不通）时，就沿着原路回溯返回，进入其他分支路径进行搜索。这种"此路不通"就原路返回并"另辟蹊径"继续尝试的方法就是"回溯"，而满足回溯条件的某个状态的点称为回溯点。回溯常被用于求解组合问题、排列问题、子集问题、图搜索问题以及棋类等问题（如 N 皇后问题、走迷宫等）。回溯的基本思想是通过枚举所有可能的解并逐个验证其是否符合要求，如果不符合要求,则回溯到上一步并重新尝试其他可能的解的过程。回溯常用于在一个庞大的状态空间中搜索满足特定条件的解,通常可采用递归的方式实现,它具有以下特点:①枚举所有可能的解,例如可通过深度优先搜索的方式遍历所有可能的解空间,从而找到最终解;②剪枝优化解空间,在搜索过程中,可根据问题的特性对所有路径进行剪枝,这样既可避免搜索无效的状态空间,又能减少搜索时间,从而降低算法的时间复杂度和空间复杂度;③回溯,如果当前的解不满足要求时,需要回溯到上一步并重新选择其他的可能解(回溯需保存状态,并在需要时进行回溯)。而剪枝是一种在搜索算法中减少搜索空间、提高搜索效率的技巧。在基于回溯的搜索算法中,为了找到一个合法的解,需要遍历状态空间中所有可能的状态,但这个过程往往非常耗时,并且随着状态空间的增大,搜索时间也会呈指数级增长。为缩短搜索时间,可以采用剪枝策略,即在搜索过程中,通过一些特殊的条件判断,减少不必要的搜索(剪枝),从而达到加速搜索的目的。由于本书是科普类型的读物,限于篇幅,这里给出的DFS算法都是基于回溯的算法。基于非回溯的算法可参阅其他文献。

具体到DFS,则需要首先访问某个节点(设该点为v),之后要访问从v出发的未被访问的v的邻接点,然后一层层地遍历子节点,若周围点都被访问过且还没有搜索到目标节点或完成搜索,则回溯,直至搜索到需要的目标节点或遍历完所有的节点为止。

例7.5 给定从1开始的n个自然数(如n=3,即给定1 2 3),它们会产生n!个结果的全排列(1-2-3;1-3-2;2-1-3;2-3-1;3-1-2;3-2-1)。请设计DFS算法,通过回溯策略实现并输出这个全排列数据系列。

【提示与说明】 全排列问题可利用深度优先搜索进行求解。首先,得到用户输入的n,定义临时列表;设置列表大小为n+1。原因是虽然实际列表大小为n,但由于在调用dfs()函数时是从下标1(树根)开始的,若列表大小创建为n,便无法访问最后一个位置p[n],因此这里设置列表大小为n+1,p[0]闲置。之后,创建st列表,用来标记当前位置的结点是否被访问过。若访问过,则标明此位置为True,否则为False。

代码实现如图7.26所示。在dfs()函数的主体部分中,给定自变量u,如果u=n+1,则直接输出1~n(此时u在n+1的位置,说明前n个排列已完成),否则通过判断标志位st对未访问的数据进行访问并设置标志位st,通过递归调用dfs()函数的方式进入其子树(下一层)并初始化标志位。第6行代码开始的for循环首先判断st[1]这个位置是否被访问过,如果没有被访问,则将i放入p列表中,将st[i]设置为True,表示i这个位置已经被访问,然后递归进入dfs()函数,以此类推。在函数体外给定调用dfs()函数的初始参数,即从开始的位置"1"启动遍历过程。

为方便同学们理解,下面模拟针对"1 2 3"序列的基于回溯的全排列搜索方法。

(1) 执行函数dfs(1)(u=1),此时需要对p[1]赋值,因为st[1]=False,表明这个点没有被访问过,故执行p[u]=1(i的变化)且将访问状态改变为st[1]=True。此时p=[0,1,0,0],st=[False,True,False,False]。本节从图7.27开始的示意图中,以数字的艺术字体代表st中的元素为已经被访问的位置状态(True),反之为False;每个节点都代表列表p中各个位置上不为0的序列状态。

(2) 执行函数dfs(2),访问位置"1",发现st[1]=True(表示已被访问),于是跳过它并访问位置"2",因此时st[2]=False,表示未被访问过,故将2放入p列表中(p[2])并将st[2]标记为True,表明该位置已被访问到,此时p=[0,1,2,0] st=[False,True,True,False],如图7.28所示。

(3) 执行函数dfs(3)。访问位置"1"和位置"2",发现st[1]=True且st[2]=True,跳过这两个位置,检查st[3],因st[3]=False,表示位置3没有被访问,故将3放入p列表中(p[3]),将st[3]标记为访问过的状态(st[3]=True),此时p=[0,1,2,3] st=[False,True,True,True],如图7.29所示。

```
1   def dfs(u):
2       if u == n+1:#当所有位置被占满 那么输出储存的路径
3           for i in range(1,n+1):
4               print(p[i],end="")
5           print('')
6       for i in range(1,n+1):
7           if not st[i]: #确认数字状态，是否已经被使用 如果没有被占执行下面操作
8               p[u] = i #在位置上填上次数字
9               st[i] = True #标注数字状态，已经被使用
10              dfs(u+1) #递归进入下一层
11              st[i] = False #回溯恢复数字状态
12  n = int(input("请输入需要全排列的数据个数："))#输入
13  p = [0] * (n+1)#存储排列数字的列表
14  st = [False] *(n+1)#用于标记当前位置的点是否被访问的标记列表
15              #若当前位置st[i]为False则当前结点未被访问
16  dfs(1)
```

请输入需要全排列的数据个数：3
123
132
213
231
312
321

图 7.26　DFS 实现全排列

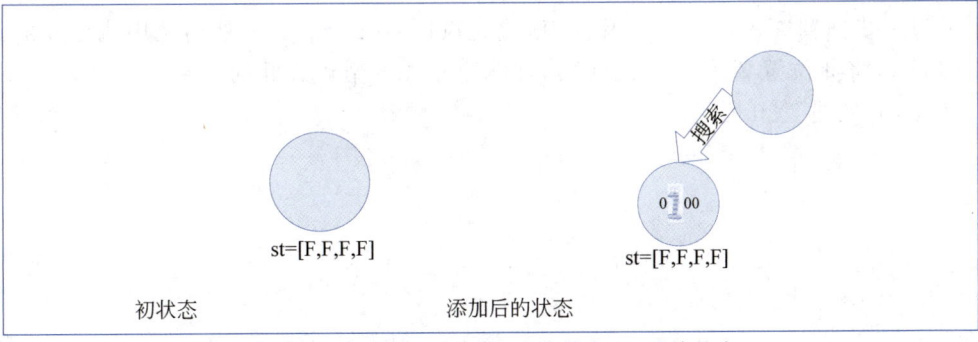

图 7.27　初始状态以及访问了节点"1"后的状态

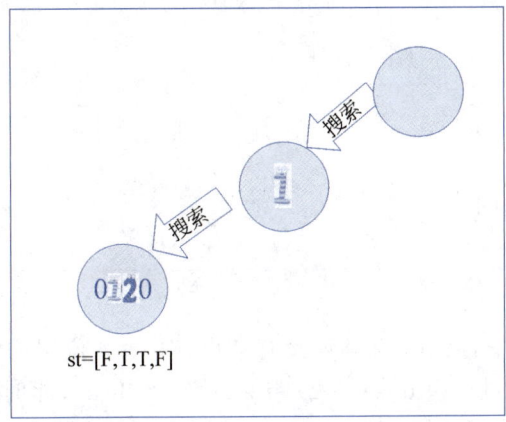

图 7.28　访问了节点"1"和"2"后的状态

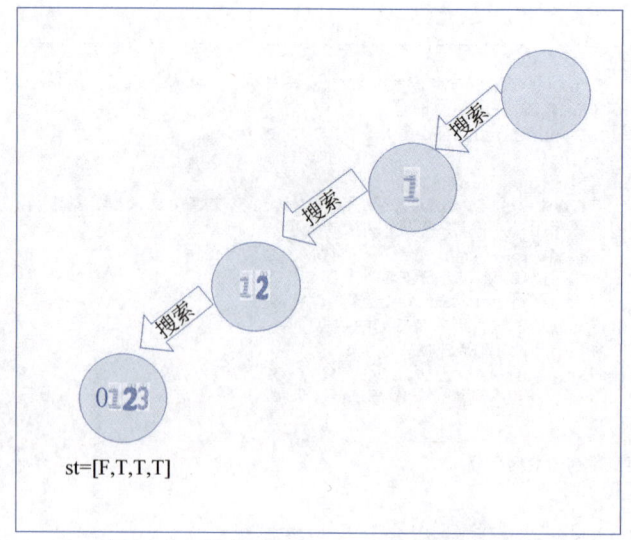

图 7.29　访问了"1""2""3"节点后的状态

　　(4) 执行函数 dfs(4),此时 u=4 且 n+1=4,第 2 行代码中的 if 语句 n+1==u 判定条件成立,执行 if 语句,输出当前列表 p 中的全排列数字"1 2 3"。函数结束,退出当前函数 dfs(4)并回溯到 dfs(3),此时应该运行第 11 行代码 st[3]=False,表示"3"这个位置没有被访问,于是结束 for 循环,退出当前函数 dfs(3)并进一步回溯进入 dfs(2)。因为 dfs 是先执行 st[2]=True,然后调用执行 dfs(3),所以应执行 st[2]=False,将此位置置为未被访问后,回溯继续 for 循环。此时 p=[0,1,2,3] st=[False,True,False,False],如图 7.30 所示。

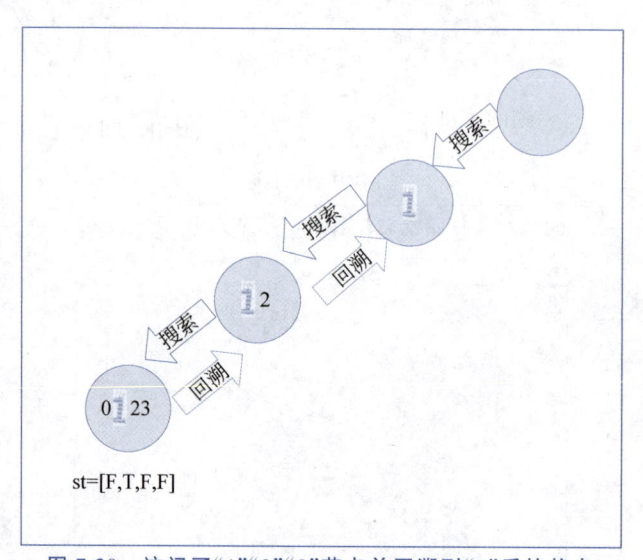

图 7.30　访问了"1""2""3"节点并回溯到"1"后的状态

　　(5) 目前处于函数 dfs(2)中,但 for 循环还没有结束,对 i=3 位置的情况进行检查,st[3]=False,表示"3"这个位置没有被访问过。p[u](u=2)=3,st[3]=True,此时 p=[0,1,3,3],st=[False,True,False,True],如图 7.31 所示。

　　(6) 执行函数 dfs(3)。访问节点"1",发现 st[1]=True,所以跳过这个位置;访问节点"2",发现 st

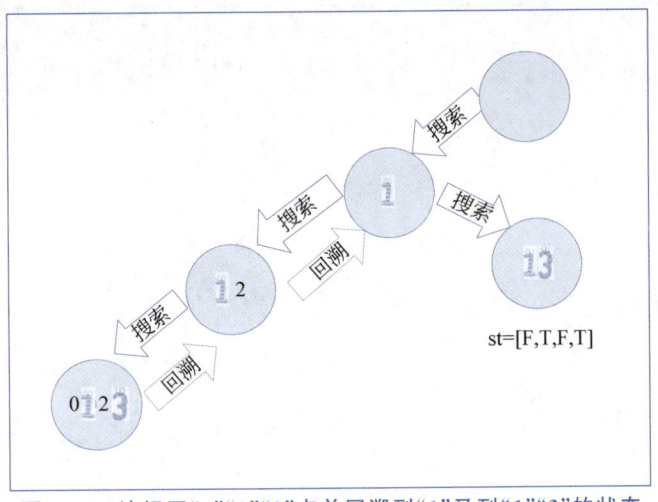

图 7.31　访问了"1""2""3"点并回溯到"1"又到"1""3"的状态

[2]=False,即表示这个位置没有被访问过。因此,p[3](p[u])=2,将 st[2]设置为 True,此时 p=[0,1,3,2], st=[False,True,True,True],如图 7.32 所示。

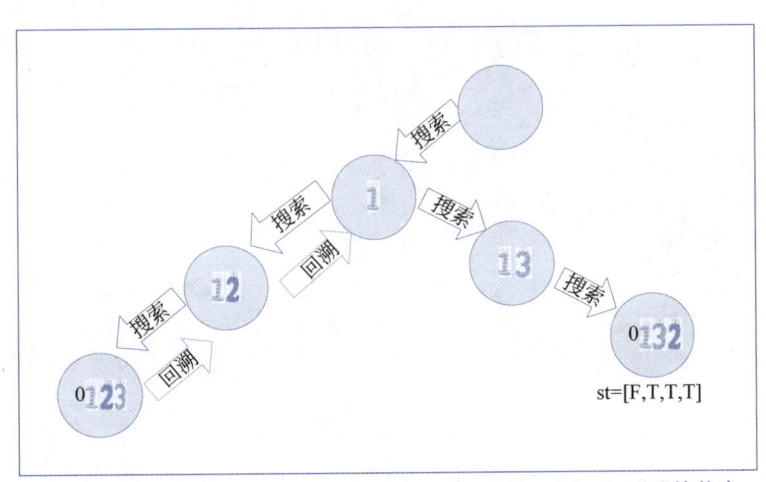

图 7.32　访问了"1""2""3"节点并回溯到"1"后又到"1""3""2"的状态

(7) 执行函数 dfs(4),此时 u=4,n+1=4,if 语句中满足条件 n+1==u,执行 if 语句,输出当前列表 p 中的全排列数字"1 3 2"。退出函数 dfs(4),回溯到 dfs(3)进行回溯,设置 st[2]=False,访问 i=3,发现此时"3"这个位置也是被访问过的状态,for 循环结束,结束函数 dfs(3),开始执行函数 dfs(2),同时将 st[3]设置为 False 回溯,for 循环结束,退出函数 dfs(2),执行函数 dfs(1),st[1]=False,回溯访问 i=2,因为 st[2]=False 表明没有被访问,故将 st[2]的位置状态改为 st[2]=True,然后进行递归搜索回溯的操作,如图 7.33 所示。

之后的操作不再赘述。下面给出针对"1-2-3"的所有操作后的状态,如图 7.34 所示。

需要说明的是,这里设置的数据范围是 0<n<8,算法竞赛中的时间限制通常为 1s,而这个题目的时间复杂度是 O(n!),这样的时间复杂度在算法竞赛中是非常不乐观的。但是这道题目的回溯算法思想是值得学习的。

深度优先算法可以基于回溯实现,也可以不用回溯,这要针对具体问题进行具体分析。下面的例

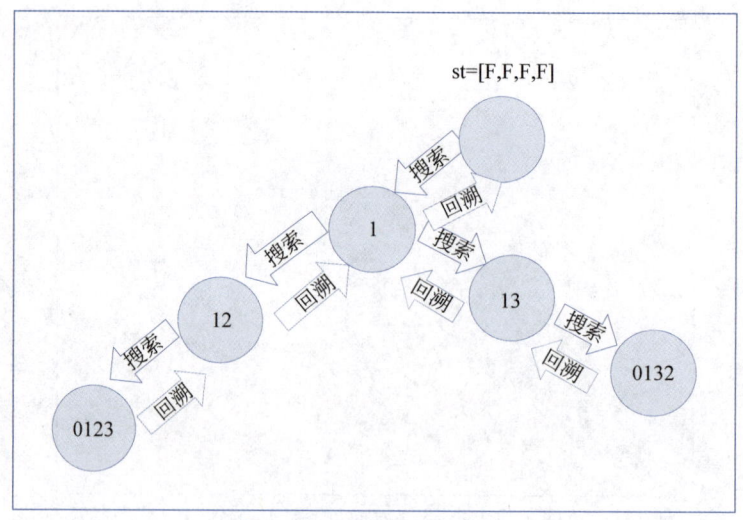

图 7.33 回溯到初始节点

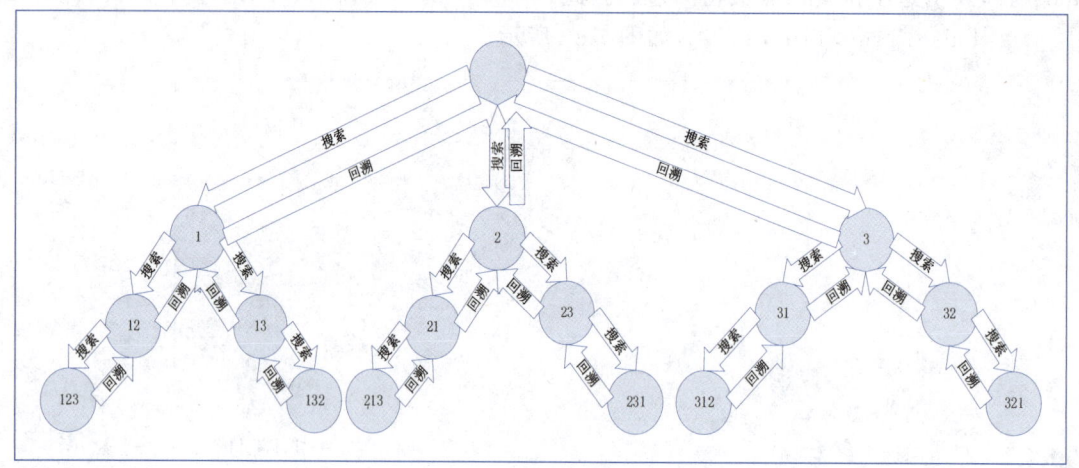

图 7.34 全排列及其结果

题也是基于回溯的 DFS。

例 7.6 小飞在森林里探险时,不小心走入了一个由 n×n 的格子点组成的迷宫,每个格子点只有两种状态"·"和"※","·"表示可以通行,而"※"表示不能通行,游戏规则是当小飞处在某个格子中时,他只能移动到目前位置的上、下、左、右四个方向之一的相邻格子点上。图 7.35 所示为小飞在 3×3 大小的迷宫中行走的示意图。假设迷宫的规模参数为 1<n<100,小飞现在想要在迷宫内从左上角点走到右下角点。若能走出这个迷宫,则输出 Yes;否则输出 No。请基于深度优先搜索算法编程完成这个任务。

【提示与说明】 根据题意,迷宫大小为 n×n,这里可以用二维列表矩阵存储迷宫,即输入 n×n 的二维字符列表表示迷宫;起点和终点不能是无法通行的"※",用 (x_1,y_1)、(x_2,y_2) 分别存储起点和终点位置。假设输入迷宫大小为 n=3,起点坐标 (x_1,y_1) 为 (1,1);终点坐标 (x_2,y_2) 为 (3,3),示意图如图 7.36 所示,代码实现如图 7.41 所示。

在代码实现中,首先要完成初始化工作:目前未经过的位置标记为 0;未找到迷宫出口时,标志位

flag 设置为 false(否则为 true);设置 dx 和 dy 表示可能进行的位移(上、右、下、左)操作(dx=[−1,0,1,0],dy=[0,1,0,−1])。例如:

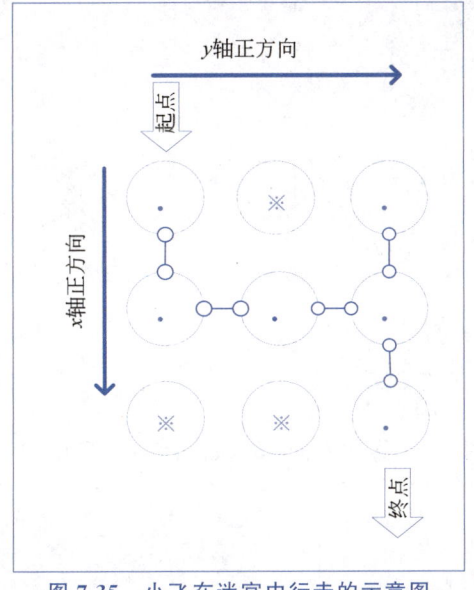

图 7.35　小飞在迷宫中行走的示意图

列号\行号	1	2	3
1	.	※	.
2	.	.	.
3	※	※	.

图 7.36　针对图 7.35 带有行号、列号的迷宫表示

- 将(1,1)的 x 坐标加上 dx[0]、y 坐标加上 dy[0],坐标的移动方向(上)如图 7.37 所示。

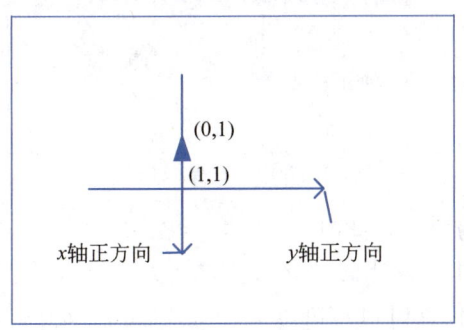

图 7.37　上移操作

- 将(1,1)的 x 坐标加上 dx[1]、y 坐标加上 dy[1],坐标的移动方向(右)如图 7.38 所示。

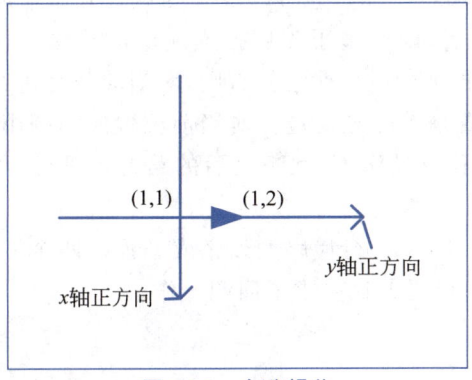

图 7.38　右移操作

- 将(1,1)的 x 坐标加上 dx[2]、y 坐标加上 dy[2],坐标的移动方向(下)如图 7.39 所示。

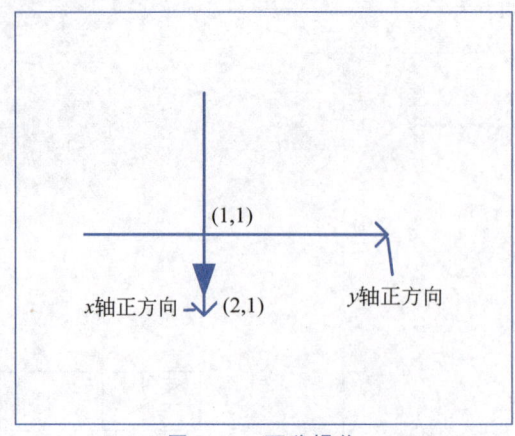

图 7.39 下移操作

- 将(1,1)的 x 坐标加上 dx[3]、y 坐标加上 dy[3],坐标的移动方向(左)如图 7.40 所示。

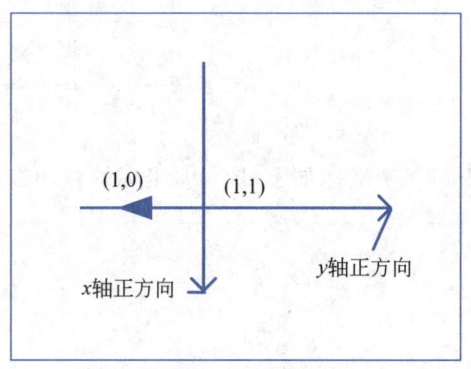

图 7.40 左移操作

假设字符矩阵的初始位置为(1,1),此时 x=1 且 y=1,执行 x+dx[0]且 y+dy[0](注:dx 和 dy 的初始设定值参见图 7.41 中的第 1、2 行代码),此时位置变为(0,1),虽然完成了向上移动,但跳出了迷宫范围,故不可行。然后回到初始位置(1,1),执行 x+dx[1]且 y+dy[1],此时位置为(1,2),完成了向右移动,因为(1,2)位置的字符是不可通过的"※",故不可行。回到初始位置(1,1),执行 x+dx[2]且 y+dy[2],到达位置(2,1),它在字符矩阵中的值为"·",表示此位置可通行,所以将当前位置(2,1)标为已走过,图 7.41 中第 19 行代码 d[(hx)][(hy)]=1(注:二维列表 d 用来标记当前节点是否已经被走过)。之后的操作类似,不再赘述。之后,设计基于深度搜索遍历的算法。如果$(x_1,y_1)==(x_2,y_2)$,设置 flag=true,则表示找到出口,不再进行后续搜索。否则,对当前位置进行位移,并判断是否超出迷宫范围,或是否遇到"※",或当前位置是否已经走过。对当前位置递归调用 dfs()函数,直至遍历结束或找到出口为止。第 11 行代码进行移位操作,并判断之后的路是否可行(可以走的路应该在迷宫内,"※"表示行不通)。

在图 7.41 所示的代码中,第 11~13 行代码大致完成了枚举四个方向的操作;第 14~17 行代码大致完成了剪枝操作;第 19~21 行代码大致完成了回溯操作。

```python
1   dx =[-1, 0, 1, 0]#x的位移
2   dy = [0, 1, 0, -1]#y的位移
3   flag = False#Flase代表暂时没找到迷宫出口
4   def dfs(x, y):
5       global flag#全局变量flag标志位
6       if flag == True:#找到了出口
7           return
8       if x == x2 and y == y2:#找到了出口并设置
9           flag = True
10          return
11      for k in range(4):
12          hx = x+dx[k]
13          hy = y+dy[k]
14          if hx > n or hx <= 0 or hy > n or hy <= 0:#超过范围
15              continue
16          elif g[hx][hy] == '※' or d[hx][hy] == 1:#走到了墙※或者此位置已走过
17              continue
18          elif g[hx][hy] == '.' and d[hx][hy] == 0:
19              d[hx][hy] = 1#设置此位置已走
20              dfs(hx, hy)
21              d[hx][hy] = 0
22  #main
23  n = int(input("请输入迷宫大小参数n："))#输入迷宫大小
24
25  g = [[-1 for j in range(n+1)] for i in range(n+1)] # 存储地图
26
27  for i in range(1,n+1):
28      print("请输入第%d行字符串："%(i),end="")
29      in_li =input()#用in_li存储迷宫每行的字符串
30      for j in range(1,n+1):
31          g[i][j] = in_li[j-1]
32  x1,y1,x2,y2 = map(int,input("请输入起点和终点（x1 y1 x2 y2以空格为间隔）：").split(
33  d = [[0 for i in range(n+1)] for j in range(n+1)]#0表示此位置没经过，1表示已走过
34  if g[x1][y1] == '※' or g[x2][y2] == '※':#起点或者终点是墙#
35      print("No")
36  else:
37      d[x1][y1] = 1#将起点标记为已经走过的点
38      dfs(x1,y1)
39      if flag == True:
40          print("Yes")
41      else:
42          print("No")
```

```
请输入迷宫大小参数n: 3
请输入第1行字符串：.※.
请输入第2行字符串：...
请输入第3行字符串：※※.
请输入起点和终点（x1 y1 x2 y2以空格为间隔）：1 1 3 3
Yes
```

图 7.41 迷宫问题的 DFS 实现

7.3.3 广度优先搜索算法的设计与实现

广度优先搜索是连通图的另一种遍历算法。广度优先搜索的基本思想是从根节点或设定的某个节点开始访问该节点(设该点为v)，从v开始访问与v距离为1的邻近的所有结点(v的子女节点)。在搜索过程中,若一个结点可以通向多个结点,则可能会生成多个路径,因此最先到达终点的点经过的路径是最短的路径。如果所有节点均被访问,则算法中止。一般可用"队列"辅助实现 BFS 算法,即如果当前位置有多个方向可以通行,那么这些位置都将被存储到这个队列中。BFS 实现的简略步骤可以是：①初始化并存储图的列表、标记图中位置的标记列表和一个队列；②开始从起点遍历这个图,将起点放入队列中,遍历过的结点用一个标记位置的列表进行标记(True 代表已被访问,False 代表未被访

问),访问当前遍历节点的所有相邻的节点,将所有的相邻节点放入队列中,按照"先进先出"的队列规则,对每个入队的节点进行检查(检查其是否为终点,若不是,则标记当前节点的位置为访问过的节点位置,再将其所有的相邻节点放入队列中);一直这样往复操作,直到遍历到终点为止;③输出对应从起点走到终点的路径(步数等可按题意要求输出)。

例7.7 小兔子在森林里游玩时不小心走入了一个迷宫。迷宫可以看成由 n×m 的格子组成,每个格子只有"O"和"X"这两种状态:"O"表示可以通行,"X"表示不能通行。当小兔子在某个格子中时,它只能移动到其上、下、左、右四个方向之一的相邻格点上。输入 n 和 m(1＜n,m＜100,如 n=5、m=5)的字符矩阵。输出小兔子最少走多少步就能走出迷宫。图中 O 和 O 之间是有路的即可通行,红色的 X 代表不可通行的墙。迷宫如图 7.42 所示。若小兔子想要从左上角的起点走到右下角的终点(不允许绕在迷宫外面走),请问该怎么走?

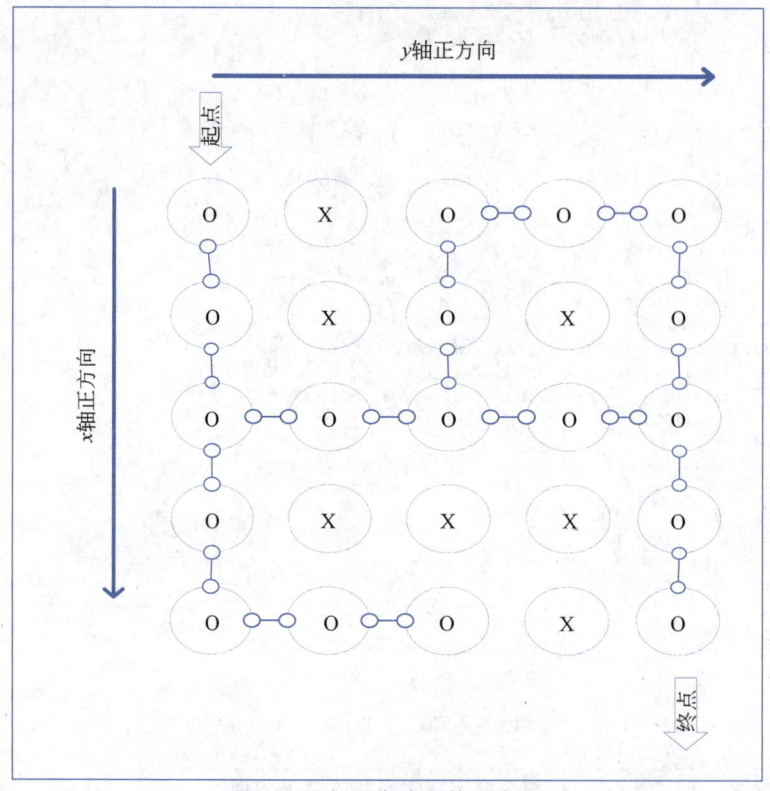

图 7.42 兔子走迷宫的示意图

【提示与说明】 经审题,首先得到用户输入的迷宫大小以及迷宫地图样式。针对图 7.42 所示的示意图,得到输入的迷宫矩阵如图 7.43 所示,图中的粗线是走出迷宫的最佳行走路线,线旁的数字是此时距离起点所走的步数。

其次,对用户输入的迷宫进行初始化(如节点数据初始化为-1 表示未走过)。

第三,设计广度优先搜索函数 bfs()。①设计队列并循环判断;②判断并更新位置,对当前位置进行位移,判断是否超出迷宫范围,如果移位后超出迷宫范围,则此位置不再入队;判断是否可以通行。

代码实现如图 7.44 所示。其中,第 18 行代码是输入迷宫的大小(n 为行、m 为列),用 g 存储迷宫;d 用来标记相应位置是否已经走过(-1 代表该位置未被走过),d 的另一个用途是存储到当前位置时走过的步数。在函数 bfs()中,第 3 行代码定义队列 queue;在第 6 行开始的 while 循环中,首先将队列中

列号\行号	0	1	2	3	4
0	O	X	O	O	O
1	O	X	O	X	O
2	O	O	O	O	O
3	O	X	X	X	O
4	O	O	O	X	O

图 7.43 模拟迷宫矩阵

的"排头"弹出并存入变量 x 和 y;第 8 行开始的 for 循环是为了对当前坐标位置 x 和 y 进行上、下、左、右移位操作;第 11 行的 if 语句块用来判断当前位置是否已经超出迷宫范围,如果当前位置超过迷宫范围,就不再搜索(这里利用了剪枝,即当搜索到某一层时,若该点已出现过则略过,不再进行后续无意义的搜索);第 13 行的 if 语句块用来判断当前位置是否可以被访问(若可以,则将当前位置存入队列);第 15 行的 d[a][b]=d[x][y]+1 用来记录当前位置已走过的步数。为便于理解,图 7.45 给出了和位移相关的代码含义说明。

```
1    def bfs( ) :
2        d[0][0] = 0
3        queue = [(0,0)]
4        dx = [-1, 0, 1, 0]
5        dy = [0, 1, 0, -1]
6        while queue :    #队列不为空
7            x, y = queue.pop(0)
8            for i in range(4) :
9                a = x + dx[i]
10               b = y + dy[i]
11               if a < 0 or a >= n or b < 0 or b >= m:
12                   continue
13               if g[a][b] == '0' and d[a][b] == -1:
14                   queue.append((a,b))    #入队
15                   d[a][b] = d[x][y] + 1
16       print(d[n - 1][m - 1])
17   #main
18   n,m = map(int,input("输入迷宫大小").split())    #map函数对分割输入后的字符列表转换成整型
19   g = [[-1 for j in range(m)] for i in range(n)]    # 存储地图
20   for i in range(n):
21       print("请输入第%d行字符串:"%(i),end="")
22       in_li = input()
23       for j in range(m):
24           g[i][j] = in_li[j]
25   d = [[-1 for j in range(m)] for i in range(n)]    #初始化为 -1
26   bfs()
```

输入迷宫大小3 3
请输入第0行字符串:0X0
请输入第1行字符串:000
请输入第2行字符串:XX0
4

图 7.44 兔子走迷宫 BFS 算法的 Python 实现

```
(x, y) = (0, 0) 初始坐标
dx=[-1,0,1,0] X轴变化
dy=[0,1,0,-1] Y轴变化
Hx=x+dx[0]=-1
Hy=y+dy[0]=0
新的(x, y)为(-1, 0)实现了向上操作
```

```
      (x, y)
        +
       +
     dx, dy
  (x+dx, y+dy)
```

图 7.45　位移相关代码含义说明

为便于大家理解，现依据图 7.42 给出的样例数据模拟 d 的变化，并给出队列 queue 中存储的变化。

(1) 首先给出迷宫大小 n 与 m，并对 g 和 d 进行初始化（当前步数为 0，如图 7.46 所示）。

```
d=[ 0 -1 -1 -1 -1;
   -1 -1 -1 -1 -1;
   -1 -1 -1 -1 -1;
   -1 -1 -1 -1 -1;
   -1 -1 -1 -1 -1; ]

注释：d列表中不为-1的数即为
步数，例：0步

queue=[(0,0)];
         (0, 0)
         队头
```

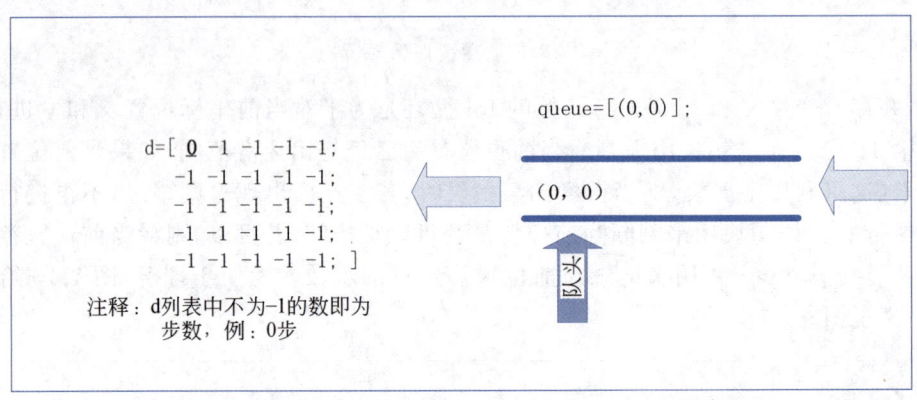

图 7.46　初始化 d（步数）列表和 queue（队列）列表，当前步数为 0

(2) 执行 queue.pop(0)，将 queue 中的(0,0)弹出队列，将这个初始位置(0,0)赋予(x,y)，代码中第 8 行开始的 for 循环将根据 dx、dy 列表对(x,y)进行移位（这里定义位移数组 dx、dy 是上、右、下、左的顺序）。例如首先位置移动至(-1,0)进行向上操作，但(-1,0)超出迷宫范围，所以该点不可取；之后位移至(0,1)进行向右操作，虽然(0,1)没有超出迷宫的范围，但该位置是"X"，不可行；接下来移动到(1,0)进行向下操作，符合要求，根据第 14 行代码将该位置坐标放入队列且将该位置 d[1][0]＝d[0][0]+1；最后移动到(0,-1)进行向左操作，因为(0,-1)超出迷宫范围，所以不可取。图 7.47 所示是将点(1,0)放入队列中，当前步数为 1。

```
d=[ 0 -1 -1 -1 -1;
    1 -1 -1 -1 -1;
   -1 -1 -1 -1 -1;
   -1 -1 -1 -1 -1;
   -1 -1 -1 -1 -1; ]

注释：下画线位置(1,0)距起
点1步

queue=[(1,0)];
         (1, 0)
         队头
```

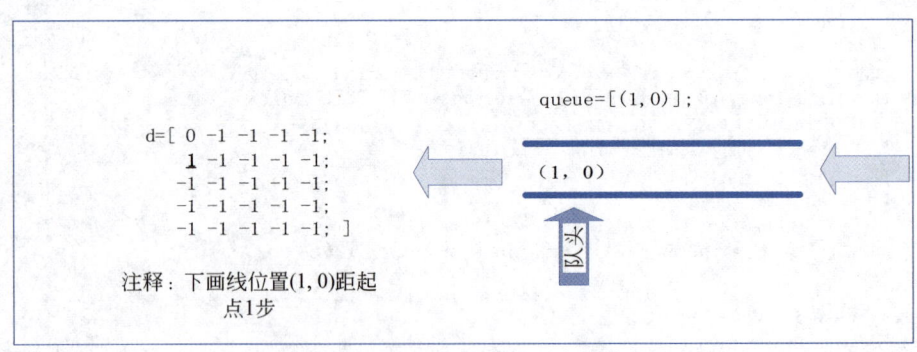

图 7.47　将点(1,0)放入 queue，当前步数为 1

(3) 根据第 6 行代码中的 while 循环判断条件，只要队列不空，则继续进行下一轮循环。首先将队列 queue 中的(1,0)弹出队列 queue.pop(0)，并将(1,0)赋予(x,y)，然后执行第 8 行开始的 for 循环，分别获取 4 个点(0,0)、(1,1)、(2,0)、(1,-1)(注：每一次的 for 循环都会对当前坐标进行操作，第一次 for 循环是进

行向上操作,第二次 for 循环是进行向右操作,第三次 for 循环是进行向下操作,第四次 for 循环是进行向左操作)。第一个点(0,0)是已经走过的点(因为 d[0][0]!=−1);第二个点(1,1)是"X",不可行;第四个点(1,−1)超出了迷宫范围,不可行;第三个点(2,0)满足第 13 行中 if 语句的条件,所以将(2,0)放入队列中并将 d[2][0]=d[1][0]+1。图 7.48 所示是将点(2,0)放入 queue 队列,当前步数为 2。

```
d=[ 0 -1 -1 -1 -1;
    1 -1 -1 -1 -1;
    2 -1 -1 -1 -1;
   -1 -1 -1 -1 -1;
   -1 -1 -1 -1 -1; ]
```

queue=[(2,0)];

(2, 0)

队头

注释:下画线位置(2,0)距离起点2步

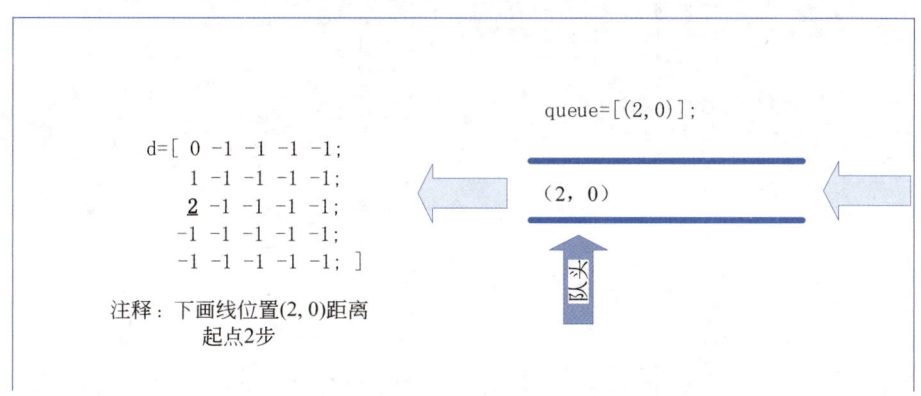

图 7.48　将点(2,0)放入 queue,当前步数为 2

(4) 继续下一轮 while 循环(因为队列不为空),将队列 queue 中的(2,0)弹出队列 queue.pop(0),并赋予(x,y),继续执行 for 循环,会获取 4 个点(1,0)、(2,1)、(3,0)、(2,−1)(同理,每一次的 for 循环都会对当前坐标进行操作,第一次 for 循环是进行向上操作,第二次 for 循环是进行向右操作,第三次 for 循环是进行向下操作,第四次 for 循环是进行向左操作)。对于第一个点(1,0),因为 d[1][0]不为−1且是已经走过的点,所以不可行;对于第四个点(2,−1),因该位置超出迷宫范围,所以不可行;对于第二个点(2,1)和第三个点(3,0),满足后续判断条件,因此将(2,1)加入队列中,将并将 d[2][1]赋予d[2][0]+1,将(3,0)加入队列中,并将 d[3][0]赋予 d[2][0]+1。之后的操作不再赘述,可参看图 7.49 至图 7.56 中的说明。

```
d=[ 0 -1 -1 -1 -1;
    1 -1 -1 -1 -1;
    2  3 -1 -1 -1;
    3 -1 -1 -1 -1;
   -1 -1 -1 -1 -1; ]
```

queue=[(2,1)(3,0)];

(2, 1)　(3, 0)

队头

注释:下画线位置(2,1)和(3,0)距起点3步

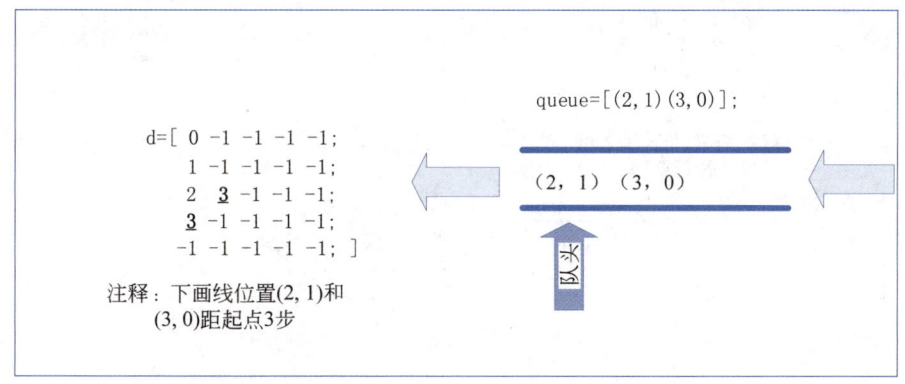

图 7.49　将点(2,1)、(3,0)放入 queue,当前步数为 3

(5) 由原图可知,沿着(0,2)这个点的方向的路不是最优路线(注:因为根据原图所示,沿着(0,2)这个方向最终走到(4,4)需要 12 步,而本题的最优解是 8 步。限于本书是科普读物,这里不再叙述如何判定沿(0,2)方向走 12 步的情况)。我们将点(0,3)放入队列后的情况如图 7.57 所示。

(6) 继续执行,将队头的(2,4)点弹出队列,并将其赋予 x、y,将对应可以通过的位置添加到队列中,如图 7.58 所示。

$$d=\begin{bmatrix} 0 & -1 & -1 & -1 & -1 \\ 1 & -1 & -1 & -1 & -1 \\ 2 & 3 & \underline{4} & -1 & -1 \\ 3 & -1 & -1 & -1 & -1 \\ -1 & -1 & -1 & -1 & -1 \end{bmatrix}$$

注释：下画线位置(2,2)距起点4步

queue=[(3,0)(2,2)];
(3,0) (2,2)
队头

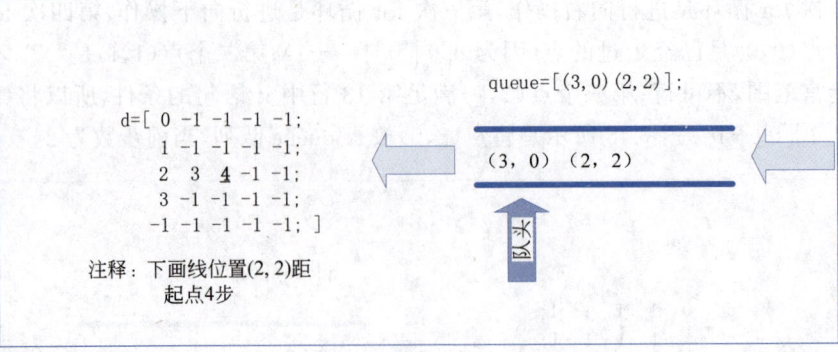

图 7.50　将点(2,2)放入 queue，当前步数为 4

$$d=\begin{bmatrix} 0 & -1 & -1 & -1 & -1 \\ 1 & -1 & -1 & -1 & -1 \\ 2 & 3 & 4 & -1 & -1 \\ 3 & -1 & -1 & -1 & -1 \\ \underline{4} & -1 & -1 & -1 & -1 \end{bmatrix}$$

注释：下画线位置(4,0)距起点4步

queue=[(2,2)(4,0)];
(2,2) (4,0)
队头

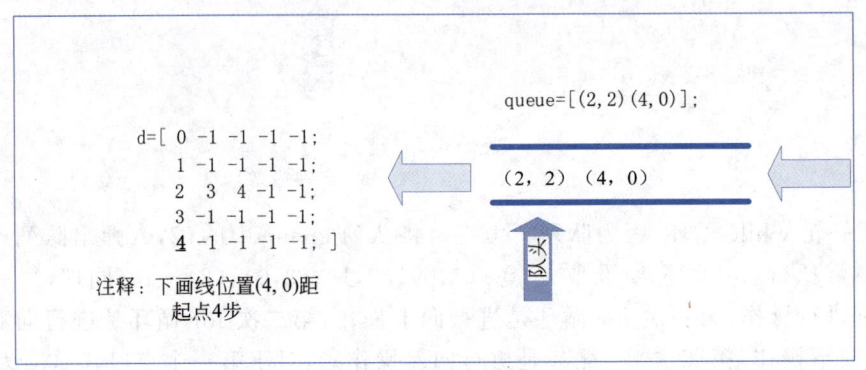

图 7.51　将点(4,0)放入 queue，当前步数为 4

$$d=\begin{bmatrix} 0 & -1 & -1 & -1 & -1 \\ 1 & -1 & \underline{5} & -1 & -1 \\ 2 & 3 & 4 & \underline{5} & -1 \\ 3 & -1 & -1 & -1 & -1 \\ 4 & -1 & -1 & -1 & -1 \end{bmatrix}$$

注释：下画线位置(1,2)和(2,3)距起点5步

queue=[(4,0)(1,2)(2,3)];
(4,0) (1,2) (2,3)
队头

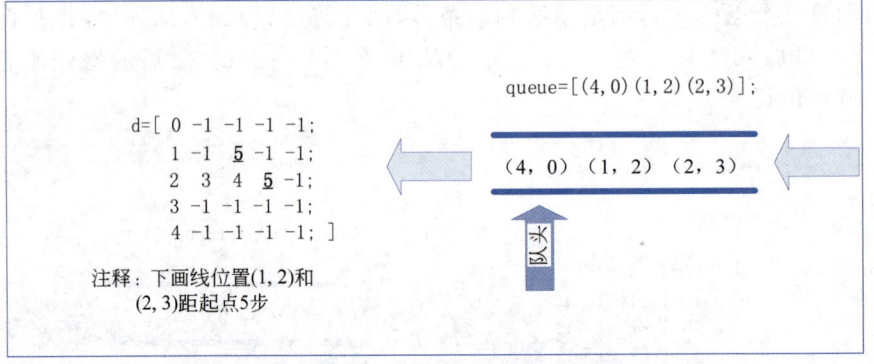

图 7.52　将点(1,2)、(2,3)放入 queue，当前步数为 5

$$d=\begin{bmatrix} 0 & -1 & -1 & -1 & -1 \\ 1 & -1 & 5 & -1 & -1 \\ 2 & 3 & 4 & 5 & -1 \\ 3 & -1 & -1 & -1 & -1 \\ 4 & \underline{5} & -1 & -1 & -1 \end{bmatrix}$$

注释：下画线位置(4,1)距起点5步

queue=[(1,2)(2,3)(4,1)];
(1,2) (2,3) (4,1)
队头

图 7.53　将点(4,1)放入 queue，当前步数为 5

```
d=[ 0 -1  6 -1 -1;
    1 -1  5 -1 -1;
    2  3  4  5 -1;
    3 -1 -1 -1 -1;
    4  5 -1 -1 -1; ]
```

注释：下画线位置(0,2)距
起点6步

queue=[(2,3)(4,1)(0,2)];

(2,3) (4,1) (0,2)

队头

图 7.54　将点(0,2)放入 queue，当前步数为 6

```
d=[ 0 -1  6 -1 -1;
    1 -1  5 -1 -1;
    2  3  4  5  6;
    3 -1 -1 -1 -1;
    4  5 -1 -1 -1; ]
```

注释：下画线位置(2,4)距
起点6步

queue=[(4,1)(0,2)(2,4)];

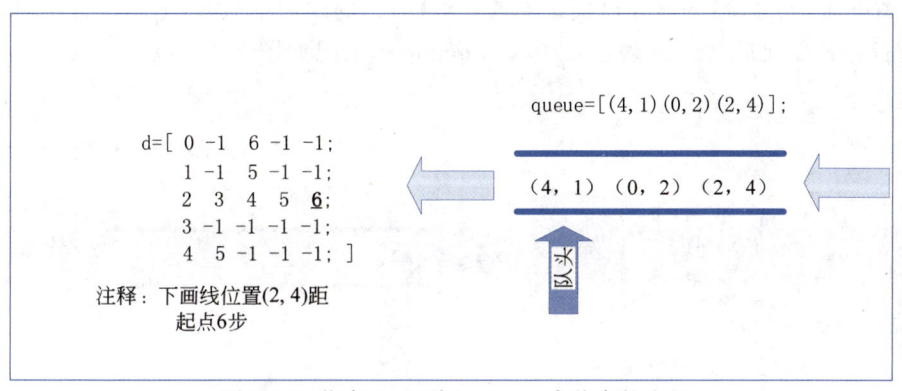

(4,1) (0,2) (2,4)

队头

图 7.55　将点(2,4)放入 queue，当前步数为 6

```
d=[ 0 -1  6 -1 -1;
    1 -1  5 -1 -1;
    2  3  4  5  6;
    3 -1 -1 -1 -1;
    4  5  6 -1 -1; ]
```

注释：下画线位置(4,2)距
起点6步

queue=[(0,2)(2,4)(4,2)];

(0,2) (2,4) (4,2)

队头

图 7.56　将点(4,2)放入队列，当前步数为 6

```
d=[ 0 -1  6  7 -1;
    1 -1  5 -1 -1;
    2  3  4  5  6;
    3 -1 -1 -1 -1;
    4  5  6 -1 -1; ]
```

注释：下画线位置(0,3)距
起点7步

queue=[(2,4)(4,2)(0,3)];

(2,4) (4,2) (0,3)

队头

图 7.57　将点(0,3)放入 queue，当前步数为 7

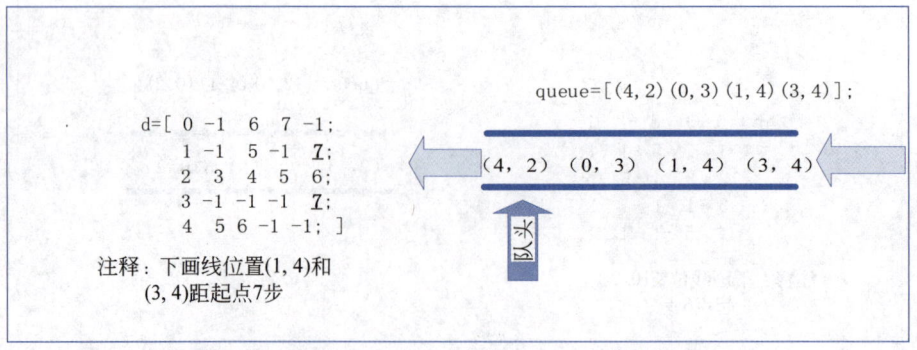

```
                    queue=[(4,2)(0,3)(1,4)(3,4)];
d=[ 0 -1  6  7 -1;
    1 -1  5 -1  7;        ← (4,2) (0,3) (1,4) (3,4) ←
    2  3  4  5  6;
    3 -1 -1 -1  7;              ↑队头
    4  5  6 -1 -1; ]

注释：下画线位置(1,4)和
     (3,4)距起点7步
```

图 7.58　将点(1,4)(3,4)放入 queue,当前步数为 7

(7) 由原图可知,点(4,2)的路径已经走不通且点(0,3)的四周中只有(0,4)位置可通行；点(1,4)的四周也不可通行。其变化后的二维数组 d 和队列 queue 的情况如图 7.59 所示。

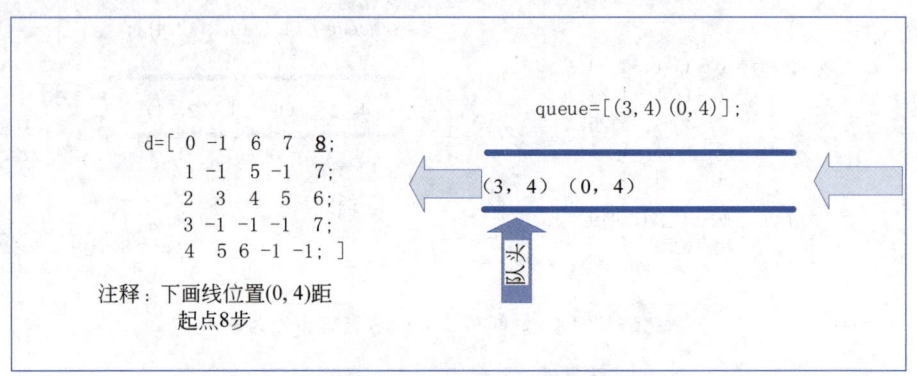

```
                    queue=[(3,4)(0,4)];
d=[ 0 -1  6  7  8;
    1 -1  5 -1  7;        ←  (3,4) (0,4)  ←
    2  3  4  5  6;
    3 -1 -1 -1  7;              ↑队头
    4  5  6 -1 -1; ]

注释：下画线位置(0,4)距
     起点8步
```

图 7.59　将点(0,4)放入队列,当前步数为 8

(8) 因为队列不为空,根据第 8 行代码中的 for 循环处理逻辑,点(3,4)会开始访问的 4 个点分别是(2,4)、(3,5)、(4,4)、(3,3)(注：同理,每一次的 for 循环都会对当前坐标进行操作,第一次 for 循环是进行向上操作,第二次 for 循环是进行向右操作,第三次 for 循环是进行向下操作,第四次 for 循环是进行向左操作)。其中,点(2,4)为 d[2][4],不为 −1,说明该点已走过；点(3,5)超出迷宫范围,不可行；点(3,3)在迷宫中是"X",不可行；最后剩下的点(4,4)恰好是迷宫出口,因此将 d[4][4]=d[3][4]+1,d[4][4]存储的是从起点到终点走的总步数。最终输出 d[4][4]这个点,如图 7.60 所示。

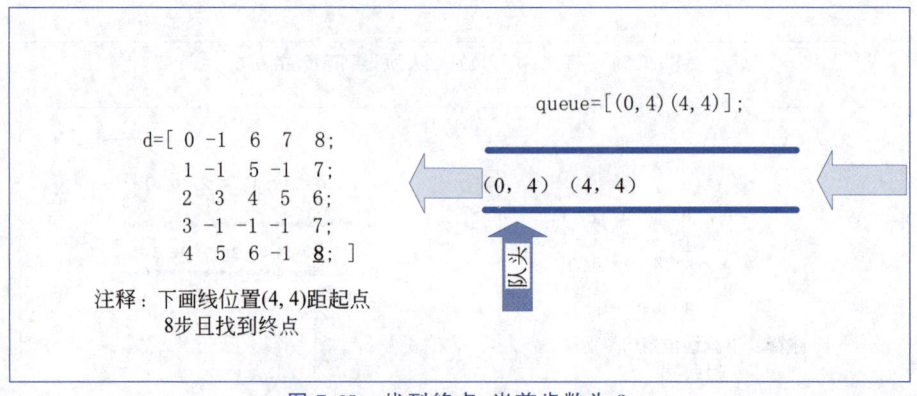

```
                    queue=[(0,4)(4,4)];
d=[ 0 -1  6  7  8;
    1 -1  5 -1  7;        ←  (0,4) (4,4)  ←
    2  3  4  5  6;
    3 -1 -1 -1  7;              ↑队头
    4  5  6 -1  8; ]

注释：下画线位置(4,4)距起点
     8步且找到终点
```

图 7.60　找到终点,当前步数为 8

对于上述的图示样例数据,如果用深度优先搜索算法,也能得到最终走出迷宫需要的步数,但是时间复杂度可能会超过1000ms(注:1000ms一般为算法竞赛常规题目的测评时间上限),而且可能得出"12"这个步数(图7.61),这和dx、dy列表的定义有关。

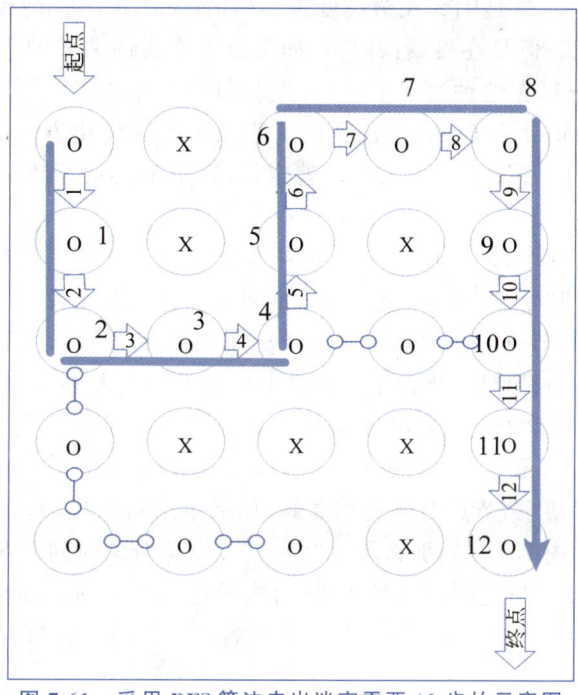

图7.61 采用DFS算法走出迷宫需要12步的示意图

大家会发现,广度优先搜索算法中的d和深度优先搜索算法中的d很像,但它们的用法是不一样的:DFS中d的作用是区分此时经过的点是否已被经过;BFS中的d的作用是保存走到当前位置一共走了多少步。

7.4 并查集问题及其算法设计

并查集是一种树状的结构,用于处理一些不相交集合的合"并"及"查"询问题,其基本思想是树的根节点唯一标识了一个集合,只要找到了某元素所在的树根,就能确定它在哪个集合中,它可用于合并一些集合,并找出合并后集合之间的关系。可见,并查集是一种用于处理集合的合"并"和"查"询连通性的数据结构,其基本算法思想在于用集合中的一个元素代表这个集合(打个比方,就好像从这个集合的各个元素中找一个代表人物作为"帮主"),可用于处理一些不相交集合的合并,从而高效地对元素进行分组(如把两个不相交的集合合"并"为一个集合)及查询(如"查"询两个元素是否在同一个集合中)。例如,如果一个树状结构要寻找其"代表"元素"帮主",只需要一层层地往上访问父节点直至树根节点(根节点的父节点可认为就是它自己)。再例如,假设一个班级有n个学生,他们被分成不同的小组集合,而同属于一个小组的人相互是好朋友。为了判断两个人是否为好朋友,只需要看它们是否属于同一个集合即可。若现在有5个学生,假设1#和3#是朋友,1#和2#也是朋友,按照"朋友的朋友也是朋友"的游戏规则,那么1#、2#、3#就属于一个好友组。现在,请你分析有多少个这样的好友组。若采用暴力穷举的方法,大概思路是需要建立5个列表(因为不知道到底有多少个好友组),还需要5个长度为2的列表存储当前位置的"帮主"节点(开始时的"帮主"节点是它本身),因为过程非常烦琐,故这里不再赘述具体代码的实现细节。但是,若有10000个学生该怎么处理?难道真的要建立多于10000个列表吗?这样显然是不合适的。而使用并查集可以有效地解决这种问题。一般的并查集的平均时间复杂度能达到$O(log^n)$;这是因为在树高度较小的情况下,每次查询和合并操作需要遍历的节点数较少,因此时间复杂度较低;但是在极端情况下,如果由于连通性关系的不平衡而形成了一条线性长链,则树的高度可能达到$n-1$,在这种情况下,每次查询和合并操作都需要遍历整条链上的所有节点,因此操作的时间复杂度就会退化到$O(n)$。若利用了路径压缩等优化方法后,其时间复杂度可能会更加稳定,甚至达到常数级别(限于篇幅和本书的科普定位,这里不再从算法优化设计的角度分析时间复杂度)。

在基于并查集的算法实现中,通常使用一个列表表示每个元素所属的集合,列表中的每个元素都指向其所在集合的"代表",即"帮主"节点,这种高效的查询方式被称为路径压缩。例如,图7.62左侧的4♯、2♯、1♯是已经合并过的节点组合(4♯、2♯、1♯分别表示集合),2♯和1♯的"帮主"节点是4♯,4♯的"帮主"节点是其本身,路径(注:指两个节点之间的通路或连接两个节点的桥梁)如箭头所指;中间的3♯节点是另一个集合,其"帮主"节点是其本身;右侧的5♯节点又是另一个集合,其"帮主"节点是其本身。现在,假设要将3♯和2♯集合进行合并,并使用路径压缩,这里路径压缩的作用是让3♯、1♯、2♯这些子节点在寻找"帮主"节点时能更加高效,如果不用路径压缩,那么在合并时树高是无法控制的;而若控制了树高(假设树高为n),那么寻找"帮主"节点花费的时间复杂度即为$O(n)$,即可对时间复杂度进行有效控制。图7.63是递归的路径压缩,首先通过并查集的查询操作看两个节点是否为同一祖先,若不是,则进行合并(在递归回溯时将所有子节点的父节点都更新为同一个节点)。

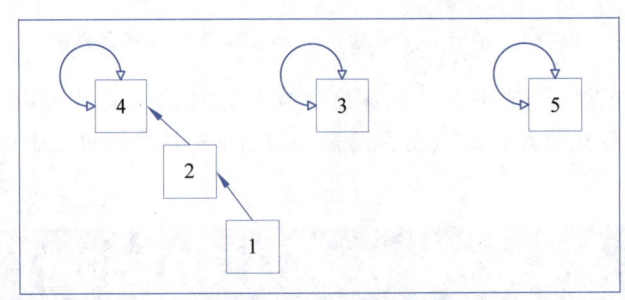

图7.62 初始集合示意图

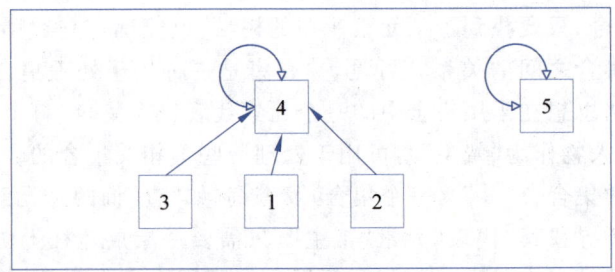

图7.63 递归的路径压缩集合

例7.8 假设在动物世界中有编号及权值不同的蚁群(假设权重即为相应的编号,例如1♯蚁群对应的权值为1,2♯蚁群对应的权值为2)要进行合并。合并结束后,权值大的作为"帮主"统领被合并的其他蚁群。假设目前有分别对应不同权值的n个蚁群(例如,n=5),若其中一个蚁群有"帮主",则需要其"帮主"出面和另一个蚁群进行合并谈判。若一方蚁群获胜,则获胜方的蚁群便可作为新集合的"帮主"。要求:用户输入字符"C"后跟两个蚁群编号以模拟这两个蚁群进行合并;输入字符"F"后跟两个蚁群编号以查询这两个蚁群是否属于同一个蚁群。若两个蚁群属于同一蚁群,则输出 Yes,否则输出 No。

【提示与说明】 假设权值即为其编号,在代码中可通过 init() 函数进行初始化设定,针对该问题的基于并查集的 Python 实现如图 7.64 所示。下面分析其中的处理方法与代码编写思路。

```
1   def init():
2       global f,n
3       for i in range(n+1):
4           f[i] = i
5   def find(x):
6       global f
7       while x != f[x]:
8           x = f[x]
9       return x
10  def connect(i, j):
11      x = find(i)
12      y = find(j)
13      if x>y:
14          f[y] = x
15      else:
16          f[x] = y
17  n, m = list(map(int,input("请输入蚁群的数量和操作数:").split(" ")))
18  f = [0]*(n+1) #存储蚁群的权值和蚁群的编号
19  init() #初始化列表f
20  while(m):
21      m -= 1
22      opt, a, b = list(input("输入操作字符和两个蚁群的编号").split(" "))
23      a = int(a)
24      b = int(b)
25      if opt == 'C':
26          connect(a,b)
27      elif opt == 'F':
28          if(find(a) == find(b)):
29              print("Yes")
30          else:
31              print("No")
32
```

请输入蚁群的数量和操作数: 5 4
输入操作字符和两个蚁群的编号C 1 2
输入操作字符和两个蚁群的编号F 1 4
No
输入操作字符和两个蚁群的编号C 1 4
输入操作字符和两个蚁群的编号F 1 4
Yes

图 7.64 并查集的 Python 实现

第一步,定义初始化函数 init(),初始化对应蚁群编号及其权值。假设每个元素的初始化祖先为其自身,如图 7.65 所示(根据题目假设,这里设计的权值即为其编号)。

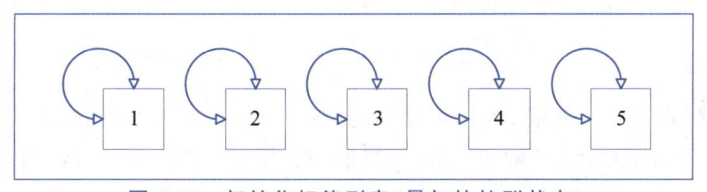

图 7.65 初始化权值列表(最初的蚁群状态)

第二步,定义 find()函数和 connect()函数。find()函数的作用是寻找每个节点所属的"帮主"节点,并判断两个甚至多个节点是否为同一集合;connect()函数的作用是将两个集合(或两个节点)合并成一个集合。具体地,①find(x)查询处理的蚁群是否属于同一蚁群集合,利用 while 循环寻找位置 x 的"帮主"节点:若 x 不等于 f[x],则代表 x 的"帮主"节点不是其本身,将 f[x](代表 x 位置的权值)赋予 x,继续寻找"帮主"节点;②connect(i,j)的作用是将两个蚁群合"并"成一个,将两个元素所在蚁群集合的"帮主"节点连接起来,即比较两个蚁群的"帮主"节点权值的大小,并将小的"帮主"节点权值变成大的"帮主"节点权值,可形象地将其理解为一个战败的蚁群臣服在另一个战胜的蚁群的麾下并尊称胜利者的"帮主"为本群的新"帮主"。例如对于参数 i、j 来说,需要找到 i 和 j 这两个节点的"帮主"是谁,然后通过比较 i 和 j"帮主"节点的权值判断谁更适合作为 PK 后的蚁群的新"帮主"。

例如,假设输入的蚁群数量为 5,用户输入"C 1 2　F 1 4　C 1 4　F 1 4"(分别表示①将 1♯蚁群和 2♯蚁群合并为一个新蚁群;②查询 1♯蚁群和 4♯蚁群是否属于同一个"帮主"的麾下;③将 1♯蚁群和 4♯蚁群合并为一个新蚁群;④查询 1♯蚁群和 4♯蚁群是否属于同一个"帮主"的麾下)模拟并查集的处理过程。初始蚁群分布如图 7.65 所示。根据输入,首先是合并 1♯蚁群和 2♯蚁群。根据"将权值大的作为祖先节点的规则",如图 7.66 所示。

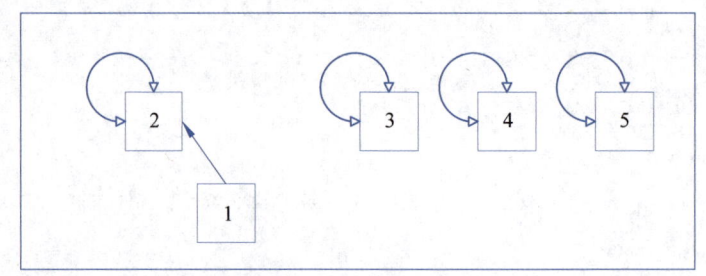

图 7.66　合并 1♯和 2♯蚁群

第三步,查询 1♯蚁群和 4♯蚁群。1♯蚁群的"帮主"是 2♯蚁群;4♯蚁群的"帮主"是 4♯蚁群,因条件不满足,故输出 No。

第四步,合并 1♯和 4♯蚁群。通过查找得知,1♯蚁群的"帮主"是 2♯蚁群,4♯蚁群的"帮主"是其本身;将 2♯和 4♯进行比较,因 4♯蚁群权值更大,故 4♯变为 2♯蚁群的"帮主",如图 7.67 所示。

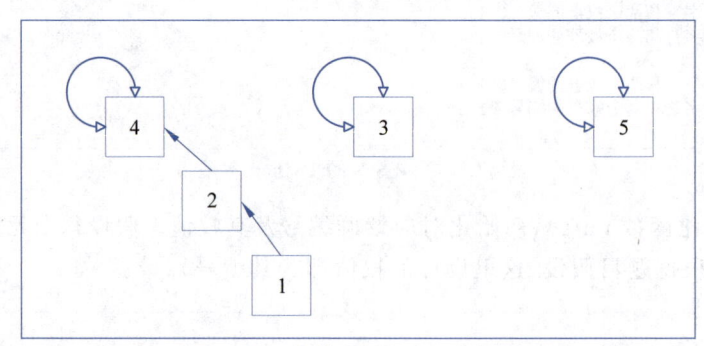

图 7.67　合并 1♯、2♯、4♯蚁群

第五步,查询 1♯蚁群和 4♯蚁群,因 1♯蚁群的"帮主"是 4♯,4♯蚁群的"帮主"是其本身,根据代码条件,1♯蚁群和 4♯蚁群的"帮主"蚁群是同一蚁群,说明 1♯蚁群和 4♯蚁群应在同一集合中,所以会输出 Yes。

需要注意的是,这里简单地设置编号为权值,若设置了其他个性化的权值,初始的 f 列表就不能用来装填权值了,即需要用一个新的列表存放具体的个性化权值,具体问题要具体分析,不能照搬照抄样例中的算法实现。

7.5 动态规划入门

动态规划(Dynamic Programming,DP)是和运筹学、计算机科学、经济学等学科相关的一个分支,它通过把原问题分解为相对简单的子问题的方式求解复杂问题。一般地,动态规划问题可以按时间顺序分解成若干相互联系的几个阶段,在每一个阶段都要做出有利的决策,最终的决策是一个优化的决策序列,可用于解决具有重叠子问题和最优子结构性质的相关问题,可以降低求解这些问题的时间复杂度,在求解最优化等问题(如最短路径、最长公共子序列、背包问题等)上有一定的效果。

例如,在前面的章节中,求解斐波那契数列时,利用动态规划思想的时间复杂度为 $O(n)$,计算量为 n。这种方法的计算量比采取暴力穷举的方法要更优化。由此可见,动态规划是将原问题分解成若干子问题进行求解,并将子问题的解缓存起来以避免重复计算,从而提高计算效率。简单地说,若要求解一个给定问题,则需要求解其不同子部(子问题),再合并子问题的解以得出原问题的解。一旦某个给定子问题的解已经求出,可将其记忆存储,下次需要求解同一个子问题时可直接"查表"。从这个意义上来说,它有点像分治策略。动态规划中也含有分治和贪心的成分,但"分治""贪心""动态规划"之间还是有一些区别的。①分治:当处理的子问题不重复时,适合用分治策略,分治法求解的各个子问题是相对独立的。②贪心:一般来说,能用贪心解决的问题基本都能用动态规划解决。③动态规划:适合解决具有重复的公共子问题和具有最优子结构的问题,可通过记录已经计算过的子问题的解提高效率(用空间换时间),因此动态规划也称为"优雅的暴力",这是因为在动态规划中,每一步都要做出相对"优雅的"选择,而这些选择往往依赖于子问题的解。

动态规划求解问题的基本步骤大致如下。①定义状态:确定动态规划涉及的状态,并用合适的变量表示。②确定状态转移方程:根据问题设计状态转移方程,以便将大问题分解成若干小问题,并求出每个小问题的最优解。③初始状态:对于所有可能的状态,设置对应的初始值。④计算顺序:按照一定的顺序计算所有状态的值,并记录每个状态的最优值或最优路径。⑤最终解:根据求出来的状态值和状态转移方程得到原问题的最终解。

和动态规划有关的问题包括背包问题(又分为 0-1 背包、多重背包和完全背包等)、数位动态规划问题、状态压缩问题、区间动态规划问题、树形动态规划问题等。限于篇幅,这里仅介绍 0-1 背包问题,这是一个解决在有限的"背包"容量下如何放置"物品"使得总价值最大的问题。

例 7.9 现有 N 件物品和一个容量为 W 的背包,每件物品都有自己的体积(w)和价值(v)。在每件物品只能使用一次的前提下(要么放进背包里,要么不放),求将这些物品放入容量为 W 的背包中时放置物品的总价值最大的方案,并输出这个最大价值。

【提示与说明】 一种方案是可以选择一个一个地往背包里面放物品,背包的承重也会一点点地增加到 W,当拟放置第 i♯ 个物品的重量大于当前背包能再承受的重量时,它就不能放入背包;反之,要对比前面已经放进背包中的 i−1 个物品带来的价值和现在要取出背包中的一部分物品并存放物品 i 带来的价值哪个更大,将更大价值的留下之后要对当前背包的价值状态进行更新。

假设物品数量为 4 个(它们的重量分别为 2kg、3kg、4kg、5kg,其价值分别为 3yuan、4yuan、5yuan、7yuan),背包最大容量为 W=9 个物品。

当只放入1#物品时：①若背包容量W=1kg,1#物品不能放入；②若背包容量W=2kg,1#物品刚好可放入背包中,此时V=3yuan；③当背包容量W>3kg时,因只放入1#物品,故背包最大价值V=3yuan。

当同时放入1#和2#物品时：①若背包容量W=1kg,1#、2#物品都不能放入背包中；②若背包容量W=2kg,1#物品能放入背包中,此时背包价值V=3yuan；③若背包容量W=3kg,1#和2#物品都可放入背包中,因为要选取最大价值,故放入2#物品,此时V=4yuan；④若背包容量W=4kg,为使价值最大化,故放入2#物品,此时V=4yuan；⑤若背包容量W≥5kg,此时可以将1#物品和2#物品都放入,此时V=7yuan。

当同时放入1#、2#和3#物品时：①若背包容量W=1kg,物品都不能放入背包中；②若背包容量W=2kg,只能放入1#物品,此时V=3yuan；③若背包容量W=3kg,只能放入3#物品,此时价值V=4yuan；④若背包容量W=4kg,为使价值最大化,放入3#物品,此时V=5yuan；⑤若背包容量W=5kg,此时可以同时放入1#和2#物品,此时V=7yuan；⑥若背包容量W=6kg,此时可以同时放入1#和3#物品,此时V=8yuan；⑦若背包容量W=7kg或8kg,可以同时放入2#和3#物品,此时V=9yuan；⑧若背包容量W=9kg,可以同时放入1#、2#和3#物品,此时V=12yuan。

当同时放入1#、2#、3#和4#物品时,情况类似,不再赘述。图7.68给出了0-1背包问题的承重-物品及对应价值。

承重 物品	1kg	2kg	3kg	4kg	5kg	6kg	7kg	8kg	9kg
1#	0yuan	3yuan	3yuan	3yuan	3yuan	3yuan	3yuan	3yuan	3yuan
1#,2#	0yuan	3yuan	4yuan	4yuan	7yuan	7yuan	7yuan	7yuan	7yuan
1#,2#,3#	0yuan	3yuan	4yuan	5yuan	7yuan	8yuan	9yuan	9yuan	12yuan
1#,2#,3#,4#	0yuan	3yuan	4yuan	5yuan	7yuan	8yuan	9yuan	11yuan	12yuan

图 7.68 0-1背包问题的承重-物品及对应价值

依据上述推导过程及每次需要更新当前的背包价值,可得出0-1背包问题的状态转移方程,详见图7.69中的代码实现。

图7.69是0-1背包问题的Python代码实现。首先需要获得物品的个数和背包总承重,初始化相应变量(第22～27行代码,物品个数用n保存,背包总承重用m保存,w用来存储每个物品的体积,v用来存储每个物品的价值)。函数qu()(第28行代码)用来将输入的n个物品的体积和价值保存起来。第10～19行代码是核心部分,其中第12行代码的循环用来枚举每次可放入的物品,第13行代码的循环用来枚举背包容量大小,第14行代码判定如果此时背包容量小于当前物品重量(w[i-1]代表当前物品),则不能用这个物品,第15行代码将不选择当前物品时的最优价值存储,否则按照第18行的状态转移方程进行计算,其中dp[i-1][j]是不放入当前物品的最优价值,dp[i-1][j-w[i-1]]+v[i-1]是放入当前物品后的最优价值,将两种情况进行比较,选择max值即可得到最优解。

```
1   def qu(N):  # 物品的体积和价值
2       for i in range(N):
3           print("请输入第%d个物品的体积w和价值v"%(i+1))
4           x = [int(j) for j in input().split()]
5           w.append(x[0])
6           v.append(x[1])
7       return v, w
8
9
10  # 获取最大价值
11  def max_():
12      for i in range(1, n+1):    # 有几个物品可供选择
13          for j in range(1, m + 1):  # 模拟背包容量
14              if j < w[i-1]:   # 如果背包容量小于当前物品重量
15                  dp[i][j] = dp[i - 1][j]   # 不拿这个物品
16              else:
17                  # 将下面的两种情况作比较,选取可选价值中的max值
18                  dp[i][j] = max(dp[i - 1][j], dp[i - 1][j - w[i - 1]] + v[i - 1])
19
20
21
22  # 取得物品的个数和背包的总体积
23  a = [int(i) for i in input("请输入物品的个数和背包的体积").split()]# 物品的个数
24  n = a[0]# 物品个数
25  m = a[1]# 背包的总体积
26  w = []# 对应物品的体积
27  v = []# 将物品的价值
28  qu(n)# 将物品的体积和价值存储起来
29  dp = [[0] * (m + 1) for _ in range(n + 1)]# 获取最大的价值
30  max_()
31  print(dp[n][m])
```

请输入物品的个数和背包的体积4 9
请输入第1个物品的体积w和价值v
2 3
请输入第2个物品的体积w和价值v
3 4
请输入第3个物品的体积w和价值v
4 5
请输入第4个物品的体积w和价值v
5 7
12

图 7.69　0-1 背包问题的 Python 实现

7.6　算法与算法类竞赛简介

7.6.1　算法家族的"准全家福"

算法家族成员众多,体系复杂,从不同的角度出发,可能有多种不同的算法类型和分类方法。例如,若按照应用领域来分,算法可分为基本算法、数据结构相关算法、几何算法、规划算法、数值分析算法、加密/解密算法、并行算法、优化算法等;若按照算法的确定性来分,算法可分为确定性算法(算法能在有限时间内完成且结果唯一)、非确定性算法(算法能在有限时间内完成且结果不唯一);若根据算法的处理思路来分,算法可分为递推算法、穷举算法、贪婪算法、分治算法、动态规划算法、迭代算法等。另外,对于中学生读者来说,算法竞赛中可能遇见的内容大多数是可以归到"数据结构"这个大的范畴之内的。因为从数据结构的角度看,它包括数据的"逻辑结构"、数据的"物理存储结构"、数据的"运算方式"。其中,① 数据的"逻辑结构"包括(但不限于)线性结构(如栈、队列,以及字符串、列表等)和非线

性结构(如图、树等结构);②数据的"物理存储结构"包括(但不限于)链式存储结构、索引存储结构、Hash结构等;③数据"运算方式"包括(但不限于)查找、排序等运算。限于篇幅和本书的科普定位,本章不可能详述算法家族的众多算法。感兴趣的读者可参考算法和数据结构的相关资料。

  图7.70给出了算法家族的准"全家福"。为什么说是"准"全家福呢?因为前面已经提到过,从不同的角度来看,算法可能有不同的种类和分类原则,(你们看,这是不是有点像"盲人摸象"的感觉?)。其中,基本算法、数据结构中的栈和队列等以及朴素的模式匹配算法等,本书已经在第6章介绍过部分内容;组合数学、优化算法、数论、计算几何等大部分内容均远超中学生应该掌握的知识体系,且涉及面很广——例如,同学们在中学数学课上学到过的排列、组合、数列、递推公式等知识就属于组合数学范畴内的一部分;再如,同学们在几何中学过的点与线的关系、求三角形面积和它的四心(重心、外心、内心、垂心)等以及圆的相关知识,都属于算法中计算几何范畴内的知识。但限于篇幅和本书的科普定位,本章只能从科普的角度出发,简介几种面向中学生算法设计竞赛的算法设计思想,并给出Python的实现方法。

> 算法部分可能涉及一些数学方面的知识。算法和数学之间的联系是非常紧密的:数学为算法提供理论基础;算法和计算环境为数学更好地服务实际问题提供途径。所以,中学生读者一定要在中学阶段打好数学基础哦。

7.6.2 算法类竞赛简介

  作为一种全新的发现和培养计算机与数据科学人才的方式,算法竞赛的历史大概可追溯到1970年的美国。1977年,在ACM计算机科学会议期间举办了首次总决赛,并由此演变为一年一届的国际性算法比赛。1984年,邓小平同志就明确指出"计算机要从娃娃抓起"。2002年,上海交通大学ACM竞赛团队勇夺亚洲首个ICPC世界冠军,随后上海交通大学ACM班的同学也屡次取得优异成绩。通过这类算法竞赛,也发现和培养了一大批数据科学人才。中国计算机学会于1984年创办全国青少年计算机程序设计竞赛NOI,是国内较早的计算机算法类赛事。近些年,也出现了一些其他相关赛事,下面不分排名地简介部分算法赛事。

- 蓝桥杯。由教育部就业指导中心支持、工业和信息化部人才交流中心举办的算法赛事,也是获得行业认可的IT类科技竞赛之一。
- 非专业级软件能力认证CSP-J/S(Certified Software Professional Junior/Senior)。创办于2019年,是由中国计算机学会统一组织的评价计算机非专业人士算法和编程能力的活动。在同一时间、不同地点以各省市为单位,由CCF授权的省认证组织单位和总负责人组织。CSP-J/S分两个级别进行,分别为CSP-J(Junior,入门级)和CSP-S(Senior,提高级),两个级别均涉及算法和编程,但难度不同。CSP-J/S分两个阶段:第一轮考查通用和实用的计算机科学知识,以笔试为主(部分省市以机试方式认证);第二轮为程序设计,须在计算机上调试完成。CSP-J/S成绩优异者可参加NOI的省级选拔NOIP,省级选拔成绩优异者可参加NOI。
- 国际初中生信息学竞赛(ISIJ)。面向初中生的信息学奥林匹克竞赛,其主要目的是为国际信息学奥林匹克竞赛培养后备力量。为鼓励学生向更高难度发起挑战,国际初中生信息学竞赛设置了A、B组,A组(提高组,Advanced Level)训练赛题的难度高于B组(普及组,Basic Level),两组训练题不同但决赛题目相同,选手可自愿选择组别参赛。

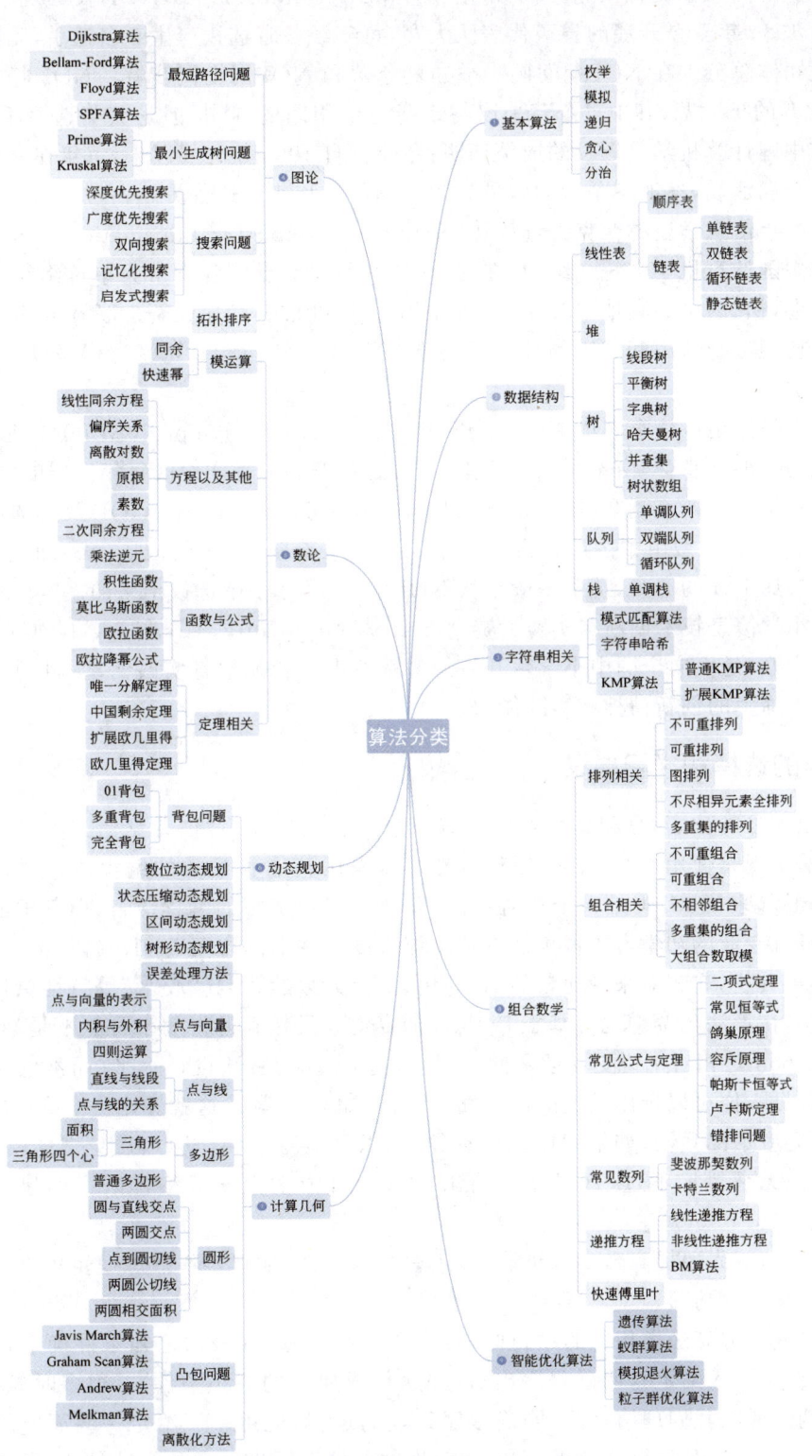

图 7.70　算法家族的准"全家福"

- 全国青少年信息学奥林匹克(National Olympiad in Informatics,NOI)及其夏令营、冬令营。是国内自1984年至今开展的省级代表队大赛,每年经各省选拔产生5名选手,竞赛记个人成绩的同时记团体总分。在NOI期间同步举办夏令营和NOI网上同步赛。NOI夏令营与冬令营是NOI比赛的扩大赛,其中夏令营采取与正赛完全相同的赛制,但是获奖选手不具备保送资格,只具有中国计算机学会颁发的成绩证明;冬令营自1995年开展以来,每年在寒假期间开展为期一周的培训活动,参加冬令营的营员分为正式营员和非正式营员。
- 全国青少年信息学奥林匹克省选拔赛(National Olympiad in Informatics in Provinces,NOIP)。每年由中国计算机学会统一组织,在同一时间、不同地点以各省市为单位组织,全国统一大纲、统一试卷,初、高中或其他中等专业学校的学生均可报名参加联赛。联赛分为初赛和复赛两个阶段。初赛考查通用和实用的计算机科学知识,以笔试为主;复赛为程序设计,须在计算机上调试完成。
- 亚洲与太平洋地区信息学奥赛(Asia Pacific Informatics Olympiad,APIO)。是2007年创建的区域性网上准同步赛,由不同国家轮流主办,是亚洲和太平洋地区每年一届的国际性赛事。
- 国际信息学奥林匹克竞赛(International Olympiad in Informatics,IOI)及其选拔赛。采用的也是ACM赛制,一般由中国计算机学会组织代表队参赛,选手代表国家参加竞赛。IOI选拔赛是选拔参加IOI的竞赛,选手一般是从NOI前20名选手中选拔出来的。
- 全国中小学信息技术创新与实践大赛(Novelty,Originality,Creativity,NOC)。由中国人工智能学会主办,是面向全国中小学生开展的普及性人工智能教育实践活动,目的是运用信息技术培养广大师生的创新精神和实践能力。

7.6.3 语言的选择和学习建议

选用何种语言参加比赛,是和编程习惯与编程水平有关的一个"仁者见仁、智者见智"的问题。虽然大部分的算法实现是使用C++或C,但你依然可以采用其他非C类的编程语言,如Python和Java等。相对于Python来说,C++是一个相对灵活、高效、简洁、优雅的编程语言,但其中的部分概念对于中学生和非计算机专业的初学者来说可能有些晦涩难懂。本书的主角Python语言的特点前面已经多次提到,这里不再赘述,它相对来说比较简洁、易用、支持大数运算,其"胶水"等特性更使得它在人工智能领域大放异彩,在算法比赛中也有基于Python的赛道。虽然其运行效率可能不是最优的,但对于入门读者来说,Python是相对来说更易学习的一门语言。当你的算法设计水平(而不仅仅是纯粹的编程能力)有了提高以后,你可以选用其他的高效编程语言,如C++等。这就好比一个练武之人要先练好内功,再练某种得心应手的兵器,如果能做到以意领气、以气运身、以身发力、强身健体,再选用一件得手的兵器,必然能战无不胜。不过,这里还是给出一点针对中学生学习编程语言的建议,即Scratch→Python→C++。

在算法学习上,首先要提高数学分析能力,注意对基本算法的学习,锻炼逻辑思维能力和判断题目类型的能力(要"练好内功")。

在参加比赛或求解算法类相关的题目时,首先要仔细审题,并根据已知条件确定程序入口或明确初始变量(可由用户输入给定),明确程序出口(如迭代或递归的终止条件)。很多时候,可以画一个流程图或写一段伪码帮助我们理清思路,明确程序处理的逻辑,也可手工给定一些简单的初始值以验证算法的运行结果。第二,基于算法分析,在时间允许的条件下画出抽象的算法流程,此时可能要分析一些边界或特殊情况,并根据输入条件写出具体算法的代码实现。第三,若代码有误,需要添加程序断点进行调试(注：限于篇幅，本书未对通过添加断点调试程序并输出中间结果的内容进行说明，感兴趣的读者可参考相关资料)，也应该对一些边界样例进行测试。最后，要多做题，要在反复的实践中提高竞赛水平。为此，这里提供几个学习网站，仅供参考。

- http://c.biancheng.net/algorithm/
- https://acm.hdu.edu.cn/
- http://poj.org/
- https://vjudge.csgrandeur.cn/
- https://www.luogu.com.cn/
- https://vjudge.net/
- http://112.126.65.175：8888/
- http://noi.openjudge.cn/

下面给出可能的学习路线图，如图 7.71 所示。但鉴于个人学习情况以及基础条件的不同，不能一概而论，也不能生搬硬套，更应该"因材施教"，根据自身条件选择适合的学习方法和步骤。

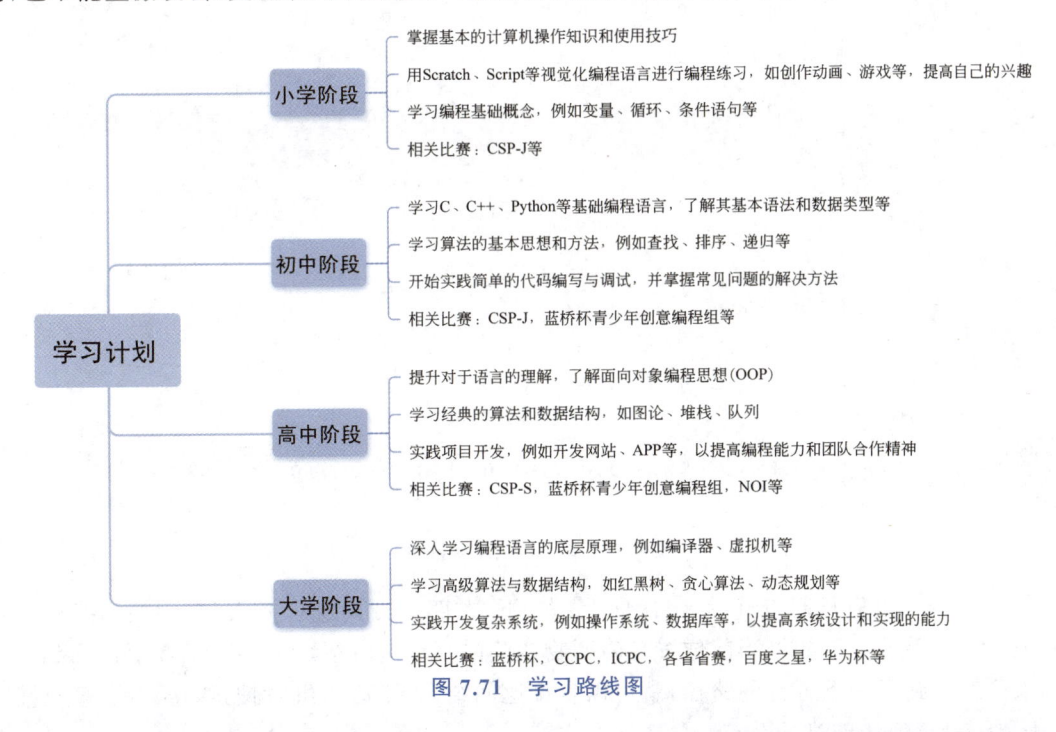

学习计划

小学阶段
- 掌握基本的计算机操作知识和使用技巧
- 用Scratch、Script等视觉化编程语言进行编程练习，如创作动画、游戏等，提高自己的兴趣
- 学习编程基础概念，例如变量、循环、条件语句等
- 相关比赛：CSP-J等

初中阶段
- 学习C、C++、Python等基础编程语言，了解其基本语法和数据类型等
- 学习算法的基本思想和方法，例如查找、排序、递归等
- 开始实践简单的代码编写与调试，并掌握常见问题的解决方法
- 相关比赛：CSP-J，蓝桥杯青少年创意编程组等

高中阶段
- 提升对于语言的理解，了解面向对象编程思想(OOP)
- 学习经典的算法和数据结构，如图论、堆栈、队列
- 实践项目开发，例如开发网站、APP等，以提高编程能力和团队合作精神
- 相关比赛：CSP-S，蓝桥杯青少年创意编程组，NOI等

大学阶段
- 深入学习编程语言的底层原理，例如编译器、虚拟机等
- 学习高级算法与数据结构，如红黑树、贪心算法、动态规划等
- 实践开发复杂系统，例如操作系统、数据库等，以提高系统设计和实现的能力
- 相关比赛：蓝桥杯，CCPC，ICPC，各省省赛，百度之星，华为杯等

图 7.71　学习路线图

本章小结与复习

本章概述了算法竞赛的入门内容，力争使读者能从科普的角度了解算法和算法设计思想，为未来可能的算法竞赛打下基础。首先概述了时间复杂度的基本概念，介绍了算法模拟与暴力求解的基本思想；随后概述了图节点的遍历及搜索问题，并在此基础上介绍了基于回溯的深度优先搜索和广度优先搜索算法，要理解基于回溯的 DFS 的简略步骤；之后简介了并查集问题及其算法设计与实现，概述了动态规划问题的入门知识；最后用图示的方式概括了算法家族的常见成员，给出了中学生算法竞赛的有关内容。希望中学生读者在学好文化课程、学有余力的前提下，通过参加算法类的相关比赛和做题提

高算法设计水平和编程能力,为日后可能的专业课学习打好基础。

习 题

有一个 n×n 的迷宫,迷宫被分成了很多小块区域,并且每个小块区域中都有一些障碍物和陷阱(如图 7.72 所示,6×6 图中的数字 0 表示可以通行的区域,数字 1 表示障碍物,数字 2 表示陷阱)。小飞需要使用 DFS 算法找到一条从起点到达终点的路径,同时要能避开所有的障碍物和陷阱。现在,请你编写一个深度优先搜索算法的函数帮助小飞完成任务。输入参数包括起点坐标、终点坐标、n 行中每行的组成字符串。

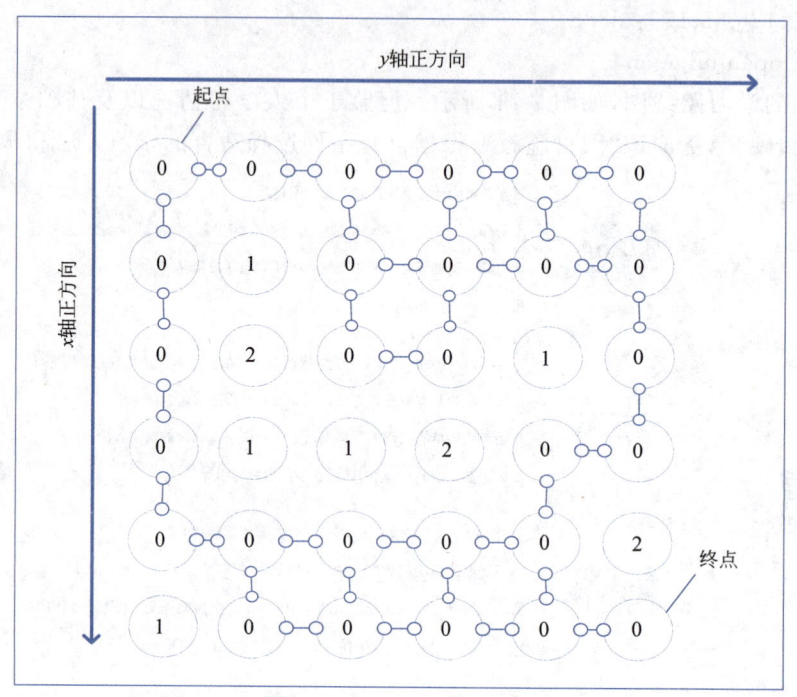

图 7.72　6×6 迷宫示意图

【提示与说明】 可以从起点开始,依次向上、右、下、左四个方向进行搜索,直到找到终点或者搜索完整个迷宫为止。注意:①如果当前位置是障碍物或陷阱,就不能继续往下走了,需要退回到上一个格子;②如果已经找到了一条可行的路径,就可以直接返回结果,不必再继续搜索;③为了避免搜索重复的节点,需要记录已经访问过的节点。

参 考 文 献

[1] 董付国,应根球. 中学生可以这样学 Python[M]. 北京:清华大学出版社,2022.
[2] 董付国,应根球. Python 编程基础与案例集锦(中学版)[M]. 北京:电子工业出版社,2019.
[3] 江红,余青松. Python 程序设计与算法基础教程[M]. 北京:清华大学出版社,2017.
[4] 啊哈磊. 啊哈!算法[M]. 北京:人民邮电出版社,2014.
[5] 罗勇军,郭卫斌. 算法竞赛[M]. 北京:清华大学出版社,2023.
[6] 董永建,舒春平,邹毅. 信息学奥赛一本通(C++版)[M]. 北京:科学技术文献出版社,2013.
[7] 吴军. 数学之美[M]. 北京:人民邮电出版社,2012.